"十三五"高等学校规划教材

计算机网络原理与实践

蒋中云　主　编

徐方勤　王　磊　副主编
范培英　朱曙锋

中国铁道出版社有限公司
CHINA RAILWAY PUBLISHING HOUSE CO., LTD.

内 容 简 介

本书深入浅出地阐述了计算机网络技术的基本原理，以“具有几台 PC 的小型局域网”“具有几十台到几百台 PC 的中型局域网”“覆盖不同园区的大型局域网”“局域网的扩展与应用”为主线，介绍当前常用的先进网络技术以及网络的实际应用知识。全书主要内容包括认知计算机网络、构建小型局域网、构建中型网络、构建大型网络、Internet 接入、构建无线局域网、Socket 通信、构建网络中的服务器、网络安全与维护。

本书适合作为高等院校应用型本科计算机网络原理课程教材，也可作为计算机网络系统设计与维护工程技术人员的参考用书。

图书在版编目（CIP）数据

计算机网络原理与实践/蒋中云主编. —北京：中国铁道出版社，2017.9（2020.7重印）
“十三五”高等学校规划教材
ISBN 978-7-113-23732-5

Ⅰ.①计… Ⅱ.①蒋… Ⅲ.①计算机网络-高等学校-教材 Ⅳ.①TP393

中国版本图书馆 CIP 数据核字（2017）第 219000 号

书　　名：计算机网络原理与实践
作　　者：蒋中云

策　　划：秦绪好　王春霞　　**读者热线：**（010）63551006
责任编辑：王春霞　冯彩茹
封面设计：付　巍
封面制作：刘　颖
责任校对：张玉华
责任印制：樊启鹏

出版发行：中国铁道出版社有限公司（100054，北京市西城区右安门西街 8 号）
网　　址：http://www.tdpress.com/51eds/
印　　刷：北京铭成印刷有限公司
版　　次：2017 年 9 月第 1 版　2020 年 7 月第 3 次印刷
开　　本：787 mm×1 092 mm　1/16　**印张：**15　**字数：**356 千
印　　数：3 501～5 000 册
书　　号：ISBN 978-7-113-23732-5
定　　价：38.00 元

编审委员会

PREFACE

前　言

计算机技术、通信技术的迅猛发展极大地推动了计算机网络技术的发展，使计算机网络发展进入了一个崭新的阶段。目前，计算机网络已经将人们带入信息社会，它极大地改变了人们的生产、生活方式，对人们的社会生活、价值观念乃至思维方式产生了强烈的冲击。

本书深入浅出地阐述计算机网络技术的基本原理和当前常用的先进网络技术以及网络的实际应用。全书体系结构合理，概念清晰，原理讲述清楚，既强调计算机网络基本原理和技术，又突出了计算机网络的实际应用。

本书的主要特点是：

（1）遵循学以致用的原则，以“具有几台 PC 的小型局域网”“具有几十台到几百台 PC 的中型局域网”“覆盖不同园区的大型局域网”“局域网的扩展与应用”为主线组织教学内容。

（2）设计了一系列极具实用性的网络案例，由简到繁，在进行理论教学的同时，同步进行实践教学；强调实践，培养实际应用能力和创新思维能力。

全书共分 9 章：

第 1 章：认知计算机网络；

第 2 章：构建小型局域网；

第 3 章：构建中型网络；

第 4 章：构建大型网络；

第 5 章：Internet 接入；

第 6 章：构建无线局域网；

第 7 章：Socket 通信；

第 8 章：构建网络中的服务器；

第 9 章：网络安全与维护。

建议教学时数为 64 课时，其中理论教学 32 学时，实验教学 32 学时。

本书是上海市精品课程“计算机网络原理”的配套建设教材，既可作为应用型本科计算机科学与技术及相关专业的教科书，也可作为计算机网络系统设计与维护工程技术人员的参考书。

本书由上海建桥学院信息技术学院蒋中云担任主编，徐方勤、王磊、范培英、朱曙锋任副主编。具体分工如下：第 1 章、第 2 章由范培英执笔，第 3 章由徐方勤执笔，第 4 章、第 5 章、第 6 章由蒋中云执笔，第 7 章由朱曙锋执笔，第 8 章由朱曙锋、蒋中云执笔，第 9 章由王磊执笔。在编写过程中，组织了集体统稿、定稿，得到了巢爱棠老师的悉心指导，同时得到了上海建桥学院信息技术学院领导的关心和支持。

本书在编写过程中，参阅了一些教材和参考资料，我们尽量在书后一一列出，但仍有部分文献由于种种原因未能列出，在此向所有的专家学者致谢！

由于计算机网络技术发展迅速和编者水平有限，加之时间仓促，书中难免存在疏漏和不足之处，恳请广大读者批评指正。

编　者

2017 年 6 月

CONTENTS

目 录

第 1 章 认知计算机网络 1

1.1 计算机网络 1

1.1.1 计算机网络的定义 1

1.1.2 计算机网络的形成与发展 2

1.1.3 计算机网络的分类 3

1.1.4 计算机网络的组成 5

1.1.5 自我测试 7

1.2 计算机网络体系结构及网络协议标准 8

1.2.1 网络体系结构分层和协议的概念 8

1.2.2 OSI 参考模型 9

1.2.3 TCP/IP 体系结构 12

1.2.4 OSI 参考模型和 TCP/IP 体系结构对应关系 14

1.2.5 自我测试 14

1.3 本章实践 15

实践 Cisco PacketTracer 5.3 模拟软件的使用 15

第 2 章 构建小型局域网 18

2.1 数据通信基础 18

2.1.1 数据通信概念 18

2.1.2 通信系统模型 19

2.1.3 数据传输方式 19

2.1.4 多路复用技术 20

2.1.5 数据交换方式 22

2.1.6 自我测试 23

2.2 局域网硬件设备 24

2.2.1 局域网传输介质 24

2.2.2 网络适配器 27

2.2.3 局域网连接设备 28

2.2.4 自我测试 30

2.3 局域网标准 30

2.3.1 局域网概述 30

2.3.2 以太网技术 31

2.3.3 CSMA/CD 介质访问技术 33

2.3.4 自我测试 34

2.4 IP 地址 34

2.4.1 IP 地址的作用 35

2.4.2 IP 地址的分类 35

2.4.3 自我测试 37

2.5 小型局域网组网案例 37

2.6 本章实践 38

实践 1 安装网卡 38

实践 2 制作双绞线 40

第 3 章 构建中型网络 44

3.1 交换机 44

3.1.1 交换机的基本功能 44

3.1.2 交换机的工作原理 45

3.1.3 冲突域与广播域 45

3.1.4 自我测试 46

3.2 虚拟局域网技术 46

3.2.1 虚拟局域网的工作原理 46

3.2.2 虚拟局域网的划分 48

3.2.3 Trunk 技术 49

3.2.4 VLAN 中继协议 49

3.2.5 自我测试 50

3.3 生成树协议 50

3.3.1 生成树协议的工作原理 50

3.3.2 自我测试 53

3.4 中型局域网组网案例 53

3.5 本章实践 55

实践 1 交换机的基本配置 55

实践 2 在交换机上划分 VLAN 58

实践 3 生成树协议配置 60

第 4 章 构建大型网络 64
4.1 划分子网 64
4.1.1 子网划分的作用 64
4.1.2 划分子网的步骤 64
4.1.3 可变长子网掩码 66
4.1.4 无分类域间路由 67
4.1.5 自我测试........................ 67
4.2 网络互联 69
4.2.1 网络互联概念 69
4.2.2 TCP/IP 网际层 70
4.2.3 自我测试........................ 72
4.3 路由器 72
4.3.1 路由器的基本功能.......... 72
4.3.2 路由器的工作原理.......... 73
4.3.3 路由表............................ 74
4.3.4 路由的分类 76
4.3.5 静态路由的配置命令...... 79
4.3.6 路由信息协议 79
4.3.7 开放式最短路径优先算法 82
4.3.8 自我测试........................ 83
4.4 互联网层协议.......................... 85
4.4.1 IP 协议 85
4.4.2 ARP 协议........................ 87
4.4.3 ICMP 协议 87
4.4.4 IGMP 协议...................... 88
4.4.5 自我测试........................ 89
4.5 IPv6 协议 89
4.5.1 IPv6 技术基础 89
4.5.2 IPv6 报文格式 91
4.5.3 IPv6 编址........................ 92
4.5.4 IPv6 过渡方案 95
4.5.5 自我测试........................ 96
4.6 大型网络组建案例 96
4.7 本章实践 104
实践 1 子网划分与地址分配..... 104
实践 2 路由器的基本配置 106
实践 3 静态路由的配置......... 107
实践 4 动态路由的配置......... 109

第 5 章 Internet 接入 111
5.1 广域网 111
5.1.1 广域网概述.................... 111
5.1.2 广域网协议.................... 111
5.1.3 自我测试 114
5.2 Internet 接入............................ 115
5.2.1 Internet 接入技术.......... 115
5.2.2 网络地址转换 119
5.2.3 自我测试 122
5.3 本章实践 123
实践 1 广域网 PPP 协议的封装与验证配置 123
实践 2 通过 ADSL Modem 接入 Internet................ 125
实践 3 NAT 的配置 127

第 6 章 构建无线局域网 130
6.1 无线局域网概述...................... 130
6.1.1 无线局域网的概念 130
6.1.2 无线局域网的特点 130
6.1.3 无线局域网的标准 131
6.1.4 无线局域网的应用场合 135
6.1.5 自我测试 135
6.2 无线局域网的设备与组网模式 136
6.2.1 无线局域网的设备 136
6.2.2 无线局域网的组网模式............................. 137
6.2.3 自我测试 138
6.3 无线局域网的安全.................. 138
6.3.1 无线网络的安全问题 138
6.3.2 无线网络常用安全技术............................. 138
6.3.3 自我测试 139
6.4 本章实践 140
实践 构建基于无线路由器的无线网络 140

第 7 章 Socket 通信 145
7.1 端到端服务 145

7.1.1 网络中进程与进程的通信 146
7.1.2 用户数据报协议 148
7.1.3 传输控制协议 148
7.1.4 自我测试 156
7.2 Socket 通信 157
7.2.1 Socket 通信简介 157
7.2.2 Socket 的编程 158
7.2.3 自我测试 163
7.3 本章实践 164
实践 局域网聊天工具的制作 164

第 8 章 构建网络中的服务器 168

8.1 域名系统 DNS 168
8.1.1 域名系统概述 168
8.1.2 因特网域名结构 169
8.1.3 域名服务器 170
8.1.4 自我测试 172
8.2 万维网 WWW 173
8.2.1 万维网概述 173
8.2.2 统一资源定位器 174
8.2.3 超文本传输协议 175
8.2.4 万维网的文档 177
8.2.5 自我测试 179
8.3 文本传输协议 179
8.3.1 FTP 概述 179
8.3.2 FTP 工作原理 179
8.3.3 简单文件传输协议 180
8.3.4 自我测试 181
8.4 动态主机配置协议 182
8.4.1 DHCP 概述 182
8.4.2 DHCP 工作原理 183
8.4.3 自我测试 186
8.5 电子邮件服务 187
8.5.1 电子邮件概述 187
8.5.2 简单邮件传输协议 188
8.5.3 邮件读取协议 189
8.5.4 基于万维网的电子邮件 189
8.5.5 自我测试 190
8.6 本章实践 191
实践 1 WWW 和 DNS 服务器的配置 191
实践 2 DHCP 服务器的配置 193

第 9 章 网络安全与维护 198

9.1 网络安全 198
9.1.1 网络安全的定义 198
9.1.2 网络安全的威胁 199
9.1.3 网络安全的关键技术及防范措施 199
9.1.4 系统平台安全加固技术 200
9.1.5 网络安全管理法律法规 201
9.1.6 自我测试 202
9.2 加密和认证 203
9.2.1 数据加密技术 203
9.2.2 身份认证技术 204
9.2.3 自我测试 205
9.3 认知防火墙 205
9.3.1 防火墙概述 205
9.3.2 Windows 自带防火墙 206
9.3.3 个人防火墙 209
9.3.4 自我测试 217
9.4 本章实践 218
实践 EFS 数据加密解密 218

附录 参考答案 221

参考文献 229

第1章 认知计算机网络

【主要内容】

本章主要介绍计算机网络的定义、功能与分类、发展历程及趋势，针对目前两种主要的网络体系结构：OSI参考模型和TCP/IP体系结构，详细介绍各层的功能及其要解决的问题。本章引入网络模拟软件Cisco Packet Tracer，为后续网络结构设计、设备配置、故障排除提供网络模拟环境。

【知识目标】

（1）理解计算机网络的定义和分类。

（2）认知计算机网络的组成及网络硬件设备。

（3）了解网络体系结构，理解OSI参考模型和TCP/IP体系结构。

【能力目标】

了解Cisco PacketTracer 5.3模拟软件界面，各部分的功能与作用。

1.1 计算机网络

1.1.1 计算机网络的定义

计算机网络是当今热门的学科之一，在过去的几十年里取得了快速的发展，社会经济、文化以及人们日常生活对网络的依赖也日益显著。

计算机网络（Computer Network）是通信技术与计算机技术密切结合的产物，是计算机科学发展的重要方向之一。计算机网络是将分布在不同地理位置、具有独立功能的计算机系统利用通信设备和线路互联起来，在网络协议和网络软件的规范下，实现数据通信和资源共享的计算机系统的集合。

理解计算机网络的定义应该把握以下几点：

（1）计算机网络连接的对象是各种类型的计算机或数据终端设备。

（2）计算机网络的连接要通过通信设施来实现。通信设施一般都由通信线路、相关的通信设备等组成。

（3）联网的计算机之间相互通信时必须遵守共同的网络协议。所谓协议，就是联网的计算机之间在进行通信时必须遵守的通信规则。

（4）计算机互联的目的主要是实现资源共享、信息交换，需要由相关的网络软件支持。

1.1.2 计算机网络的形成与发展

计算机网络从形成、发展到广泛应用，经历了从单一计算机向互联网络发展的过程。计算机网络发展过程大致可概括为四个阶段：面向终端的计算机系统阶段、分组交换网阶段、标准化网络阶段和高速网络技术阶段。

1. 网络形成阶段

1）面向终端的计算机系统阶段

面向终端的计算机系统阶段，计算机网络结构如图 1-1-1 所示。多台终端机共享一台主机的软硬件资源；主机与终端之间可以通过本地局域网连接，也可以通过集中器等硬件设备实现远程互联。主机的任务是执行复杂的计算与通信任务，终端机的任务是执行用户之间数据的交互。

2）分组交换网阶段

20 世纪 60 年代末，随着连接主机的增多，需要将远距离的若干台主机连接起来协同工作，由此形成分组交换网，如图 1-1-2 所示。

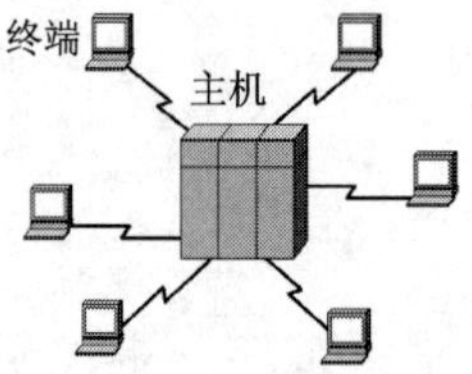

图 1-1-1　面向终端的计算机网络

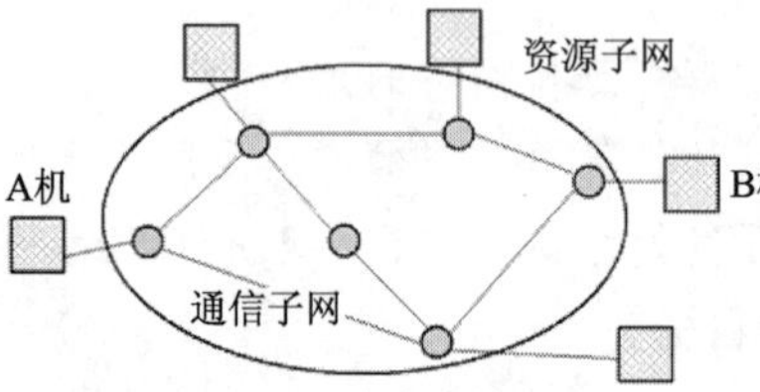

图 1-1-2　分组交换网

分组交换网采用分组交换技术，由资源子网和通信子网组成。资源子网包含所有终端设备，负责处理数据；通信子网包含分组交换设备和通信线路，负责数据的交换。ARPANET（Advanced Research Projects Agency Network，阿帕网）就是典型的分组交换网。

3）标准化网络阶段

继 ARPANET 之后，20 世纪 70 年代至 80 年代，计算机网络发展十分迅速，许多大学、研究中心、各企业集团以及各主要工业国家纷纷研制和建立专用的计算机网和公用交换数据网，这些大量出现的计算机网络大多是各自研制开发的，没有统一的网络体系结构，难以实现互联。这种封闭性使它们变成一个个孤岛，不能适应更大范围的信息交换与资源共享。于是，开放就成了计算机网络发展的主题。

1977 年，国际标准化组织（International Organization for Standardization，ISO）下属的计算机与信息处理标准化技术委员会成立了一个专门的研究计算机网络体系结构标准化问题委员会，经过多年艰苦的努力，于 1983 年制定出了一个能使各种计算机在世界范围内互联成网的标准框架——开放系统互连参考模型（Open System Interconnection，OSI）。OSI 参考模型分为七层，每层都规定了相应的服务和协议标准。OSI 参考模型被公认为是新一代计算机网络体系结构的基础，对网络理论体系的形成与网络技术的发展起到了重要作用。

4）高速网络技术阶段

20 世纪 90 年代至今为第四代计算机网络技术。由于局域网技术发展成熟，出现了光纤高速网络、多媒体网络和智能网络，整个网络就像一个对用户透明的计算机系统，发展为以 Internet 为代表的互联网。Internet 网络结构是以 TCP/IP 体系结构为基础的，该网络体系结构为计算机网络提供了统一的分层方案。

这一阶段计算机网络发展的特点是互联、高速和更为广泛的应用。

2. **网络的发展方向**

随着网络技术的不断发展，未来复杂信息网络的主要发展趋势如下：

（1）移动用户数量不断增加。

（2）具备网络功能的设备急剧增加。

（3）服务范围不断扩大。

电话、广播、电视和计算机数据网络合并到一个平台，形成融合网络。物联网技术使得装有传感器的设备都可以与互联网连接；P2P、云计算等技术使得服务器和客户端融为一体。

1.1.3 计算机网络的分类

计算机网络的分类标准很多，最常见的分类方式主要有按照拓扑结构和覆盖地理范围来分类。

1. **按网络拓扑结构分类**

计算机网络拓扑（Topology）是通过网络中结点与通信线路之间的几何关系表示网络结构，是对网络中各结点与链路之间的布局及其互联形式的抽象描述，反映网络中各实体间的结构关系。拓扑结构中结点用圆圈表示，链路用线表示。常见的计算机网络的拓扑结构有星状、环状、总线状、树状和网状，如图 1–1–3 所示。

1）星状拓扑网络

在星状拓扑网络结构中，各结点通过点到点的链路与中央结点连接，如图 1–1–3（a）所示。中央结点执行集中式控制策略，控制全网的通信，因此中央结点相当复杂，负担比其他各结点重得多。

星状拓扑网络的主要优点是：网络结构和控制简单，易于实现，便于管理；网络延迟时间较短，误码率较低；局部性能好，非中央结点的故障不影响全局；故障检测和处理方便；适用结构化智能布线系统。

主要缺点是：使用较多的通信介质，通信线路利用率不高；对中央结点负荷重，是系统可靠性的瓶颈，其故障可导致整个系统失效。

2）环状拓扑网络

在环状拓扑网络中，结点通过点到点通信线路连接成闭合环路，环中数据将沿同一个方向逐站传送，如图 1–1–3（b）所示。环状拓扑网络的主要优点为：结构简单，易于实现；数据沿环路传送，简化了路径选择的控制；当网络确定时，传输时延确定，实时性强。环状拓扑网络的主要缺点是：可靠性差，环中任一结点与通信链路的故障都将导致整个系统瘫痪；故障诊断与处理比较困难；控制、维护和扩充都比较复杂。

3）总线状拓扑网络

在总线状拓扑网络中，所有结点共享一条数据通道，如图 1–1–3（c）所示。一个结点发出的信息可以被网络上的每个结点接收。由于多个结点连接到一条公用信道上，所以必须采取某种方法分配信道，以决定哪个结点可以发送数据。

总线状网络结构简单，安装方便，需要铺设的线缆最短，成本低，并且某个站点自身的故障一般不会影响整个网络，因此是普遍使用的网络之一。其缺点是实时性较差，总线上的故障会导致全网瘫痪。

4）树状拓扑网络

在树状拓扑网络中，网络中的各结点形成了一个层次化的结构，树状结构是星状拓扑的一种扩充，每个中心结点与端用户的连接仍为星状，而中央结点级联成树，如图 1-1-3（d）所示。著名的因特网从整体上看也是采用树状结构。

树状拓扑网络的主要优点是：结构比较简单，成本低；系统中结点扩充方便灵活，系统具有较好的可扩充性；在这种网络中，不同层次的网络可以采用不同性能的实现技术，如主干网和二级网可以分别采用 100 Mbit/s 和 10 Mbit/s 的以太网实现。

主要缺点是：在这种网络系统中，除叶结点及其相联接的链路外，任何一个结点或链路产生的故障都会影响整个网络。

5）网状拓扑网络

在网状拓扑网络中，结点之间的连接是任意的，没有规律，如图 1-1-3（e）所示。其主要优点是可靠性高，但结构复杂，必须采用路由选择算法和流量控制方法。该结构一般用于广域网。

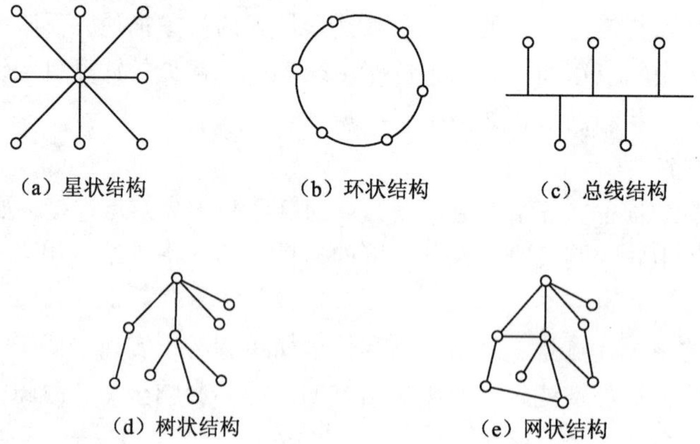

图 1-1-3　基本网络拓扑结构

2. 按网络的覆盖范围分类

最能反映网络技术本质特征的分类标准是网络的覆盖范围，按网络的覆盖范围可以将网络分为局域网、城域网和广域网。

1）局域网

局域网（Local Area Network，LAN）是一种传输距离有限，传输速率较高，以共享网络资源为目的的网络系统。局域网的地理覆盖范围在几公里之内，一般应用在办公楼群和校园网中。一个局域网可以容纳几台或几千台计算机，还被广泛应用于工厂及企事业单位的个人计算机和工作站的组网方面，除了文件共享和打印机共享服务之外，局域网通常还包括与因特网有关的应用，如信息浏览、文件传输、电子邮件及新闻组等。局域网区别于其他网络类型的特点主要体现在以下三个方面：

（1）分布范围有限。局域网所覆盖的范围较小，往往用于某一群体，如一个公司、一个单位或一个楼层等。

（2）数据传输率高，稳定可靠。局域网有较高的通信带宽，数据传输速率很高，一般在10 Mbit/s以上，最高可达10 000 Mbit/s。网络间数据传输安全可靠，误码率低，一般为0.0001～0.000001。

（3）拓扑结构简单。局域网的拓扑结构目前常用的是总线与星状，这是有限的地里环境决定的。在类似的情况下相比较而言，星状结构最好进行维护和升级，总线状结构则是投资最少的，所以这两种拓扑结构的应用比较广泛，但这两种结构很少在广域网环境下使用。

2）城域网

城域网（Metropolitan Area Network，MAN）是规模介于局域网和广域网之间的一种较大范围的高速网络，其覆盖范围一般为几公里到几十公里，通常在一个城市内。城域网设计的目标是要满足几十公里范围之内的企业、机关、公司的多个局域网互联的需求。例如，一些大型连锁超市在某一城市各分店的超市结算系统与库存系统。目前城域网多采用的是与局域网相似的技术，主要用于LAN互联及综合声音、视频和数据业务。

3）广域网

广域网（Wide Area Network，WAN）也称远程网，是远距离的大范围的计算机网络。这类网络的作用是实现远距离计算机之间的数据传输和信息共享。广域网可以是跨地区、跨城市、跨国家的计算机网络，覆盖的范围一般是几十公里到几千公里的广阔地理范围，通信线路大多借用公用通信网络（如公用电话网）。在我国，广域网一般为中国电信和网络运营商所有，如中国移动、中国联通和中国铁通等。

广域网与局域网相比，有以下特点：

（1）覆盖范围广，可达数千米甚至上万米。

（2）数据传输速率比较低，一般在64 Kbit/s～2 Mbit/s。

（3）数据传输延时较大，例如卫星通信的延时可达几秒钟。

（4）数据传输质量低，如误码率较高、信号误差大。

（5）广域网的管理和维护都较为困难。

1.1.4 计算机网络的组成

一个典型的计算机网络由计算机系统、通信设施、网络软件三大部分组成，如图1-1-4所示。

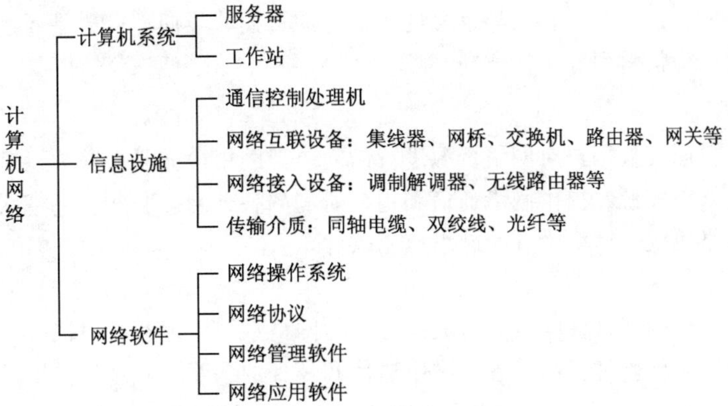

图1-1-4 计算机网络组成

1. 计算机系统

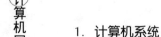

计算机系统主要完成数据信息的收集、存储和处理等任务，并为网络提供各种资源。根据在网络中的用途，计算机系统可分为服务器（Server）和工作站（Workstation）。从硬件角度来说，服务器和工作站其实都是网络中的一台独立的计算机，在网络中都可以把它们称为主机（Host），只是它们在网络中所起的作用不同，提供的资源数量也不相同。

服务器是指在网络环境下运行相应的应用软件、为网络用户提供共享信息资源和各种服务的一台高性能计算机。服务器的构成与平常所用的个人计算机（Personal Computer，PC）有很多相似之处，有中央处理单元、内存、硬盘、各种总线等，只不过服务器不针对终端个人用户，而是为终端用户提供各种共享服务（网络、Web应用、数据库、文件、打印等）以及其他方面应用的高性能计算机。服务器的高性能主要体现在高速的运算能力、长时间的可靠性、强大的外部数据吞吐能力等方面。网络服务器是计算机网络的核心设备，网络中可共享的资源大都集中在网络服务器中，如网络数据库、大容量磁盘和磁盘阵列、网络打印机。网络用户访问网络服务器，共享文件、数据库、应用软件、外围设备等。

工作站是计算机网络的用户终端设备，通常是PC，主要完成数据传输、信息浏览和桌面数据处理等功能。网络工作站的选择比较简单，任何微机都可以作为网络工作站。

2. 通信设施

网络通信设施由通信控制处理机、网络互联设备、网络接入设备和传输介质组成。

（1）通信控制处理机。负责主机与网络的信息传输控制，其主要功能是线路传输控制、差错检测与恢复、代码转换以及数据帧的封装与拆封等。在以交互式应用为主的局域网中，一般不需要配备通信控制处理机，但需要安装网络适配器来担任通信部分的功能。网络适配器是一个可插入计算机扩展槽中的网络接口卡（Network Interface Card，NIC），简称网卡。

（2）网络互联设备。用来实现网络中主机与主机、网络与网络之间的联接、路由选择等功能，主要包括中继器（Repeater）、集线器（Hub）、网桥（Bridge）、交换机（Switch）、路由器（Router）和网关（Gateway）等。

（3）网络接入设备。用来实现个人计算机和局域网接入互联网，主要包括调制解调器（Modem）、无线路由器等。

（4）传输介质。传输介质是传输数据信号的物理通路，将网络中的各种设备联接起来。网络中的传输介质有多种，可分为导向性介质和非导向性介质两类。同轴电缆、双绞线、光纤属于导向性介质，这种介质将引导信号的传播方向；而非导向性介质是通过大气和外层空间传播信号，它不为信号引导传播方向。

3. 网络软件

网络软件一方面授权用户对网络资源进行访问，帮助用户方便、安全地使用网络；另一方面管理和调度网络资源，提供网络通信和用户所需的各种网络服务。网络软件一般包括网络操作系统、网络协议、网络管理及网络应用软件。

1）网络操作系统

网络操作系统是网络软件的重要组成部分，是网络系统管理和通信控制的集合。网络操作系统负责整个网络软硬件资源管理、网络通信和任务的调度，并且提供用户和网络之间的接口。目前，计算机网络操作系统主要有UNIX、Windows 2000/2003/2008/2012/2016、Netware

和 Linux。UNIX 是唯一跨微机、小型机、大型机的网络操作系统。Windows 2000/2003/2008/2012/2016 是微软公司推出的网络操作系统，运行在微机和工作站上。NetWare 主要面向微机，市场占有率有所下降。Linux 是 UNIX 在 PC 上的实现，因其免费开放的特性，正在受到更多人的关注，Linux 是一种经济的企业服务器操作系统。

2）网络协议

网络协议是联入网络的计算机必须共同遵循的一组规则和约定，保证数据传输和资源共享能够有条不紊地进行。

3）网络管理软件

网络管理软件能够对网络结点进行网络配置，进行网络信息的收集、管理等工作，以保障网络可靠、正常地运行。

4）网络应用软件

网络应用软件主要为网络用户提供各种网络服务。一类是网络软件开发商开发的通用应用软件及工具软件，如电子邮件系统、浏览器等；另一类则是不同用户业务的专用软件，如基于网络的金融系统、电子商务和电信管理等。

本书将采用 Cisco Packet Tracer 5.3 软件模拟网络环境，初学者可以在软件图形的用户界面上直接使用拖曳方法建立网络拓扑，并设计、配置以及排除网络故障，观察数据包在网络中的详细处理过程以及网络实时运行情况。

1.1.5 自我测试

一、填空题

1. 按照覆盖的地理范围，计算机网络可以分为________、________和________。
2. 局域网常见的拓扑结构有总线、________和________等。
3. 网络软件的类型通常包括________、________和________三类。
4. 计算机网络是能够实现________的互联起来的自治计算机系统的集合。
5. 从逻辑功能上，计算机网络可以分为两个子网：________和________。
6. 图 1-1-5 是某公司网络中的一部分，仔细观察后，回答以下问题：

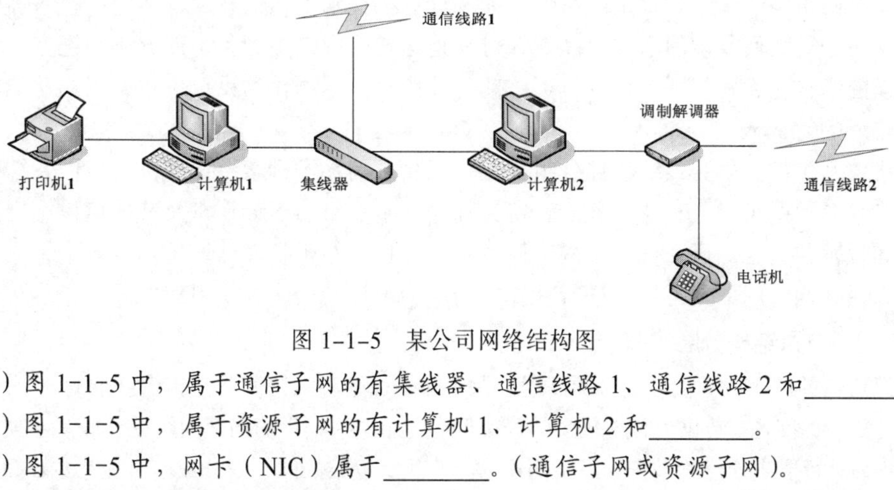

图 1-1-5 某公司网络结构图

（1）图 1-1-5 中，属于通信子网的有集线器、通信线路 1、通信线路 2 和________。

（2）图 1-1-5 中，属于资源子网的有计算机 1、计算机 2 和________。

（3）图 1-1-5 中，网卡（NIC）属于________。（通信子网或资源子网）。

7. 如图 1-1-6 所示的网络中，________、________________等设备属于通信子

网，________、________、________等设备属于资源子网。

（设备包括计算机 1、计算机 2、交换机、打印机、直通双绞线、网卡）

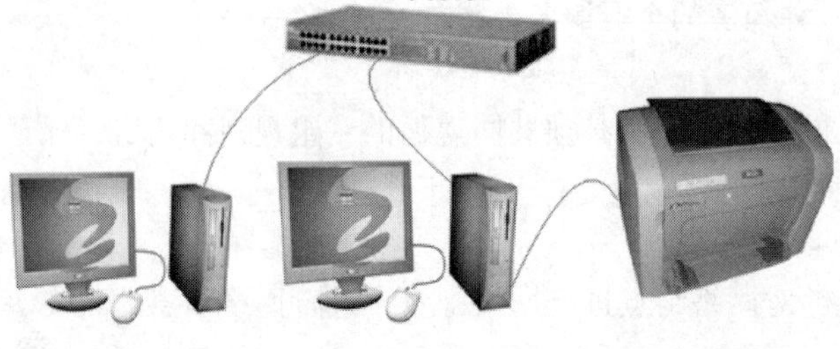

图 1-1-6　网络结构示意图

二、选择题

1. 一座大楼内的一个计算机网络系统，属于________。

A. PAN　　B. LAN　　C. MAN　　D. WAN

2. 若网络形状是由站点和连接站点的链路组成的一个闭合环，则称这种拓扑结构为________。

A. 星状拓扑　　B. 总线拓扑　　C. 环状拓扑　　D. 树状拓扑

3. 世界上第一个计算机网络是________。

A. ARPANET　　B. ChinaNet　　C. Internet　　D. CERNET

4. Internet 是一种________结构的网络。

A. 星状　　B. 环状　　C. 树状　　D. 网状状

1.2　计算机网络体系结构及网络协议标准

1.2.1　网络体系结构分层和协议的概念

计算机网络是一个十分复杂的系统，涉及计算机技术、通信技术、多媒体技术等多个领域。这样一个庞大而复杂的系统要高效、可靠地运转，网络中的各个部分必须遵守一整套合理而严谨的结构化管理规则。计算机网络就是按照高度结构化的设计思想，采用功能分层的方法来实现的。

网络体系结构是研究系统各部分组成及相互关系的技术科学。计算机网络体系结构是指整个网络系统的逻辑组成和功能分配，定义和描述了一组用于计算机及其通信设施之间互连的标准和规范的集合。研究计算机网络体系结构的目的在于定义计算机网络各个组成部分的功能，以便在同一的原则指导下进行计算机网络的设计、构建、使用和发展。

1. 网络体系结构分层的概念

相互通信的两个计算机系统必须高度协调工作，而这种“协调”是相当复杂的。“分层”可将庞大而复杂的问题，转化为若干较小的局部问题，而这些较小的局部问题就比较易于研究和处理。对网络进行层次划分就是将计算机网络这个庞大、复杂的问题划分成若干较小的、简单的问题。通过“分而治之”，解决这些较小的、简单的问题，从而解决计算机网络这个大问题。

计算机网络采用层次化结构的优点如下：

（1）各层之间相互独立。高层不必关心低层的实现细节，只要知道低层所提供的服务，以及本层向上层所提供的服务即可。

（2）灵活性好。当任何一层发生变化时，只要接口保持不变，则在这层以上或以下均不受影响。各层都可以采用最合适的技术来实现，各层实现技术的改变不影响其他层。

（3）易于实现和维护。整个系统已经被分解为若干个易于处理的部分，这种结构使得一个庞大而又复杂系统的实现和维护变得容易控制。

（4）有利于标准化。因为每一层的功能和所提供的服务都已经有了精确的说明，所以标准化变得较为容易。

层次化结构通常要遵循如下原则：

（1）层次的数量不能太多。层数太多会在描述和综合各层功能的系统工程任务时遇到较多的困难，类似的功能放在同一层。

（2）层次的数量也不能过少。层次的数量应该保证能够从逻辑上将功能分开，截然不同的功能最好不要放在同一层。若层数太少，就会使每一层的协议太复杂。

（3）层次边界要选得合理。层次之间用于控制、交流的额外信息流量尽量少。

2. **计算机网络协议**

网络中的计算机间要想正确地传送信息和数据，必须在数据传输的顺序、数据的格式及内容等方面有一个约定或规则，这种约定或规则称为协议。也就是说，计算机网络协议是指为了实现计算机网络中的数据交换而建立的规则、标准或约定的集合。协议总是指某一层协议，是对等实体之间的通信制订的有关通信规则约定的集合。协议通常由语义、语法和时序3部分组成。

（1）语义。通信数据和控制信息的结构与格式。

（2）语法。对具体事件应发出何种控制信息，完成何种动作以及做出何种应答。

（3）时序。定义事件发生的先后顺序。

1.2.2 OSI参考模型

1984年，国际标准化组织ISO和国际电工委员会（International Electro technical Commission，IEC）发表了著名的ISO/IEC 7498标准，定义了网络互联的七层框架，这就是开放系统互连参考模型，即OSI参考模型。这里的“开放”是指只要遵循OSI标准，一个系统就可以与位于世界上任何地方、同样遵循OSI标准的其他任何系统进行通信。

OSI参考模型将整个网络的通信功能划分为七个层次，并规定了每层的功能以及不同层如何协同完成网络通信。OSI参考模型的七层从低到高依次为物理层、数据链路层、网络层、传输层、会话层、表示层和应用层，如图1-2-1所示。

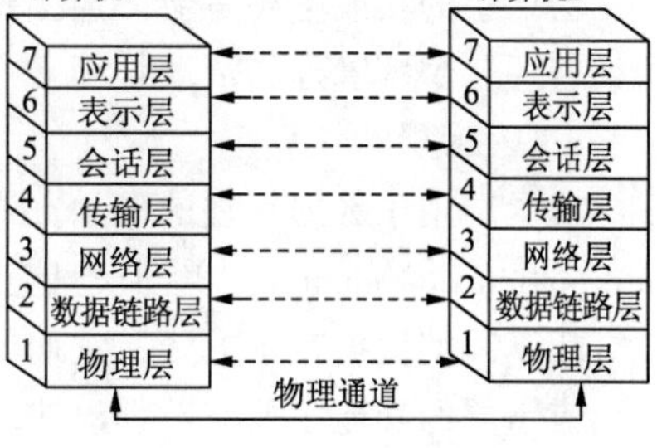

图1-2-1　OSI参考模型的结构

第1章　认知计算机网络

1. OSI 参考模型各层功能

1）物理层

OSI 参考模型的最低层，其主要任务是提供网络的物理连接。物理层是建立在物理介质上，它提供的是机械和电气接口，而不是逻辑上的协议和会话。主要包括电缆、物理端口和附属设备，如双绞线、同轴电缆、接线设备、RJ-45 接口、串口和并口等在网络中都是工作在这个层次的。

物理层提供的服务包括物理连接、物理服务数据单元顺序化（接收物理实体收到的比特顺序，与发送物理实体所发送的比特顺序相同）和数据电路标识。

2）数据链路层

数据链路层是建立在物理传输能力的基础上，以帧为单位传输数据，其主要任务是进行数据封装和数据链接的建立。封装的数据信息中，地址段含有发送结点和接收结点的地址，控制段用来表示数据连接帧的类型，数据段包含实际要传输的数据，差错控制段用来检测传输中帧出现的错误。

数据链路层的功能包括数据链路连接的建立与释放、构成数据链路数据单元、数据链路连接的分裂、定界与同步、顺序和流量控制和差错的检测和恢复等方面。

3）网络层

网络层属于 OSI 中的较高层次，主要解决网络与网络之间的通信问题。网络层的主要功能即是提供路由，即选择到达目标主机的最佳路径，并沿该路径传送数据包。除此之外，网络层还要能够消除网络拥挤，具有流量控制和拥挤控制的能力。

网络层的功能包括建立和拆除网络连接、路径选择和中继、网络连接多路复用、分段和组块、服务选择、传输和流量控制。

4）传输层

传输层解决的是数据在网络之间的传输质量问题，用于提高网络层服务质量，提供可靠的端到端的数据传输，如常说的 QoS 就是这一层的主要服务。这一层主要涉及的是网络传输协议，它提供的是一套网络数据传输标准，如 TCP 协议。

传输层的功能包括映像传输地址到网络地址、多路复用与分割、传输连接的建立与释放、分段与重新组装、组块与分块。

5）会话层

会话层利用传输层来提供会话服务，会话可能是一个用户通过网络登录到一个主机，或一个正在建立的用于传输文件的会话。

会话层的功能主要有会话连接到传输连接的映射、数据传送、会话连接的恢复和释放、会话管理、令牌管理和活动管理。

6）表示层

表示层用于数据管理的表示方式，如用于文本文件的 ASCII 码（American Standard Code for Information Interchange，美国信息交换标准代码）、用于表示数字的补码表示形式。如果通信双方用不同的数据表示方法，它们就不能互相理解，表示层就是用于屏蔽这种不同之处。

表示层的功能主要有数据语法转换、语法表示、表示连接管理、数据加密和数据压缩。

7）应用层

应用层是 OSI 参考模型的最高层，它解决的也是最高层次，即程序应用过程中的问题，它直接面对用户的具体应用。应用层包含用户应用程序执行通信任务所需要的协议和功能，如电子邮件和文件传输等，在这一层中 TCP/IP 协议中的 FTP（File Transfer Protocol，文件传输协议）、SMTP（Simple Mail Transfer Protocol，简单邮件传输协议）、POP3（Post Office Protocol - Version 3，邮局协议版本 3）等协议得到了充分应用。

2. OSI 参考模型中的数据传输过程

在 OSI 参考模型中，对等层之间经常需要交换信息单元，对等层协议之间需要交换的信息单元称为协议数据单元（Protocol Data Unit，PDU）。结点对等层之间的通信并不是直接通信，它们需要借助于下层提供的服务来完成，所以，通常说对等层之间的通信是虚通信。

为了实现对等层通信，单数据需要通过网络从一个结点传送到另一个结点前，必须在数据的头部（和尾部）加上特定的协议头（和协议尾），这种增加数据头部（和尾部）的过程称为数据打包或者数据封装。同样，在数据到达接收结点的对等层后，接收方将识别、提取和处理发送方对等层增加的数据头部（和尾部）。接收方这种将增加的数据头部（和尾部）去除的过程称为数据拆包或数据解封。

实际上，数据封装和解封的过程与通过邮局发送信件的过程是相似的。当有一份报价单（data）要寄给海外的客户，将之交给秘书之后，秘书会把信封（header1）打好，然后贴好邮票投进邮筒，邮局再将信件分好类，把相同地区的邮件放进更大的邮包（header2）附运，然后航空公司也会把邮件和其他货物一起用飞机机柜（header3）运达目标机场；目的地机场只接管不同飞机机柜（header3）所运来的货物，然后把邮包（header2）交给对方邮局，邮局邮件分好类后，再把信封（header1）递送到客户那里，然后客户打开信封就可以看到报价单（data）。

数据从主机 A 的应用层传送到主机 B 的应用层主要经过以下步骤（见图 1-2-2）：

（1）当主机 A 的数据传送到应用层时，应用层在数据上加入本层控制报头，然后传送到表示层。

（2）表示层在接收到的数据上加入本层的控制报头，然后传送到会话层。

（3）依此类推，每层在从上层接收到的数据上加入它们自己的控制报头，然后传送到下一层。在较低层，数据被分割为较小的数据单元，例如传输层数据单元称为报文（Message）、网络层数据单元称为数据包或分组（Packet）、数据链路层数据单元称为帧（Frame）、物理层数据单元称为比特流。

（4）当比特流到达目的结点主机 B 时，再从物理层依次上传。每层对各层的控制报头进行处理，对数据重新进行整合，去除每层的报头，并将用户数据上交高层，直至数据传送给主机 B。

在 OSI 参考模型的七层中，除了物理层之间可以直接传送信息外，其他各层之间实现的是间接传送，即在发送发主机的某一层发送的信息必须经过该层以下的所有层，通过传输介质传送到接收方主机，并层层上传直至到达与信息发送层所对应的层。

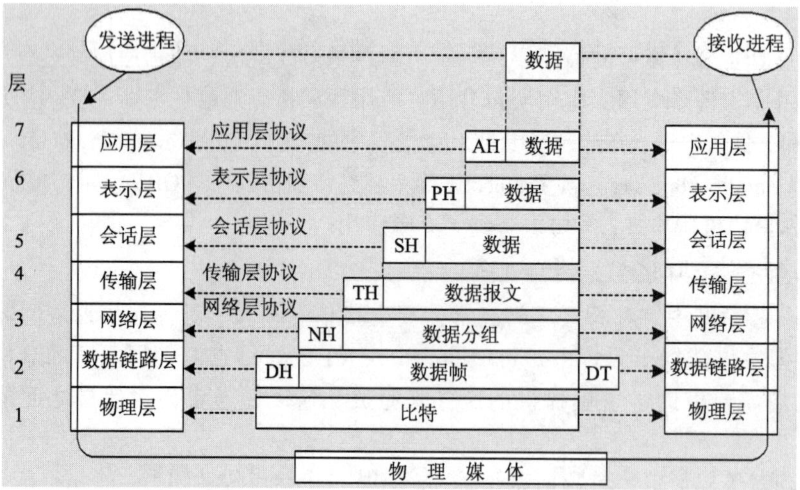

图 1-2-2 OSI 数据传输过程

1.2.3 TCP/IP 体系结构

OSI 参考模型是理论上比较完善的体系结构，对各层协议考虑得比较周到。但是，OSI 参考模型定义的只是一种抽象结构，仅给出了功能上和概念上的框架标准，市场上至今没有符合 OSI 参考模型各层协议的产品出现。

而与此同时，因特网的迅速发展使其采用的 TCP/IP 体系结构成为计算机网络事实上的标准，使用 TCP/IP 协议的硬件和软件产品大量出现，几乎所有的个人计算机都配置有 TCP/IP 协议。TCP/IP 成为因特网上广泛使用的标准网络通信协议。

TCP 和 IP 是因特网体系结构中两个最主要的协议名称，因此采用 TCP/IP 来命名这一体系结构。TCP/IP 体系结构由四层组成，自下至上依次是：网络接口层、网际层、传输层、应用层，各层包括相应的协议，如图 1-2-3 所示。

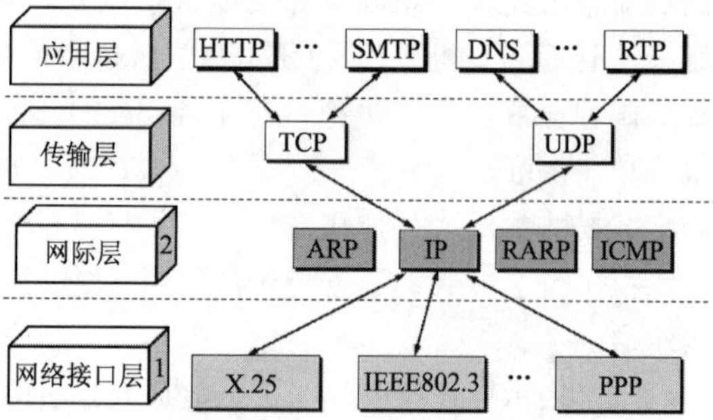

图 1-2-3 TCP/IP 体系结构

1. 网络接口层

网络接口层（Network Interface Layer）也称主机–网络层（Host-to-Network Layer），相当于 OSI 参考模型中的物理层和数据链路层。网络接口层在发送端将上层的 IP 数据报封装成帧后发送到网络上；数据帧通过网络到达接收端时，该结点的网络接口层对数据帧进行拆封，并检查帧中包含的硬件地址。如果该地址就是本机的硬件地址或者是广播地址，则上传到网络层，否则丢弃该帧。

网络接口层是 TCP/IP 与各种 LAN 或 WAN 的接口。TCP/IP 模型没有为该层定义专用协议，实际应用时根据网络类型和拓扑结构可采用不同的协议。如局域网普遍采用的 IEEE802 系列协议，广域网经常采用的帧中继、X.25、点对点协议（Point-to-Point Protocol，PPP）。

PPP 协议是一种行之有效的点到点通信协议，可以支持多种网络层协议（如 IP、IPX 等），支持动态分配的 IP 地址，并且 PPP 帧设置了校验字段，因而 PPP 在网络接口层具有差错校验功能。

2. 网络层

网络层（Internet Layer）相当于 OSI 参考模型中的网络层，其主要功能是解决主机到主机的通信问题，以及建立互联网络，负责为数据分组选择路由、将数据上交给传输层或接收从传输层传来的数据。该层定义了正式的 IP 数据报格式和协议。

IP 协议是网际层的核心协议，网际层的功能主要由 IP 完成。IP 定义了数据分组的格式、寻址方式、数据分组的合并和拆装规则等。除了 IP 协议，网际层还定义了其他协议，如地址解析协议（Address Resolution Protocol，ARP）、反向地址解析协议（Reverse Address Resolution Protocol，RARP）、因特网控制报文协议（Internet Control Message Protocol，ICMP）等。

3. 传输层

传输层（Transport Layer）相当于 OSI 参考模型中的传输层，用于实现从源主机到目的主机的端到端的通信。同样，有了传输层提供的服务，可将底层的实现细节完全屏蔽掉。

传输层定义了两个主要的端到端协议：传输控制协议（Transport Control Protocol，TCP）、用户数据报协议（User Datagram Protocol，UDP）。

1）TCP

TCP 是一种可靠的、面向连接的协议，但响应速度较慢，适用于可靠性要求较高、数据量大的应用。如应用层的 SMTP、FTP 等服务是利用传输层的 TCP 协议进行传输。

2）UDP

UDP 是一种不可靠的、无连接的协议，其特点是传输效率高、开销小，但传输质量不高。UDP 主要用于不要求数据分组顺序到达的传输环境中，同时也被广泛地用于对数据精确度要求不高而对响应时间要求较高的网络传输（如传输语音或影像）中。

4. 应用层

应用层（Application Layer）包含了 OSI 参考模型中的会话层、表示层和应用层的所有功能。目前，互联网上常用的应用层协议主要有以下几种：

（1）简单邮件传输协议（Simple Mail Transfer Protocol，SMTP）。负责控制互联网中电子邮件的传输。

（2）超文本传输协议（Hyper Text Transfer Protocol，HTTP）。提供 Web 服务。

（3）文件传输协议（File Transfer Protocol，FTP）。用于交互式文件传输，如下载软件使用的就是这个协议。

（4）简单网络管理协议（Simple Network Management Protocol，SNMP）。对网络设备和应用进行管理。

（5）远程登录协议（Telecommunication Network，Telnet）。允许用户与使用 TELNET 协议的远程计算机通信，为用户提供了在本地计算机上完成远程计算机工作的能力。常用的电子公告牌系统 BBS 使用的就是这个协议。

（6）域名系统服务（Domain Name System，DNS）。实现 IP 地址与域名地址之间的转换。

（7）路由信息协议（Routing Information Protocol，RIP）：完成网络设备间路由信息的交换和更新。

其中网络用户经常直接接触的协议是 SMTP、HTTP、FTP、Telnet 等。另外，还有许多协议是最终用户不需要直接了解但又必不可少的，如 DNS、SNMP、RIP 等。随着计算机网络技术的发展，不断有新的协议添加到应用层的设计中来。

1.2.4 OSI 参考模型和 TCP/IP 体系结构对应关系

OSI 参考模型是一种比较完善的体系结构，它分为七层，每个层次之间的关系比较密切，但又过于密切，存在一些重复。它是一种过于理想化的体系结构，在实际的实施过程中有比较大的难度。但它却很好地提供了一个体系结构分层的参考，具有较好的指导作用。

TCP/IP 体系结构分为四层，层次相对要简单得多，因此在实际使用中比 OSI 参考模型更具有实用性，所以它得到了很好的发展，现在的计算机网络大多是 TCP/IP 体系结构。OSI 参考模型与 TCP/IP 体系结构的层次对应关系如表 1-2-1 所示。

表 1-2-1 OSI 参考模型与 TCP/IP 体系结构对应关系

OSI 参考模型	TCP/IP 体系结构（分层和主要协议）	
应用层	应用层	FTP、SNMP、SMTP、HTTP 等
表示层		
会话层		
传输层	传输层	TCP、UDP
网络层	网际层	IP
数据链路层	网络接口层	X.25、帧中继
物理层		

1.2.5 自我测试

一、选择题

1. 网络协议主要要素为________。

   A. 数据格式、编码、信号电平　　B. 数据格式、控制信息、速度匹配

   C. 语法、语义、同步　　D. 编码、控制信息、同步

2. 计算机网络中，分层和协议的集合称为计算机网络的________。目前应用最广泛的是________。

   A. 组成结构　　B. 体系结构　　C. TCP/IP　　D. ISO/OSI

3. 在 TCP/IP 协议簇中，UDP 协议工作在________。

   A. 应用层　　B. 传输层

   C. 网际层　　D. 网络接口层

4. 在下列给出的协议中，________不是 TCP/IP 的应用层协议。

   A. HTTP　　B. FTP　　C. TCP　　D. POP3

5. 数据链路层的数据单位是________。

   A. 比特　　B. 字节　　C. 帧　　D. 分组

二、填空题

1. 在表 1-2-2（1）～（5）中填入相应内容。

表 1-2-2　OSI 参考模型与 TCP/IP 体系结构对应关系

OSI 参考模型	TCP/IP 体系结构（分层和主要协议）	
应用层	应用层	FTP、SNMP、SMTP、HTTP 等
表示层		
（2）		
传输层	传输层	（4）
网络层	（3）	（5）
（1）	网络接口层	X.25、帧中继
物理层		

2. 网络协议的三要素是________、________和________。
3. TCP/IP 的层次化结构的最高两层为________和________。
4. 计算机网络体系结构最有影响的标准是________和________。

1.3　本 章 实 践

实践　Cisco PacketTracer 5.3 模拟软件的使用

【实践目标】

了解 Cisco Packet Tracer 5.3 模拟软件的界面，各个分区的功能与作用。

【实践环境】

装有 Cisco Packet Tracer 5.3 模拟软件的 PC 一台。

【实践步骤】

1. 认识 Packet Tracer 的基本界面

Cisco Packet Tracer 5.3 模拟软件是由思科公司发布的一个辅助学习工具，为学习计算机网络课程的初学者设计、配置、排除网络故障提供了网络模拟环境。初学者可以在软件图形的用户界面上直接使用拖动的方法建立网络拓扑，观察数据包在网络中的详细处理过程以及网络实时运行情况。

Cisco Packet Tracer 5.3 模拟软件运行后的界面如图 1-3-1 所示。模拟软件的界面共有十个版块区域，它们分别是菜单栏、主工具栏、常用工具栏、逻辑/物理工作区转换栏、工作区、实时/模拟转换栏、网络设备库、设备类型库、特定设备库、用户数据包窗口。

各版块区域的功能介绍如表 1-3-1 所示。

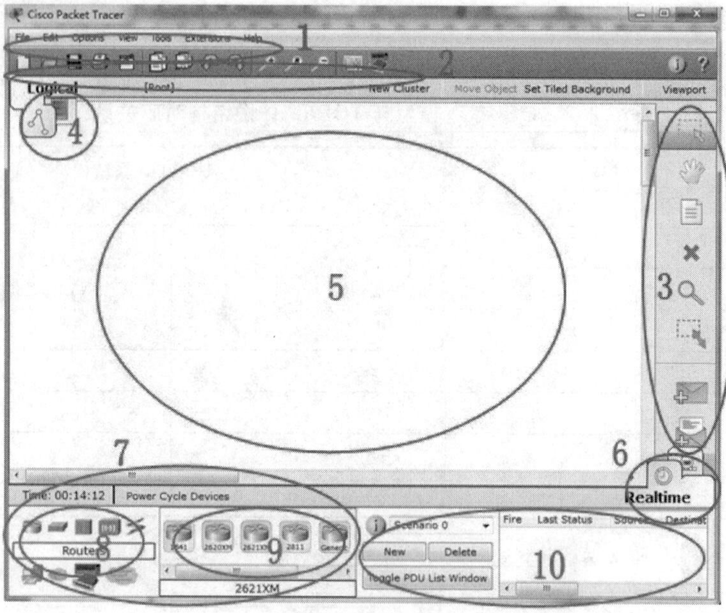

图 1-3-1　Packet Tracer 的基本界面

表 1-3-1　Packet Tracer 5.3 基本界面介绍

1	菜单栏	此栏中有文件、编辑、选项、查看、工具、扩展和帮助按钮，在此可以找到一些基本的命令，如打开、保存、打印和选项设置，还可以访问活动向导
2	主工具栏	此栏提供了文件按钮中命令的快捷方式
3	常用工具栏	此栏提供了常用的工作区工具，包括选择、整体移动、备注、删除、查看、调整大小、添加简单数据包和添加复杂数据包等
4	逻辑/物理工作区转换栏	可以通过此栏中的按钮完成逻辑工作区和物理工作区之间的转换。 逻辑工作区：主要工作区，在该区域里面完成网络设备的逻辑连接及配置。 物理工作区：该区域提供了办公地点（城市、办公室、工作间等）和设备的直观图，可以对它们进行相应配置
5	工作区	此区域可供创建网络拓扑、监视模拟过程查看各种信息和统计数据
6	实时/模拟转换栏	可以通过此栏中的按钮完成实时模式和模拟模式之间的转换。 实时模式：默认模式。提供实时的设备配置和 Cisco IOS CLI（Command Line Interface）模拟。 模拟模式：Simulation 模式用于模拟数据包的产生、传递和接收过程，可逐步查看
7	网络设备库	该库包括设备类型库和特定设备库
8	设备类型库	此库包含不同类型的设备，如路由器、交换机、Hub、无线设备、连线、终端设备和网云等
9	特定设备库	此库包含不同设备类型中不同型号的设备，它随着设备类型库的选择级联显示
10	用户数据包窗口	此窗口管理用户添加的数据包

2. 设备的添加与连接

在 Packet Tracer 模拟软件的网络类型库依次选择终端设备、交换机、路由器，选择特定的设备 PC、Switch 2960、Router 2811、Server 等，如图 1-3-2 所示。

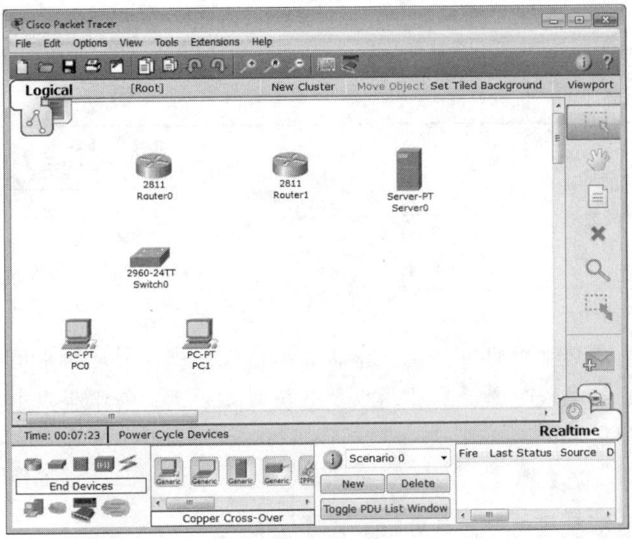

图 1-3-2　添加设备

选择合适的线缆连接设备：选择直通双绞线连接 PC 和交换机、交换机和路由器，选择交叉双绞线连接路由器和路由器、路由器和 Server 机，结果如图 1-3-3 所示。

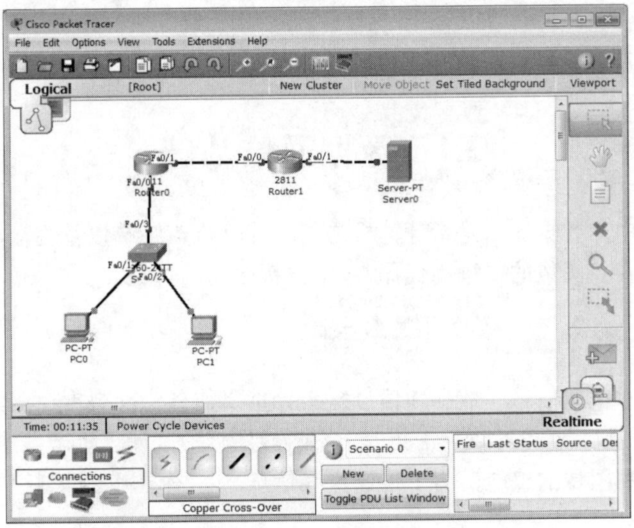

图 1-3-3　设备的连接

第2章

构建小型局域网

【主要内容】

本章以构建小型局域网为目标，重点介绍数据通信基础、局域网常用的传输介质以及硬件设备、局域网协议标准、IP 地址的作用以及分类等知识点，使学生对小型局域网有全面的认识并能组建小型局域网。

【知识目标】

（1）认知数据通信模型的概念、传输方式等。

（2）了解 IP 地址的作用与分类。

【能力目标】

（1）学会数据跳线的制作方法。

（2）学会配置计算机网络设备的 IP 地址。

（3）掌握组建小型局域网的相关技能及配置命令。

2.1 数据通信基础

在计算机网络中，数据通信是指计算机之间、计算机与终端以及终端与终端之间传送表示字符、数字、语音、图像的二进制代码 0、1 比特序列的过程。

2.1.1 数据通信概念

在数据通信技术中，信息、数据和信号是十分重要的概念。数据通信的目的是为了交换信息，信息的载体可以是数字、文字、语音、图形或图像等，计算机产生的信息一般是数字、文字、语音、图形和图像的组合。为了传送这些信息，首先要用二进制编码的数据来表示。

1. 信息和数据

数据是信息的载体，信息则是数据的具体内容和解释，信息的形式可以是数值、文字、图形、声音、图像等。信息涉及数据所表示的内涵，而数据涉及信息的表现形式，数据是通信双方交换的具体内容。数据可分为模拟数据和数字数据，模拟数据的取值是连续的；数字数据的取值则是只在有限的离散点上取值。

2. 信号

在数据通信中，信号被转换为适合在通信信道上传输的电磁波编码。这种在信道上传输的电磁波编码称为信号，它是数据在传输过程中的电磁波的表示形式。信号借助有线传输介质和无线传输介质，在通信设备之间通过线缆或直接在空中传输。根据信号的方式不同，通信可分为模拟通信和数字通信。数字通信以数字信号作为载体传输信息，模拟通信以模拟信号作为载体传输信息，如图 2–1–1 所示。

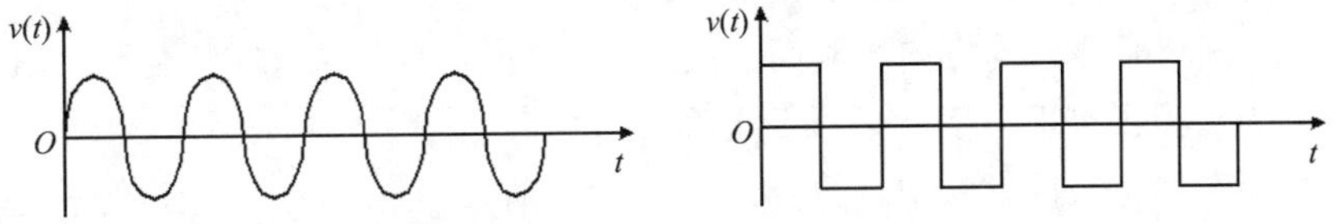

图 2–1–1　模拟信号和数字信号

2.1.2　通信系统模型

信息的传递是通过通信系统来实现的。通信系统基本模型共有 5 个基本组件，分别是信源、发送机、信道、接收机和信宿，如图 2–1–2 所示。其中，除去两端设备的部分称为信息传输系统。信息传输系统由发送机、信道和接收机三个主要部分组成。

图 2–1–2　通信系统基本模型

1. **信源和信宿**

信源就是信息的发送端，是发出待传送信息的人或设备；信宿就是信息的接收端，是接收所传送信息的人或设备。大部分信源和信宿设备都是计算机或其他数据终端设备。

2. **信道**

信道是通信双方以传输介质为基础的传输信息的通道，它是建立在通信线路及其附属设备上的。信道本身可以是模拟或数字方式的，用以传输模拟信号的信道称为模拟信道，用以传输数字信号的信道称为数字信道。

3. **发送机和接收机**

发送机和接收机也可看成是信号变换器，主要作用是将信源发出的信息变换成适合在信道上传输的信号。对应不同的信源和信道，信号变换器有不同的组成和变换能力，发送端的信号变换器可以是编码器或调制器，接收端的信号变换器就应该是译码器或解调器。

2.1.3　数据传输方式

在任何一个数据通信系统的设计中，首先都必须确定采用串行通信方式，还是采用并行通信方式。

在计算机中，通常是用 8 位二进制代码来表示一个字符，在数据通信中，人们可以按图 2–1–3（a）所示的方式，将待传送的每个字符的二进制代码按由低位到高位的顺序，依次传送，这种工作方式被称为串行传输。

此外，如果人们按照图 2–1–3（b）的方式，将表示一个字符的 8 位二进制代码通过 8 条并行的通信信道同时发送出去，每次发送一个字符代码，这种工作方式被称为并行传输。

显然，采用串行传输方式只需要在收发双方之间建立一条通信信道；采用并行传输方式，收发双方之间必须建立并行的多条通信信道。这样对于远程通信来说，在同样传输速率的情况下，并行通信在单位时间内所传送的码元数是串行通信的 n 倍。但由于需要建立多个通信信道，因此并行通信方式的造价较高。

数据通信按照信号传送的方向与时间的关系可以大体分为三类：单工通信、半双工通信和全双工通信。在单工通信方式中，信号只能向一个方向传输；在半双工通信方式中，信号可以双向传送，但是一个时间只能向一个方向传送；在全双工通信方式中，信号可以同时双向传送。

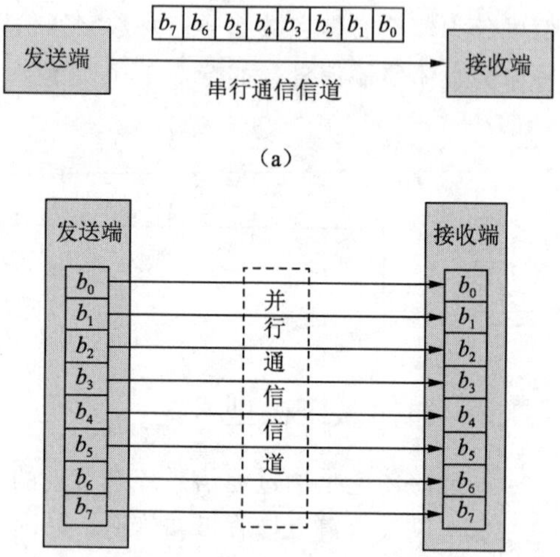

图 2-1-3　串行通信和并行通信

2.1.4　多路复用技术

当传输介质的带宽超过了传输单个信号所需的带宽，人们就通过在一条介质上同时携带多个传输信号的方法来提高传输系统的利用率，这就是所谓的多路复用。多路复用技术能把多个信号组合在一条物理信道上进行传输，使多个计算机或终端设备共享信道资源，提高信道的利用率，特别是在远距离传输时，可大大节省电缆的成本、安装与维护费用。实现多路复用功能的设备为多路复用器，简称多路器。

多路复用技术主要分为四种：频分多路复用（Frequency Division Multiplexing, FDM）、波分多路复用（Wavelength Division Multiplexing，WDM）、时分多路复用（Time Division Multiplexing，TDM）和码分多址复用（Coding Division Multiplexing Access，CDMA）。

1. 频分多路复用

频分多路复用是按照频率参量的差别来分割信号，然后将这些分割后的信号组合成可以通过传输介质传输的复合信号。有线电视节目在同轴电缆中的传输过程就是一个频分多路复用的例子。它以同轴电缆作为传输介质，一根同轴电缆的传输带宽为 500 MHz 左右。电视节目信号是调频信号，一个电视节目频道需要大约 6 MHz 的传输带宽，因此从理论上来讲，一根同轴电缆最多可以承载 83 个电视频道。

频分多路复用的工作原理示意图如图 2-1-4 所示。

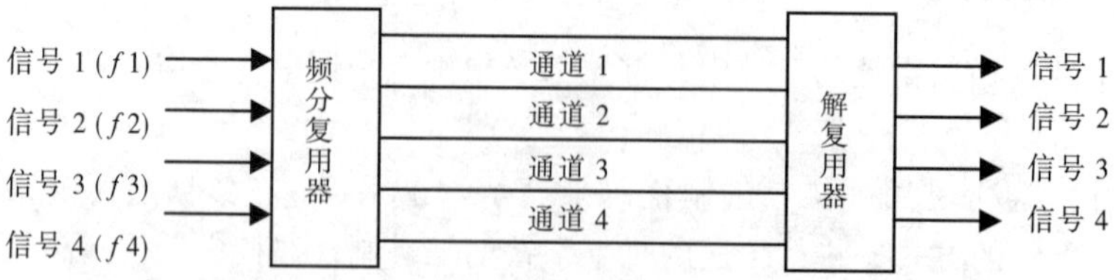

图 2-1-4　频分多路复用的工作原理示意图

频分多路复用技术的应用可以分为复用和解复用两个过程。复用过程是一个模拟过程，它首先将多个信号调制到不同的载波频率上，然后将调制过的信号合成为一个复合信号，并通过宽频带的传输媒介传送出去。解复用过程是复用过程的逆过程，它使用滤波器将复合信号分解成各个独立的信号，再送到解调器中将它们与载波信号分离。

频分多路复用的优点是信道利用率高，充分利用了传输介质的带宽，技术成熟，实现较容易。它的缺点是对传输信道的非线性失真要求较高，本身不提供差错控制的功能，不便于性能检测，设备复杂，抗干扰性能较差。

2. 波分多路复用

波分多路复用实际上是频分多路复用的一个变种。它除了复用和解复用以及采用光纤作为传输介质外，在概念上与频分多路复用相同，但它比频分多路更有效。波分多路复用主要应用在光纤通信传输上，将两根光纤连到一个棱柱或光柱上，每根的能量处于不同的波段。两束光信号通过棱柱或光栅，合成到一根共享的光栅上，传送到远方的目的地，然后再将它们分解开来。随着光纤成本的下降，波分多路复用的应用将更加普及。

3. 时分多路复用

与频分多路复用技术和波分多路复用技术不同，时分多路复用技术不是将一个物理通道划分为若干个子信道，而是不同的信号在不同的时间轮流使用这个物理通道。通信时把通信时间划分为若干个时间片，每个时间片占用信道的时间都很短。这些时间片分配给各路信号，每一路信号使用一个时间片。在这个时间片内该信号占有信道的全部带宽。图 2-1-5 为时分多路复用工作原理示意图。

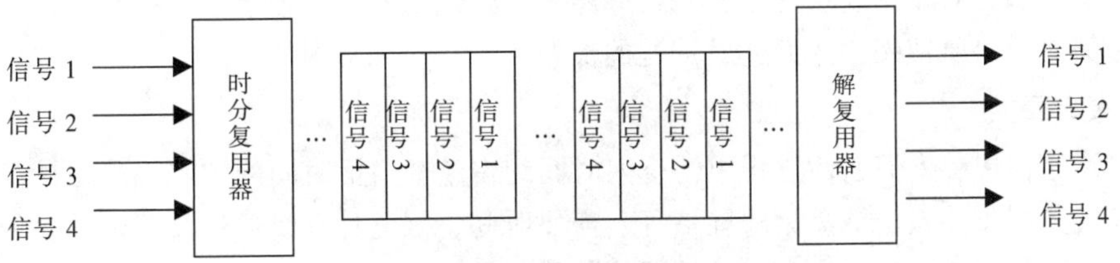

图 2-1-5　时分多路复用工作原理示意图

时分多路复用又可分为同步时分多路复用技术和异步时分多路复用技术两种。

同步时分多路复用技术按照信号的路数划分时间片，每一路信号具有相同大小的时间片。时间片轮流分配给每路信号，该路信号在时间片使用完毕以后要停止通信，并把物理信道让给下一路信号使用。当其他各路信号把分配到的时间片都使用完以后，该路信号再次取得时间片进行数据传输，这种方法称为同步时分多路复用技术。同步时分多路复用技术的优点是控制简单，实现容易。缺点是某些情况下会降低设备的利用率。

异步时分多路复用技术在时间片上增加了用户标识，系统可以针对不同的用户分配不同大小的时间片。对用户的数据并不按照固定的时间间隔发送，所以称为异步。异步时分多路复用技术提高了设备利用率，但是系统的复杂程度也随之增加，所以主要应用在高速远程通信过程中，例如在异步传输模式 ATM 中。

4. 码分多路复用

码分多路复用又称码分多址，是另一种共享信道的方法，广泛应用于无线计算机网络和移动通信系统中。码分多址复用是基于码型分割信道的，它为每个用户分配一个地址码，每个地址码的码型互不重叠，以区分每个用户。通信各方之间互不干扰，抗干扰能力强，所有用户共享信道的频率和时间资源。

码分多址复用采用了扩频和伪随机码等技术，发送端用互不相干、相互正交（准正交）的地址去调制所要发送的信号，接收端则利用码型的正交性，通过地址从混合的信号中选出相应信号。

码分多址复用的优点是每个用户都可以在同样的时间使用同样的频带进行通信，但使用的是基于码型的分割信道的方法，即每个用户分配一个地址码，各个码型互不重叠，通信各方不会互相干扰，提高了频带的利用率，此外它还有抗干扰能力强的优点。

2.1.5 数据交换方式

数据交换是多结点网络中实现数据传输的有效手段，网络中所使用的数据交换技术主要包括三种类型：电路交换、报文交换和分组交换。

1. **电路交换**

电路交换也称线路交换，是数据通信领域最早使用的交换方式。通过电路交换进行通信，就是要通过中间交换结点在两个站点之间建立一条专用的通信线路。最普通的电路交换案例是电话通信系统，它利用程控交换机，在多个输入线和输出线之间通过不同的拨号和呼号建立直接通话的物理链路，物理链路一旦形成，相连的两个站点就可以直接通信。在通信过程中，交换设备对通信双方的通信内容不进行任何干预。

电路交换的优点是传输延迟小，一旦线路建立便不会发生冲突。但由于物理线路的带宽是预先分配好的，对于已经预先分配好的线路，即使通信双方都没有数据要交换，线路带宽也不能为其他用户所使用，从而造成带宽的浪费。

2. **报文交换**

在电话通信中，人们通话过程中的空闲时间约占整个通话时间的50%，而在计算机通信中由于人机交互（如敲击键盘读取屏幕等）需要时间，因此计算机通信过程中的空闲时间约占整个通话时间的90%以上，在这种情况下如果仍然使用电路交换，效率就比较低。因此计算机通信采用另一种数据交换方式，即存储转发方式。存储转发方式有两种：报文交换和分组交换。

报文交换不事先建立物理线路，发送数据时它把要发送的数据当作一个整体交给中间交换设备。中间交换设备先将报文存储起来，然后选择一条合适的空闲输出线将数据转发给下一个交换设备，如此循环反复直到将数据发送至目的地。

报文交换方式是以报文为单位交换信息，每个报文包括报头、报文正文和报尾三部分，报头由发送端地址、接收端地址及其他辅助信息组成。有时也省去报尾，但此情况下的单个报文必须有统一的固定长度。报文交换方式没有拨号呼叫，由报文的报头控制其到达目的地。

报文交换的优点是线路利用率高，接收者和发送者无须同时工作。其缺点是不适用于实时通信或交互式通信，网络的延时时间较长，设备费用较高，需要具有高速处理能力和大容量的缓冲存储设备。

3. **分组交换**

分组交换是报文分组交换的简称，也称包交换。分组交换方式是把报文分成若干个分组，以报文分组为单位进行暂存、处理和转发。每个报文分组按格式必须附加收发地址标志、分组编号、分组的起始和结束标志以及差错校验信号等，以供存储转发。分组的大小有严格的上限，这使得分组可以被缓存在交换设备的内存中而不是磁盘中。同时由于分组交换网能够保证任何用户都不能长时间独占某个传输线路，因而它也能适合交互式通信。

分组交换的优点是传输质量高，具有差错控制功能，可靠性高，满足实时通信的要求，且可以为不同类型的终端相互通信提供方便。此外分组交换还具有经济性好，对用户终端的适应性强等优点。其缺点是对长报文通信的传输效率较低，实现技术较复杂，要求交换机具有较高的处理能力。

在计算机网络中最常用的是分组交换，这是因为分组交换除了吞吐量大以外还具有一定程度的差错检测能力。电路交换中信道带宽是静态分配的，而分组交换中信道带宽是动态分配和释放的，因此信道的利用率较高。计算机网络偶尔也使用电路交换，但通常不使用报文交换。

2.1.6 自我测试

一、填空题

1. 数据是信息的________，信息则是数据的具体内容和________，信息的形式可以是数值、文字、图形、声音、图像等。

2. 信号是数据在传输过程中的________的表示形式。

3. 信息传输系统由________、________和接收机三个主要部分组成。

4. 信源就是信息的________，是发出待传送信息的人或设备；________是信息的接收端，是接收所传送信息的人或设备。

5. 数据通信按照信号传送的方向与时间的关系可以大体分为三类：________、________和________。

6. 多路复用技术通常有________、________、________和波分多路复用等。

7. 常用的数据交换方式有电路交换和存储交换方式两大类，存储交换又可分为________和________。

二、选择题

1. 数据通信方式可分为________三种。
   A. 单工、半双工、全双工
   B. 存储转发、直通转发、改良式直通转发
   C. 宽带、基带、频带
   D. 单播、多播、广播

2. 计算机网络通信系统是________。
   A. 电信号传输系统　　B. 文字通信系统
   C. 信号通信系统　　D. 数据通信系统

3. 通信系统必须具备的三个基本要素是________。
   A. 终端、电缆、计算机
   B. 信号发生器、通信线路、信号接收设备
   C. 信源、信息传输系统、信宿
   D. 终端、通信设施、接收设备

2.2 局域网硬件设备

计算机网络是由负责传输数据的网络传输介质和网络设备、使用网络的计算机终端设备和服务器以及网络操作系统所组成。局域网是应用最广泛的一类网络，它是将较小地理区域内的各种数据通信设备连接在一起的计算机网络，常常位于一个建筑物或一个园区内，也可以远到几千米的范围。局域网的性能的决定因素包括传输介质、拓扑结构和介质访问控制方法。

2.2.1 局域网传输介质

传输介质也称为传输媒体或传输媒介，是数据传输系统中位于发送端和接收端之间的物理通路。传输介质可分为导向性传输介质和非导向性传输介质两类。同轴电缆、双绞线、光纤属于导向性传输介质，这种介质将引导信号的传播方向。其中，同轴电缆和双绞线采用金属导体传输电流形式的信号，光纤是采用玻璃或塑料传输光波形式的信号。而非导向性传输介质是通过大气和外层空间传播信号，它不为信号引导传播方向。不同的传输介质对网络的传输性能和成本产生很大的影响。

1. 同轴电缆

同轴电缆（Coaxial Cable）是早期局域网中应用较为广泛的一种传输介质。同轴电缆由内、外两个导体组成，如图 2-2-1 所示。中心的铜芯是传送高电平的，被绝缘材料包覆；绝缘材料外面是与铜芯共轴的筒状金属薄层，传输低电平，同时起到屏蔽作用。

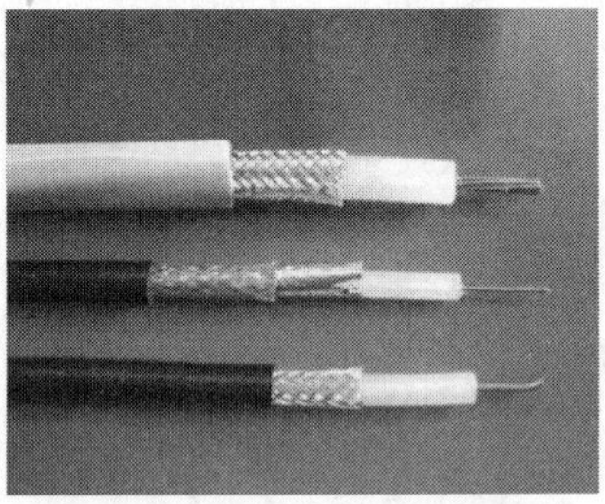

图 2-2-1　同轴电缆

根据带宽和用途不同，同轴电缆可分为基带同轴电缆和宽带同轴电缆。宽带同轴电缆主要用于高带宽数据通信，支持多路复用，如有线电视的数据传送采用有线电视（Cable Television，CATV）电缆。

局域网中常用的是基带同轴电缆。基带同轴电缆根据其直径大小又分为细同轴电缆和粗同轴电缆。无论是粗同轴电缆还是细同轴电缆，均为总线拓扑结构，即一根电缆接多台计算机，数据传输率可达 10 Mbit/s。与双绞线相比，同轴电缆的抗干扰能力强，传输数据稳定，屏蔽性好。但电缆硬、曲折困难、重量重是同轴电缆的主要问题。由于安装及使用同轴电缆并不是一件容易的事情，因此，同轴电缆不适合楼宇内的结构化布线。

2. 双绞线

双绞线（Twisted Pair）是综合布线工程中最常见的传输介质。双绞线是由两根具有绝缘保护层的铜导线组成的。把两根绝缘的铜导线按一定密度互相绞在一起，可降低信号干扰的程度，每一根导线在传输中辐射出来的电波会被另一根线上发出的电波抵消。将一对或多对双绞线放在一个绝缘套管中便成了双绞线电缆，如图 2-2-2 所示。

双绞线可分为非屏蔽双绞线（Unshielded Twisted Pair，UTP）和屏蔽双绞线（Shielded Twisted Pair，STP）。

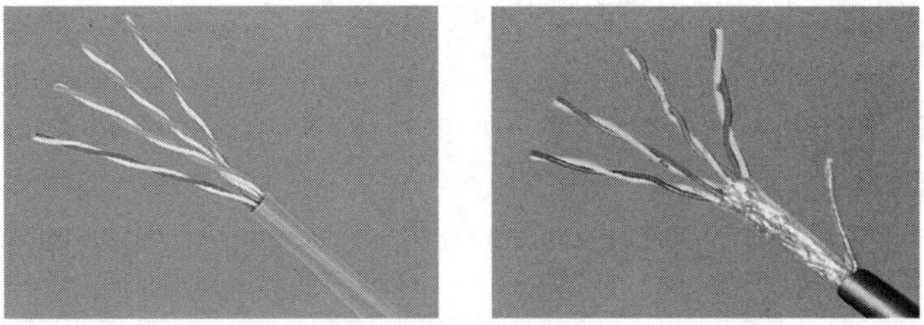

图 2-2-2　双绞线

屏蔽双绞线电缆的外层由铝箔包裹着，以减少辐射，防止信息被窃听，同时具有较高的数据传输速率。但是屏蔽双绞线的价格相对较高，安装时要比非屏蔽双绞线困难，必须使用特殊的连接器，技术要求也比非屏蔽双绞线电缆高。

与屏蔽双绞线相比，非屏蔽双绞线电缆外面只需一层绝缘胶皮，因而重量轻、易弯曲、易安装，组网灵活，适用于结构化布线，所以在无特殊要求的计算机网络布线中，常使用非屏蔽双绞线电缆。非屏蔽双绞线的传输距离一般不超过 100 m。

非屏蔽双绞线按照传输质量又分为七种不同的型号，如表 2-2-1 所示。

表 2-2-1　非屏蔽双绞线的分类及功能

型　号	功　能
一类	主要用于传输语音，该类用于电话线，不用于数据传输
二类	该类包括用于低速网络的电缆，这些电缆能够支持最高 4 Mbit/s 的实施方案
三类	该类线在以前 10 Mbit/s 的以太网中比较流行，最高支持 16 Mbit/s 的速率
四类	用于语音传输和最高传输速率为 16 Mbit/s 的数据传输
五类	用于语音传输和最高传输速率为 100 Mbit/s 的数据传输
超五类	性能比五类线缆有很大提高，能支持 200 Mbit/s 的传输速率
六类	具有更高传输速率的双绞线，支持的吞吐量是五类双绞线吞吐量的 6 倍

局域网上常用的为五类、超五类和六类双绞线。“五类”线、“超五类”线主要用于 100BASE-T 和 1000BASE-T 的快速以太网，是连接桌面设备的首选传输介质。“六类”线的传输性能远远高于“超五类”标准，适用于传输速率高于 1 Gbit/s 的应用。

双绞线一般用于星状网络的布线连接，采用 RJ-45 网络接口规范，可以连接网卡、交换机、路由器等设备。RJ-45 连接器是透明插头，如图 2-2-3 所示，俗称水晶头，用来连接双绞线。每条双绞线两头通过 RJ-45 连接器与网卡和集线器（或交换机）相连。

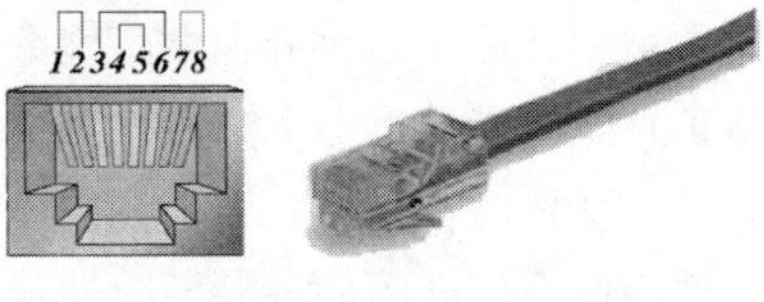

图 2-2-3　RJ-45 连接器

UTP 双绞线最常使用的布线标准有两个，即 EIA/TIA568A 标准和 EIA/TIA568B 标准。

（1）EIA/TIA568A 标准。8 根不同颜色的导线排列顺序为绿白、绿、橙白、蓝、蓝白、橙、棕白、棕。

（2）EIA/TIA568B 标准。8 根不同颜色的导线排列顺序为橙白、橙、绿白、蓝、蓝白、绿、棕白、棕。

使用 RJ-45 连接器的双绞线有两种不同的接线方法：

（1）直通双绞线。一条网线两端 RJ-45 头中的线序排列都按照 EIA/TIA568A 标准或

EIA/TIA568B 标准排序，用于不同类型设备的连接，如计算机与交换机连接、交换机与路由器连接等。

（2）交叉双绞线。一条网线两端 RJ-45 头中的线序排列一端按照 EIA/TIA568A 标准排序，另一端按照 EIA/TIA568B 标准排序，即第 1、2 线和第 3、6 线对调，用于相同类型设备间的连接，如计算机与计算机相连、路由器与路由器相连、计算机与路由器相连等。

3. **光纤**

光纤（Fiber）是光导纤维的简称，是一种传输光束的细而柔韧的介质。光纤是细如头发般的透明玻璃丝，其主要成分为石英，主要用来传导光信号，由纤芯、包层、涂覆层组成，如图 2-2-4 所示。

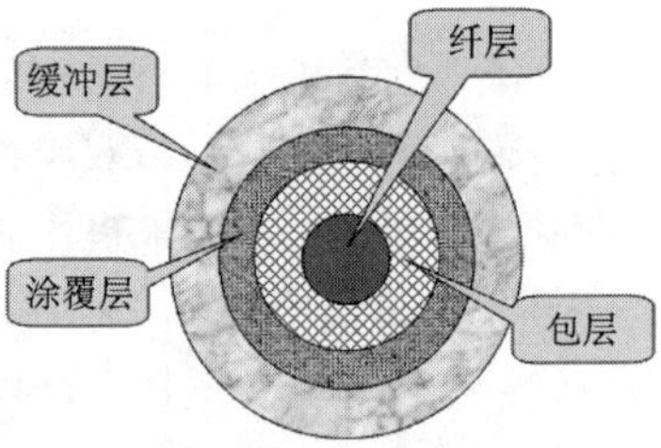

图 2-2-4　光纤结构

光纤传输数据应用光学原理，由光发送机产生光束，将电信号变为光信号，再把光信号导入光纤，在另一端由光接收机接收光纤上传来的光信号，并把它变为电信号，经解码后再处理。与其他传输介质比较，光纤的电磁绝缘性能好、抗干扰能力强、频带宽、损耗小、重量轻、传输速率高（几兆比特每秒至 10 Gbit/s）、传输距离远（几百米～100 km 以上）以及可靠性高。

光纤可以分为单模光纤和多模光纤。

1）单模光纤

单模光纤的纤芯直径在 5～10 μm 范围内，光波在光纤中以一种模式传播，可以理解为传输一束光波的光纤。单模光纤的纤芯很细，传输带宽比多模光纤的带宽更宽，传输距离长，特别适合大容量、长距离的通信系统，多用在城域网、广域网的主干线路建设上。

2）多模光纤

多模光纤的纤芯直径为 50～100 μm，光波在光纤中以多个模式传播，允许多个光波在一根光纤上传输。由于多模光纤的芯径比单模光纤的芯径大且容易与 LED 等光源结合，适用于短距离通信领域，在构建局域网时更有优势。

光纤通信因其抗干扰性好，传输速率高等优点，被广泛使用于通信领域。

4. **非导向性传输介质**

前面介绍了三种导向性传输介质。但是，若通信线路要通过一些高山或岛屿，有时就很难施工；即使在城市中，挖开马路铺设电缆也不是一件容易的事；当通信距离很远时，铺设电缆既昂贵又费时。利用无线电波在自由空间的传播就可较快地实现多种通信，由于这种通信方式不使用前面所介绍的各种导向性传输介质，因此，将自由空间称为“非导向性传输介质”。

在当今信息时代，人们对信息的需求是无止境的，很多人需要随时与社会或单位保持在线连接，需要利用笔记本电脑、掌上电脑随时随地获取信息。对于这些移动用户，同轴电缆、双绞线和光纤都无法满足，而无线通信可以解决上述问题。在无线通信中常用的载体有红外线、微波、卫星微波等。

（1）红外线用于短距离通信，如电视遥控、室内两台计算机之间的通信。红外线有方向性且不能穿过建筑物。红外线有两种传输方式：直接传输和间接传输。直接传输红外传输要求发射方和接收方彼此处在视线内。不能在两台没有直接空气路径的计算机间通过直接红外传输方式传输数据，就如同不能在墙后面使用遥控器切换电视频道一样。在间接红外传输中，信号通过路径中的墙壁、天花板或任何其他物体的反射来传输数据。由于间接红外传输信号不被限定在一条特定的路径上，这种传输方式不是很安全。红外传输数据的速率可以与光纤的吞吐量相匹敌。

（2）微波通信是指用频率在 2～40 GHz 的微波信号进行通信。由于微波通信只能进行可视范围内的通信，并且大气对微波信号的吸收与散射影响较大，微波通信主要用于几千米范围内，速率一般为零点几兆比特每秒。

（3）卫星微波通信是在微波通信技术的基础上发展起来的。常用的卫星微波通信方式是利用人造卫星进行中转的一种微波接力通信。卫星微波通信的最大特点是通信距离远，且通信费用与通信距离无关。同步卫星发射出的电磁波能辐射到地球上的通信区域跨度达 18 000 多公里。只要在地球赤道上空的同步轨道上，等距离地放置 3 颗相隔 120° 的卫星，就能基本上实现全球的通信。

2.2.2 网络适配器

计算机与外界局域网主要通过主机内的网络适配器（Network Adapter）连接，也称网络接口卡 NIC（Network Interface Card），简称“网卡”。网卡用于实现联网计算机和网络传输介质之间的物理连接，为计算机之间相互通信提供一条物理通道，并通过这条通道进行高速数据传输。无论是双绞线连接、同轴电缆连接还是光纤连接，都必须借助网卡才能实现数据的通信。在局域网中，每一台联网计算机都需要安装一块或多块网卡，通过传输介质连接器将计算机网络系统中。

1. 网卡的分类

由于网卡的种类繁多，根据工作对象的不同，网卡一般分为服务器专用网卡和通用网卡。服务器专用网卡是为了适应网络服务器的工作特点而专门设计的，价格较贵，性能要求高，稳定性要求好，往往与服务器配套使用。通用网卡是普通计算机终端使用的设备，种类较多，性能也有较大差异，且与计算机主板相关，可细分为普通网卡、集成网卡和无线网卡三类。

1）普通网卡

计算机内部的主板上会有多个插槽，用于扩展计算机的功能，可以根据插槽的种类配置相应的普通网卡。网卡在插槽中插好固定后，在机箱的外部可以看到网卡的接线口。局域网目前采用的标准以太网卡就是一种普通网卡。

2）集成网卡

由于目前计算机主板的集成度不断提高，经常会把网卡直接集成到计算机的主板上，然后在机箱的后板上提供一块网卡的接线口；如果一台计算机需要安装多块网卡时，可以在主板的插槽上插入普通网卡作为扩展。

3）无线网卡

无线网卡与有线网卡作用类似，无线网卡实现无线网络的连接。目前无线以太网的主要产品工作在 2.4 GHz 频段，传输距离可达 50～100 m，提供 11～54 Mbit/s 的传输速率。最新的标准可以支持 300 Mbit/s 的传输速率。

网卡还有很多不同的分类方法。按照网卡支持的传输速率分类，主要分为 10 Mbit/s 网卡、

100 Mbit/s 网卡、10/100 Mbit/s 自适应网卡和 1 000 Mbit/s 网卡四类。按网卡所支持的总线类型主要可分为 ISA、EISA、PCI 等。

2. 网卡的功能

网卡是构成计算机网络系统中最基本的、最重要的和必不可少的连接设备，计算机主要通过网卡接入计算机网络。网卡工作在 OSI 模型的物理层和数据链路层，完成物理层和数据链路层的大部分功能，包括网卡与网络传输介质的物理连接、介质访问控制、数据帧的封装与解封、帧的发送与接收、错误校验、数据信号的编/解码（如曼彻斯特代码的转换）、数据串/并行转换等功能。网卡就像一个装卸货的小码头，负责计算机和网络传输介质之间的数据收发工作。

网卡安装后必须在计算机的操作系统中安装管理网卡的设备驱动程序，驱动程序控制网卡将网络传送过来的数据块存储到缓冲区中，并将需要发送的数据块传送到网络中去。集成网卡的驱动程序由主板厂商提供，普通网卡和服务器网卡的驱动程序则由网卡的厂商提供。

网卡采用发光二极管（Light Emitting Diode，LED）指示灯表示当前的工作状态，典型的 LED 指示灯有表示连接活动状态的 Link/Act、表示全双工的 Full 和电源指示 Power 等，可以通过查看 LED 指示灯判断网卡是否工作正常。

3. MAC 地址

为了标识网络上的每台主机，需要每台主机上的网卡分配一个全球唯一的通信地址，通常称为 MAC 地址或物理地址，是网卡在生产时由厂家烧入 ROM 中。MAC 地址采用十六进制数表示，共六个字节（48 位），如 60-EB-69-54-50-0B。其中，前三个字节是由 IEEE 分配给不同厂商的厂商代码（60-EB-69），也称“组织唯一标识符”（Organizationally Unique Identifier）；后三个字节为厂商自己分配的网络适配器接口编号（54-50-0B），也称扩展标识符，如图 2-2-5 所示。同一个厂家生产的网卡中 MAC 地址后 24 位不同。

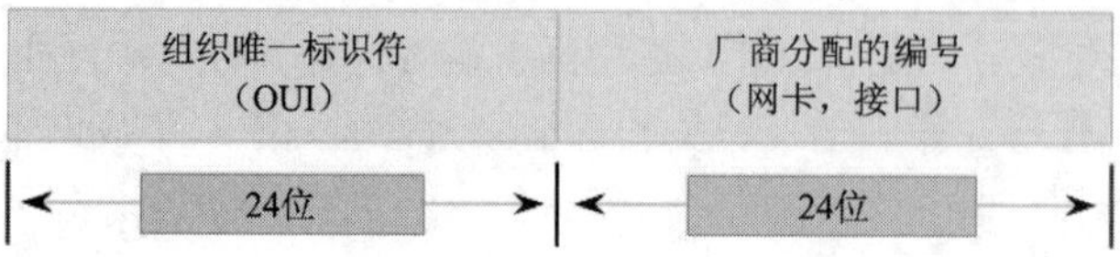

图 2-2-5　MAC 地址结构

2.2.3　局域网连接设备

局域网一般由服务器、用户工作站和连接设备等组成。局域网连接设备主要在网络结点间提供数据帧的传输，包括中继器、集线器、网桥、交换机、路由器、网关等。

1. 中继器和集线器

中继器（Repeater）是一种低层设备，仅用来放大或再生接收到的信号，它们用来驱动电流在长电缆上传送。中继器主要用于扩展传输距离，不具备自动寻址能力，通过中继器互联的网段属于同一个竞争域。中继器因为其端口数量少，目前已经很少使用，集线器（Hub）就是一个多端口的中继器。

集线器的功能与中继器相同，其实质就是一个多端口中继器，但它是一个可以多台设备共享的设备。所有传输到 Hub 的数据均被广播到与之相连的各个端口，通过 Hub 互联的网段属于同一个竞争域。

根据总线带宽的不同，Hub 分为 10 Mbit/s、100 Mbit/s 和 10/100 Mbit/s 自适应三种；若按配置形式的不同可分为独立型 Hub、模块化 Hub 和堆叠式 Hub 三种；根据管理方式的不同可分为智能型 Hub 和非智能型 Hub 两种。Hub 端口数目主要有 8 口、16 口和 24 口等。

在通过增加网段来延长网络距离的情况中，需要使用中继器或者集线器。

2. **网桥和交换机**

网桥（Bridge）和交换机（Switch）是工作在数据链路层的设备，更具体地说是工作在局域网中数据链路层的介质访问控制子层（MAC）的互联设备。

网桥和交换机因为是数据链路层的互联设备，因此可以对物理层和数据链路层协议不同的异构网络互联。网桥与交换机互联的网络是两个不同的竞争域。网桥与交换机的作用与工作原理基本相同，但由于交换机具有更多的端口，并且通过硬件连接速度更快，因此，目前已经逐渐取代了网桥。

交换机是更先进的网桥，除了具备网桥的基本功能，还能在结点之间建立逻辑连接，为连续大量数据传输提高有效的速度保证。

交换机工作在数据链路层，能够在任意端口提供全部的带宽；交换机能构造一张 MAC 地址与端口的对照表（俗称“转发表”）进行转发，根据数据帧中 MAC 地址转发到目的网络。交换机支持并发连接，多路转发，从而使带宽加倍。

3. **路由器和三层交换机**

路由器（Router）是计算机网络互联的桥梁，是连接计算机网络的核心设备。

路由器工作在网络层，一个作用是连通不同的网络，另一个作用是选择信息传送的线路。路由器的操作对象是数据包，利用路由表比较进行寻址，选择通畅快捷的近路，能大大提高通信速度，减轻网络系统通信负荷，节约网络系统资源，提高网络系统畅通率，从而让网络系统发挥出更大的效益来。

人们在进行计算机网络互联时，一般采用交换机+路由器的连接。若只需要在数据链路层互联时，即以太网的互联，多采用交换机；而对需要在网络层互联时，即局域网与因特网的互联需采用路由器。

为了结合二层交换机和路由器的优点，出现了采用三层交换技术的三层交换机。在三层交换机中，最主要的是内置了高速的专用集成电路（Application Specific Integrated Circuit，ASIC）芯片。借助于 ASIC 芯片，三层交换机可以完成在第三层上对一个数据包都进行检查和转发的功能，而且能够达到线速。

三层交换机可以用经济的价格直接在高速硬件上实现复杂的路由功能，而不像传统的路由器通过低速的软件实现，克服了传统路由器的性能瓶颈，同时也避免了扩展性能时采用高性能路由所付出的高昂价格。

4. **网关**

网关（Gateway）是让两个不同类型的网络能够相互通信的硬件或软件。网关工作在 OSI 参考模型的四～七层，即传输层到应用层。网关是实现应用系统级网络互联的设备。

网关的主要功能是完成传输层以上的协议转换，一般有传输网关和应用程序网关两种。传输网关是在传输层连接两个网络的网关，应用程序网关是在应用层连接两部分应用程序的网关。网关既可以是一个专用设备，也可以用计算机作为硬件平台，由软件实现其功能。

2.2.4 自我测试

一、填空题

1. 目前普遍使用的传输介质有导向性传输介质和非导向性传输介质两大类。导向性传输介质又可分为________、________、________等，非导向性传输介质可分为________和________等。

2. 双绞线可分为________（UTP）和________（STP）。

3. 光纤的类型最常见的划分方式是将光纤分为________和________。

4. 网卡的物理地址长度是________位二进制。

二、选择题

1. 在常用的传输介质中，带宽最大、信号传输衰减最小、抗干扰能力最强的一类传输介质是________。

A. 双绞线　　B. 光纤　　C. 同轴电缆　　D. 无线信道

2. 以下关于 MAC 的说法中错误的是________。

A. MAC 地址在每次启动后都会改变

B. MAC 地址一共有 48 bit，它们从出厂时就被固化在网卡中

C. MAC 地址也称作物理地址，或通常所说的计算机的硬件地址

D. MAC 地址在世界范围内唯一

3. 下列关于双绞线的描述正确的是________。

A. 双绞线的线芯是带有绝缘保护的铝线

B. 双绞线双绞的目的是降低信号干扰程度

C. 双绞线的传输距离高于其他传输介质

D. 双绞线的传输速度高于其他传输介质

4. 下列关于集线器的描述错误的是________。

A. 扩展局域网传输距离

B. 放大输入信号

C. 增加集线器后，每个网段上的结点数可以大大增加

D. 工作在网络层

2.3 局域网标准

为了促进局域网产品的标准化，美国电气和电子工程师学会 IEEE 802 委员会从 1980 年 2 月开始为局域网制定了一系列标准，并将 802 标准定为局域网国际标准。IEEE 802 制定了以太网（IEEE 802.3）和令牌环（IEEE 802.5）、令牌总线（IEEE 802.4）、无线网络（IEEE 802.11）等一系列局域网标准，它们都涵盖了物理层和数据链路层。

2.3.1 局域网概述

局域网通常用来将单位办公室中的个人计算机和工作站连接起来，以便实现资源共享和

交换信息，属于专用网络。其中速度快、错误少、效率高是局域网的特点，具体如下：

（1）局域网覆盖有限的地理范围，可以满足学校、机关、公司等有限范围内的计算机、终端及各类信息处理设备的联网需求。

（2）局域网具有传输速率高（通常在 10～1 000 Mbit/s 之间）、误码率低（通常低于 10^{-8}）的特点，因此，利用局域网进行的数据传输快速可靠。

（3）局域网通常由一个单位或组织建设和拥有，易于维护和管理。

（4）局域网性能的决定因素包括传输介质、拓扑结构和介质访问控制方法。

计算机局域网所具有的这些特点决定了它在社会各个领域有着广泛的应用，它可以用于办公自动化、工业生产自动化、教育领域、计算机协同工作。

2.3.2 以太网技术

以太网最早由 Xerox（施乐）公司创建，于 1980 年由 DEC、Intel 和 Xerox 三家公司联合开发成为一个标准。1985 年，IEEE 标准委员会发布了 LAN 标准，以太网标准是 802.3，它是现在应用最为广泛的局域网。

1. 以太网帧格式

以太网的帧是数据链路层的封装，网络层的数据包被加上帧头和帧尾成为可以被数据链路层识别的数据帧。以太网的帧长度是 64～1 518 字节（不算 64 bit 的前导字符）。

以太网的帧格式有多种，在每种帧格式的开始处都有 64 bit 的前导字符，其中前 7 个字节为前同步码（7 个 10101010），第 8 个字节为帧起始标志（10101011）。图 2-3-1 所示为以太网的帧格式（未包括前导字符）。

目的MAC地址（6B）	源MAC地址（6B）	类型（2B）	数据（46~1500B）	FCS（4B）

图 2-3-1　以太网帧格式

2. 10Mbit/s 标准以太网

早期以太网只有 10 Mbit/s 的吞吐量，使用 CSMA/CD（Carrier Sense Multiple Access with Collision Detection，带有碰撞检测的载波侦听多路访问）的介质访问控制方法和曼彻斯特编码，采用总线拓扑结构，如图 2-3-2 所示，这种早期的 10 Mbit/s 以太网被称为标准以太网。

以太网可以使用粗同轴电缆、细同轴电缆、双绞线和光纤等多种传输介质进行连接，并且在 IEEE802.3 标准中，为不同的传输介质制定了不同的物理层标准，在这些标准前面的数字表示传输速率，单位是 Mbit/s，最后面一个数字表示单段网线长度，Base 表示“基带”的意思。表 2-3-1 是四种十兆以太网特性的比较。

表 2-3-1　四种 10 Mbit/s 以太网特性的比较

特性	10Base-5	10Base-2	10Base-T	10Base-F
IEEE 标准	IEEE802.3	IEEE802.3a	IEEE802.3i	IEEE802.3j
速率（Mbit/s）	10	10	10	10
传输方法	基带	基带	基带	基带
单段线缆最大长度（m）	500	185	100	2000

续表

传输介质	粗同轴电缆	细同轴电缆	非屏蔽双绞线	单模光纤
拓扑结构	总线型	总线型	星型	星型
编码	曼彻斯特编码	曼彻斯特编码	曼彻斯特编码	曼彻斯特编码

早期的以太网标准 10BASE5 和 10BASE2 采用总线拓扑结构，如图 2-3-2 所示。在 10BASE-T 网络中，采用星状拓扑结构，中心点通常是集线器，共享传输介质组成共享式以太网，如图 2-3-3 所示，与总线以太网工作原理无根本区别，每次只有一个站点能够成功发送数据。

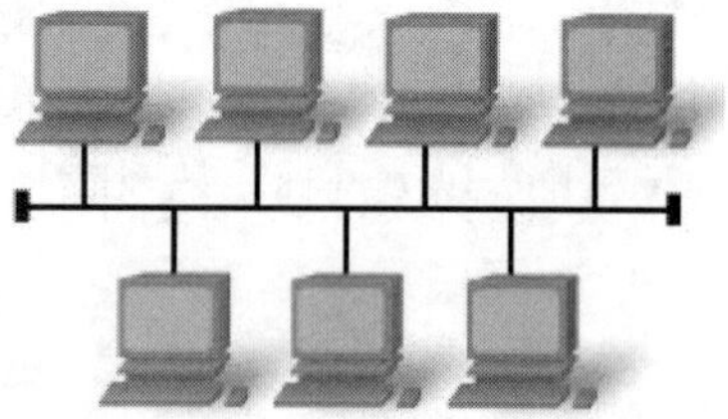

图 2-3-2　总线十兆以太网的拓扑结构

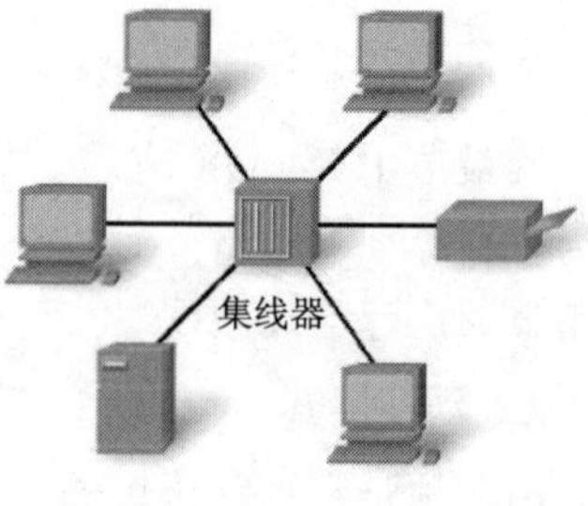

图 2-3-3　星状十兆以太网的拓扑结构

3. 100Mbit/s 快速以太网

1995 年 3 月 IEEE802.3 委员会正式宣布了 802.3u 快速以太网标准（Fast Ethernet），100BASE-TX 网络中使用交换机替换集线器，如图 2-3-4 所示。交换机可以隔离每个端口，只将帧发送到正确的目的地（如果目的地已知），而不是发送每个帧到每台设备，数据的流动得到了有效的控制。

交换机减少了接收每个帧的设备数量，从而最大程度地降低了冲突的机率。交换机以及后来全双工通信（连接可以同时携带发送和接收的信号）的出现，促进了 1 000 Mbit/s 和更高速度以太网的发展。

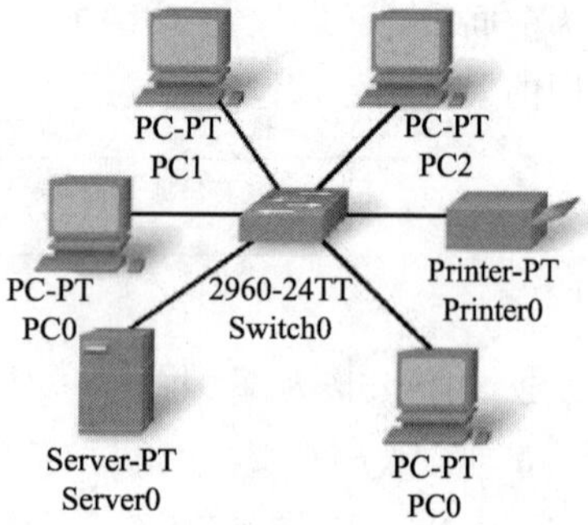

图 2-3-4　快速以太网的拓扑结构

4. 1 000 Mbit/s 千兆以太网

千兆以太网提供 1 000 Mbit/s 数据传输速率的以太网，采用和传统 10/100 Mbit/s 以太网同样的帧格式，因此可以实现在原有低速以太网的基础上平滑、连续性地进行网络升级，从而能最大限度地保护用户以前的投资。

1998 年 6 月 IEEE802.3 工作委员会正式推出了千兆以太网标准 802.3z 标准，该标准主要描述光纤通道和其他高速网络部件；1999 年又推出了铜质千兆以太网 802.3ab 标准。表 2-3-2 是四种千兆以太网特性的比较。

表 2-3-2　四种千兆以太网特性的比较

特性	1000Base-SX	1000Base-LX	1000BaseCX-	1000Base-T
IEEE 标准	IEEE802.3z	IEEE802.3z	IEEE802.3z	IEEE802.3ab

续表

速率（Mbit/s）	1 000	1 000	1 000	1 000
传输方法	基带	基带	基带	基带
传输介质	多模光纤	多模光纤 单模光纤	屏蔽双绞线	5 类及以上 非屏蔽双绞线
单段线缆最大长度（m）	550	550 多模光纤 3000 单模光纤	25	100

5. 10 Gbit/s 万兆以太网

2002 年 IEEE802.3 工作委员会正式发布 IEEE802.3ae 10GE 标准。万兆以太网不仅再度扩展了以太网的带宽和传输距离，更重要的是使得以太网从局域网向城域网领域渗透。

2.3.3 CSMA/CD 介质访问技术

传统以太网采用了以集线器为中间设备。集线器也称多端口中继器，用于延伸以太网电缆可以到达的距离，它将收到的数据信号重新发送到所有连接的设备。

由于集线器在物理层运行，只处理介质中的信号，因此它们连接的设备之间以及集线器本身内部可能会发生冲突。以集线器为中心的星状连接方式，其逻辑上还是总线拓扑结构，网络中的站点属于同一个冲突域，平分网络带宽。

当网络规模不断扩大时，网络中的冲突就会大大增加，而数据经过多次重发后，延时也相当大，造成网络整体性能下降。在网络结点较多时，以太网的带宽使用效率只有 30%～40%。传统的共享式以太网使用 CSMA/CD 来检测和处理冲突。

CSMA/CD 是一种争用协议，网络中的每个站点都争用同一个信道，都能独立决定是否发送信息，如果有两个以上的站点同时发送信息就会产生冲突，如图 2-3-5 所示。网络中的计算机 A 和 B 同时向计算机 D 传送数据，结果发生冲突，一旦发生冲突，同时发送的所有信息都会出错，本次发送宣告失败，每个站点必须有能力判断冲突是否发生，如果发生了冲突，则应该等待随机时间间隔后重发，以免再次发生冲突。这种协议在轻负载时，只要传输介质空闲，发送站就能立即发送信息。在重负载时，仍能保持系统的稳定。

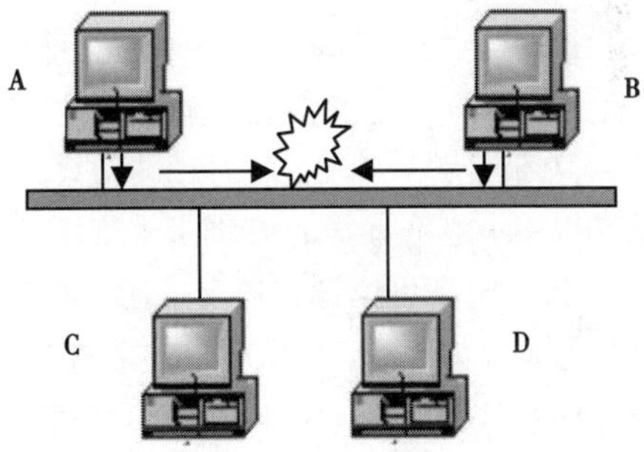

图 2-3-5 CSMA/CD 产生冲突

CSMA/CD 的工作原理是：发送数据前，先侦听信道是否空闲，若空闲，则立即发送数据；若信道忙，则继续侦听，直到信道空闲时立即发送数据。在发送数据时，边发送边侦听，若侦听到冲突，则立即停止发送数据，并向总线发送一串阻塞信号，通知总线上各站点已发生冲突，使各站点重新开始侦听与竞争信道。已发出信息的各站点收到阻塞信号后，等待一个随机时间，再重新进入侦听发送阶段。CSMA/CD 发送数据的工作原理一般可概括为“先听后发，边听边发，冲突停止，延迟重发”16 个字。

2.3.4 自我测试

一、填空题

1. 早期标准的以太网拓扑结构为________，采用的传输介质为________。

2. 10BASE-T 网络中，采用拓扑结构为________，采用的传输介质为________。

3. CSMA/CD 的发送数据的流程一般可概括为________、________、冲突停止、延迟重发。

二、选择题

1. 关于 10BASE-T 描述错误的是________。

A. 采用星状拓扑结构　　B. 采用双绞线作为传输介质

C. 以集线器为中间设备　　D. 属于交换式局域网

2. 在共享式以太网中，所有的主机都以平等的地位连接到同轴电缆上，如果以太网中主机数目较多，则描述错误的是________。

A. 介质可靠性变差　　B. 冲突严重

C. 广播泛滥　　D. 数据传输速率不变

3. 以太网 10Base-T 中，“T”的含义是________。

A. 短波光纤　　B. 长波光纤　　C. 细缆　　D. 双绞线

2.4 IP 地 址

IP 地址是计算机连接 Internet 的基本前提，在局域网组建和网络地址管理中，如何划分 IP 地址，是网络管理的关键工作。

1. IP 地址的格式

TCP/IP 协议要求 Internet 中的每台主机和连网设备有一个规定格式的、唯一性的地址标识，使 Internet 上的信息能够正确地传送到目的地。这个统一编制的标识称为 IP 地址。

IP 地址是一个 32 位的二进制数，如 11001010 01111110 01010000 00001010 就是一个符合 Internet 地址方案的 IP 地址。

为了提高可读性，通常采用“点分十进制”表示法来书写 IP 地址，即将 IP 地址分为 4 组，每 8 位为 1 组，写作对应的十进制数，以点号分隔，如图 2-4-1 所示。显然，202.126.80.10 比 11001010 01111110 01010000 00001010 读起来要方便得多。

2. IP 地址的组成

IP 地址划分为若干个固定类，每一类地址都由两个固定长度的字段组成，其中一个字段是网络号 net-id，它标志主机所连接到的网络。一个网络号在整个 Internet 范围内必须是唯一的。另一个字段则是主机号 host-id，它标志该主机。一个主机号在它前面的网络号所指明的网络范围内必须是唯一的。

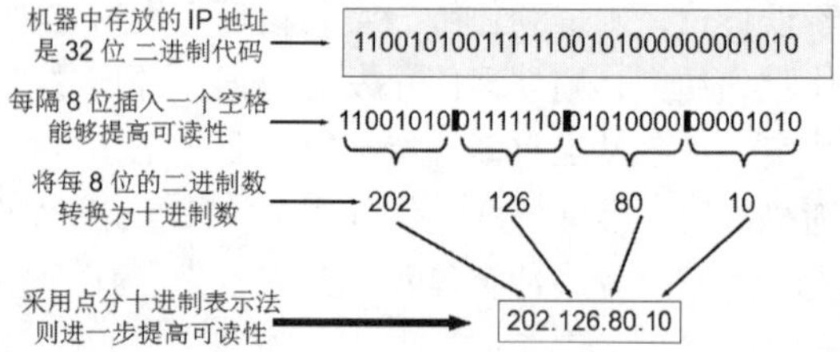

图 2-4-1 点分十进制表示法

Internet 是由很多网络互相连接而形成的，Internet 中的每台设备都属于其中的某一个网络。在一个 IP 地址中，包含了该设备所在网络的网络编号以及该设备在网络内部的主机编号。如 IP 地址 202.126.80.10，其网络编号为 202.126.80，网内主机编号为 10。

2.4.1　IP 地址的作用

我们在寄信时，邮局通过信封上的地址和邮政编码能将信件准确地送到对方手中。那么在网络这个虚拟的世界中，数据是通过什么地址准确地送到目的主机的呢？在计算机网络中，IP 地址可以保证数据包准据传输到目的地址，如图 2-4-2 所示。

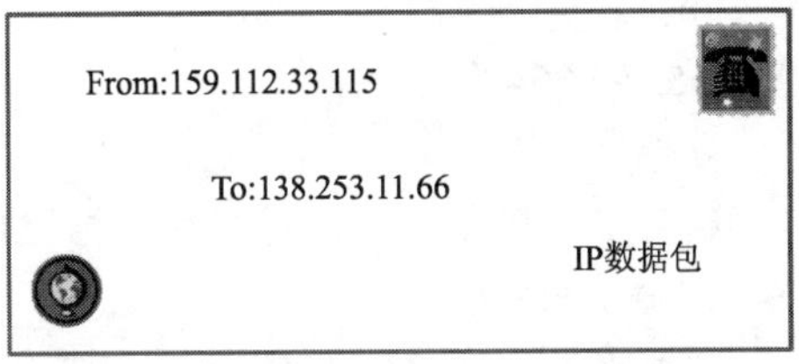

图 2-4-2　IP 地址在网络传输过程中的功能

IP 地址在计算机网络中的主要功能如下：

（1）它是 Internet 运行的通用地址。在 Internet 上，每个网络和每一台计算机都被唯一分配一个 IP 地址，这个 IP 地址在整个网络（Internet）中是唯一的。

（2）它是全球认可的通用地址格式。在 Internet 上通信必须有一个 32 位的二进制地址，采用这种 32 位的通用地址格式，才能保证 Internet 成为向全世界开放的、可互操作的通信系统。它是全球认可的计算机网络标识方法，通过这种方法，才能正确标识信息的收与发。

（3）它是 PC、服务器和路由器的端口地址。在 Internet 上，任何一台服务器和路由器的每一个端口必须有一个 IP 地址。

（4）它是运行 TCP/IP 协议的唯一标识符。不管下层是什么结构的网络，以太网、令牌环网或 FDDI 网，都要统一在这个上层 IP 地址上。任何网络要与 Internet 互联，都必须配置一个 IP 地址。

2.4.2　IP 地址的分类

从 LAN 到 WAN，不同网络规模相差很大，必须区别对待。因此网络按规模大小，将 IP 地址分为主要的五种类型，如图 2-4-3 所示。其中 A、B、C 类地址都是单播地址，是最常用的，每一类代表着不同的网络大小。

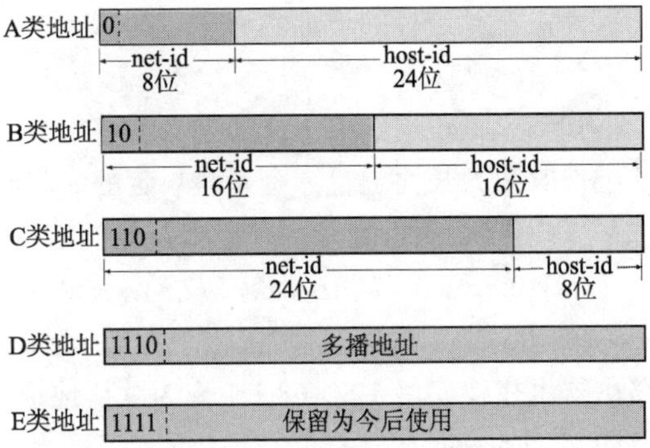

图 2-4-3　IP 地址分类

（1）A 类地址（首位为 0）：网络号字段 net-id 为 1 字节，主机号字段 host-id 为 3 字节。A 类地址（1.0.0.0～126.255.255.255）用于最大型的网络，每一个网络中的最大主机数为 16 777 214（2^{24}-2），这里需要减 2 是因为要扣除全 0 和全 1 的主机号。全 0 的主机号字段表示该 IP 地址是“本主机”所连接到的单个网络地址。而全 1 的主机号字段表示该网络上的所有主机，是广播地址。

（2）B 类地址（前 2 位为 10）：网络号字段 net-id 为 2 字节，主机号字段 host-id 为 2 字节。B 类地址（128.1.0.0～191.255.255.255）用于中型网络，每一个网络中的最大主机数为 65 534（2^{16}-2）。

（3）C 类地址（前 3 位为 110）：网络号字段 net-id 为 3 字节，主机号字段 host-id 为 1

字节。C 类地址（192.0.1.0–223.255.255.255）用于小型网络，每一个网络中的最大主机数为 254（2^8-2）。

（4）D 类地址（前 4 位为 1110）：并不反映网络的大小，是组播地址，用来指定所分配的接收组播的结点组。D 类地址的范围为 224.0.0.0～239.255.255.255。

（5）E 类地址（前 4 位为 1111）：保留为以后使用。E 类地址的范围为 240.0.0.0～255.255.255.254。

就像每个人都有一个身份证号码一样，网络中的每台计算机（更确切地说是每一个设备的网络接口）都有一个 IP 地址用于标识自己。但在网络中还存在一些特殊的 IP 地址。

1）0.0.0.0

严格来说，0.0.0.0 已经不是一个真正意义上的 IP 地址。它表示一个集合：所有不清楚的主机和目的网络。这里的“不清楚”是指在本机的路由表中没有特定条目指明如何到达。对本机来说，它就是一个“收容所”，所有不能识别的目的地址、到达路径和主机地址的数据包的“三无”数据包一律送进去。如果在网络设置中设置了默认网关，那么 Windows 就会自动产生一个目的地址为 0.0.0.0 的默认路由。

2）255.255.255.255

该地址为限制广播地址。对本机来说，这个地址指本网段（同一个广播域）的所有主机。这个地址不能被路由器转发。

3）127.0.0.1

该地址为本机地址，主要用于测试本机网卡的功能性信息。在 Windows 系统中，这个地址有一个别名“Localhost”。寻址这样一个地址，是不能把它发送到网络接口的。除非出错，否则在传输介质上永远不应该出现目的地址为 127.0.0.1 的数据包。

4）224.0.0.1

该地址为组播地址，注意它和广播地址的区别。224.0.0.1 特指所有主机，224.0.0.2 特指所有路由器。这样的地址多用于一些特定的程序以及多媒体程序。

5）169.254.x.x

如果主机使用了 DHCP 功能自动获得一个 IP 地址，那么当用户的 DHCP 服务器发生故障或响应时间太长而超过一个系统规定的时间时，Windows 系统会为用户分配这样一个地址。如果发现主机 IP 地址是一个诸如此类的地址，说明网络已经不能正常运行。

6）10.x.x.x、172.16.x.x～172.31.x.x 和 192.168.x.x

该地址是 IP 地址空间中专门保留的私有地址，这些地址用于企业内部网络中。一些宽带路由器也往往使用 192.168.1.1 作为默认地址。私有地址由于不与外部互联，因而可能使用随意的 IP 地址。保留这样的地址供其使用是为了避免以后接入公网时引起地址混乱。使用私有地址的私有网络在接入 Internet 时，要使用地址翻译（NAT），将私有地址翻译成公用合法地址。在 Internet 上，这类地址是不能出现的。

在同一个局域网上的主机的 IP 地址中的网络号必须一样，主机号必须不同。不同局域网上的主机的 IP 地址中的网络号不同。用集线器互联的网段仍然是一个局域网，只能有一个网络号。

2.4.3 自我测试

一、填空题

1. IP 地址包括两个部分，分别是________和________。

2. A 类地址的网络数为________，网络内主机数________；B 类地址的网络数为 $2^{14}-1$，网络内主机数 $2^{16}-2$；C 类地址的网络数为________，网络内主机数________。

3. 在 IPv4 中，计算机的 IP 地址由________个二进制位构成，而网卡的 MAC 地址由________个二进制位构成。

二、选择题

1. 下列选项中，________项是有效的 IP 地址。

A. 202.199.111.5　　B. 192.168.29.4.5

C. 192.260.130.79　　D. 280.192.33.68

2. IP 地址是由________位二进制数字组成。

A. 8　　B. 16　　C. 32　　D. 64

3. A 类 IP 地址中的主机号占________位。

A. 8　　B. 16　　C. 24　　D. 32

4. 在 IP 地址方案中，159.211.34.96 是________类地址。

A. A　　B. B　　C. C　　D. D

2.5 小型局域网组网案例

【案例背景】

李明最近新开了一家只有 10 多人的小公司，公司位于某大厦的三楼，由于办公自动化的需要，公司购买了 10 台计算机和 1 台打印机。为了方便资源共享和文件的传递及打印，李明要组建一个经济实用的小型办公室网络。

【组网需求分析】

由于公司规模小，只有 10 台计算机，网络应用并不多，对网络性能要求也不高。组建小型共享式对等网就可满足目前公司办公和网络应用的需求。

该网络采用星状拓扑结构，用双绞线把各计算机连接到以集线器为核心的中央结点，没有专用的网络服务器，每台计算机既是服务器，又是客户机，这样可节省购买专用服务器的费用。

小型共享式对等网结构简单、费用低廉，便于网络维护以及今后的升级，适合小型公司的网络需求。

由于集线器是共享总线的，随着网络应用的增多，广播干扰和数据“碰撞”的现象日益严重，网络性能会不断下降。此时，可组建以交换机为中心结点的交换式对等网，进一步提高网络性能。

【网络设备选型】

根据组网需求分析，网络设备可以选择集线器或交换机，考虑到目前集线器这种设备在局域网中已被交换机所取代，而且交换机在简单的组网中无需配置就可使用，所以这里选择交换机作为网络设备，根据所连设备的数量应选择一台 24 接口的交换机。

【网络拓扑结构】

本方案采用高性能、全交换、全双工的快速以太网，并以星状结构联网，如图 2-5-1 所示，计算机均采用 100 Mbit/s 的双绞线与交换机相连。

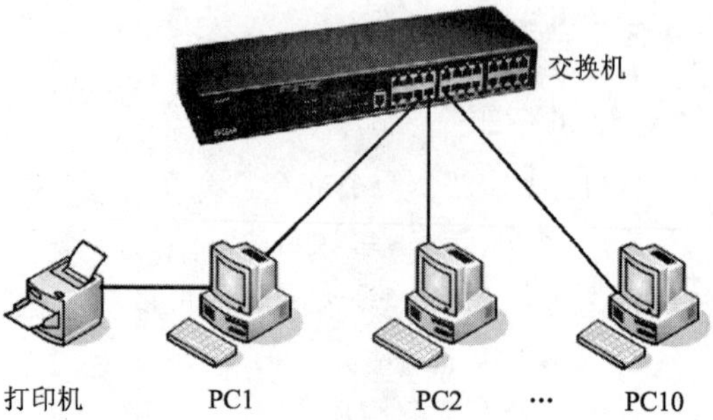

图 2-5-1　小型企业网络拓扑结构

【IP 地址规划】

为网络规划好 IP 地址，网络中的计算机在同一个网段。由于是内部网络，根据 IP 地址的分配规则应该选择私有地址，考虑到设备数量不是很多，这里使用 192.168.1.0/24 网段的地址进行分配。IP 地址规划如表 2-5-1 所示。

表 2-5-1　计算机 IP 地址规划表

计　算　机	IP 地址	子网掩码
PC1	192.168.1.1	255.255.255.0
PC2	192.168.1.2	255.255.255.0
PC3	192.168.1.3	255.255.255.0
PC4	192.168.1.4	255.255.255.0
PC5	192.168.1.5	255.255.255.0
PC6	192.168.1.6	255.255.255.0
PC7	192.168.1.7	255.255.255.0
PC8	192.168.1.8	255.255.255.0
PC9	192.168.1.9	255.255.255.0
PC10	192.168.1.10	255.255.255.0

2.6　本章实践

实践 1　安装网卡

【实践目标】

（1）认识并添加网卡模块。

（2）设置网络参数。

【实践环境】

（1）装有 Cisco Packet Tracer 模拟软件的 PC 一台。

（2）网络拓扑结构如图 2-6-1 所示。

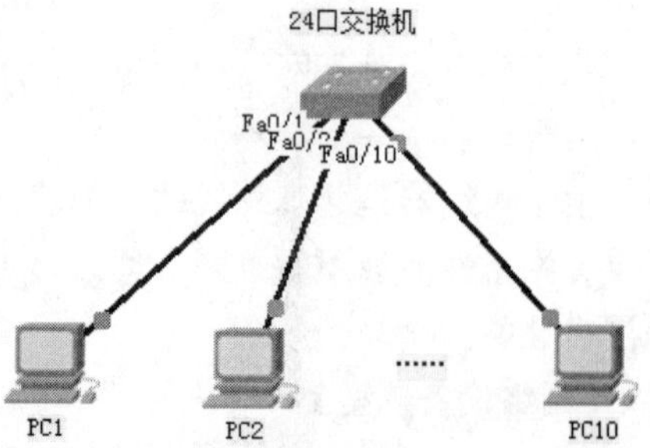

图 2-6-1　添加网卡网络拓扑结构示意图

【实践步骤】

1. 添加 PC

打开 Packet Tracer 模拟软件，在工作区域添加一台 PC，如图 2-6-2 所示。

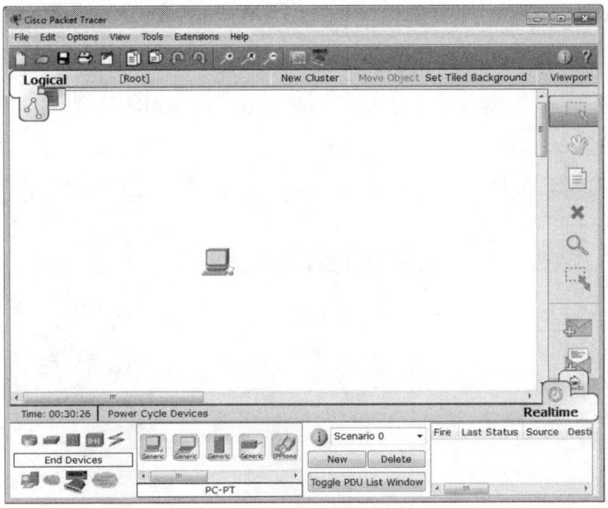

图 2-6-2　添加 PC

2. **打开 PC 物理界面**

单击工作区域的 PC，出现如图 2-6-3 所示的界面，即 PC 的外观。

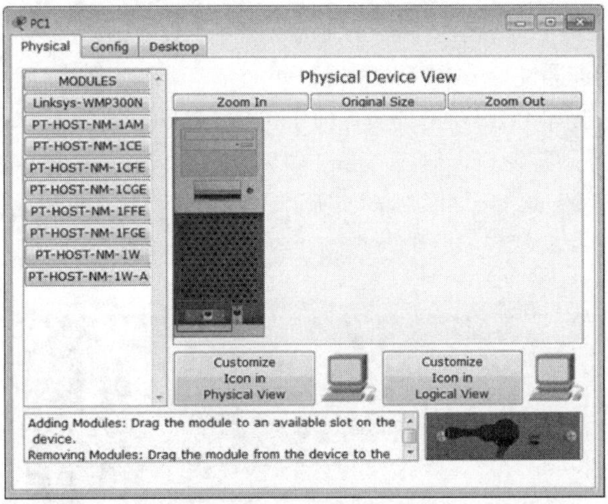

图 2-6-3　PC 的物理界面

3. **移除和添加网卡模块**

（1）单击 PC 上的电源开关，关闭电源。

（2）关闭电源后，选中网卡模块，将其从网卡插槽拖到左侧的模块列表中，即将该网卡移除。

（3）选择普通以太网卡或无线网卡模块，本实践中选择“PT-HOST-NM-1CFE”以太网卡，将该网卡添加到 PC 的网卡插槽。

4. **通过网卡将主机接入到计算机网络**

在 Packet Tracer 模拟软件的工作区域，添加一台 2960 交换机，添加主机 PC2 和 PC10。利用直通双绞线连接主机的以太网接口和交换机的以太网接口，搭建如图 2-6-1 所示的网络拓扑。

5. 设置 PC1 的 IP 地址

单击 PC1，在出现的界面中选择 Desktop 选项卡，单击 IP Configuration，设置 PC1 机的 IP 地址为 192.168.1.1，子网掩码为 255.255.255.0，如图 2-6-4 所示。同样的方法，设置 PC2 的 IP 地址为 192.168.1.2，子网掩码为 255.255.255.0；PC10 的 IP 地址为 192.168.1.10，子网掩码为 255.255.255.0。

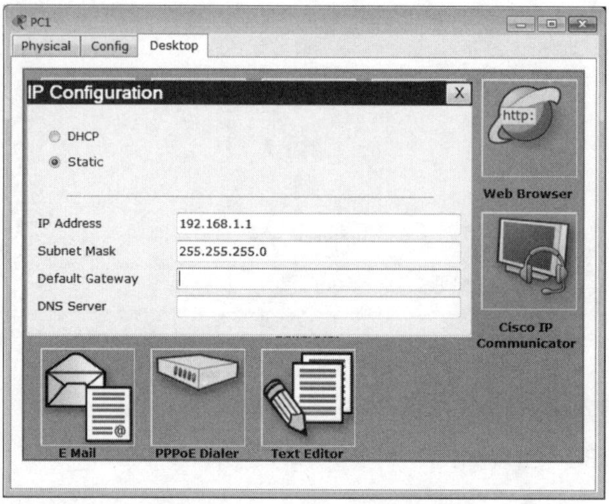

图 2-6-4　PC1 的 IP 地址的设置

6. 测试设备间的连通性

单击任一台计算机，如 PC1，在出现的界面中选择 Desktop 选项卡，单击 Command Prompt，进入此计算机的命令提示符窗口。输入“ping 192.168.1.2”即可测试 PC1 和 PC2 两台计算机之间是否能够通信，若测试结果如图 2-6-5 所示，则说明两台计算机之间能够正常通信。

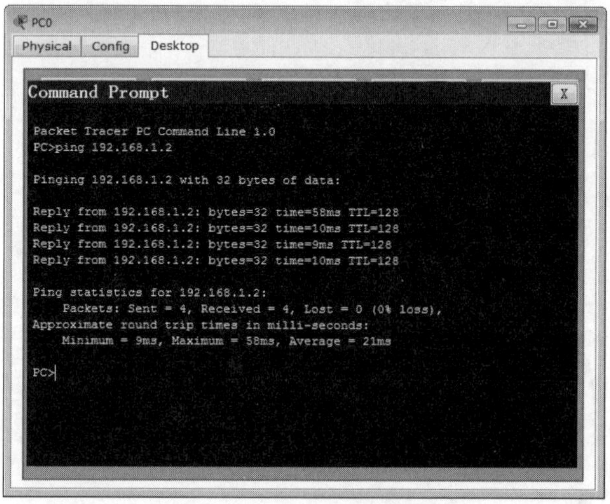

图 2-6-5　PC1 ping PC2 的结果

实践 2　制作双绞线

【实践目标】

（1）了解局域网的组网方式以及双绞线的制作规范。

（2）熟练掌握双绞线的制作方法和制作技巧。

【实践环境】

（1）RJ-45 压线钳。

（2）双绞线剥线器。

（3）RJ-45 接头。

（4）双绞线。

（5）测通仪。

【实践步骤】

1. **直通双绞线的制作**

（1）利用双绞线剥线器夹住双绞线旋转一圈，剥去 20 mm 左右的外表皮，如图 2-6-6 所示。

注意：旋转时请不要太用力，防止损坏内部的 4 对双绞线。

（2）采用旋转的方式将双绞线外套慢慢抽出，如图 2-6-7 所示。

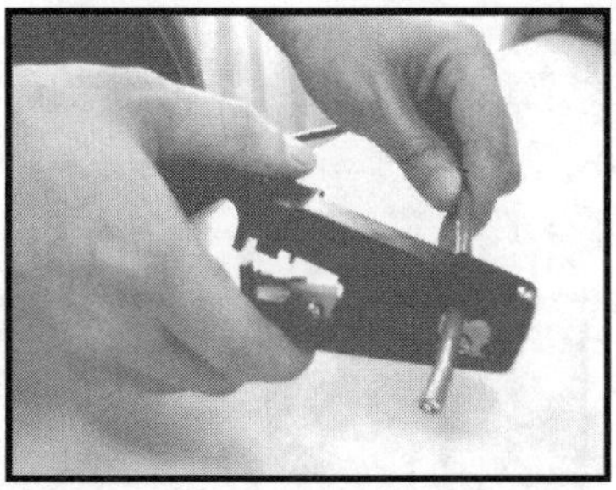

图 2-6-6　剥线

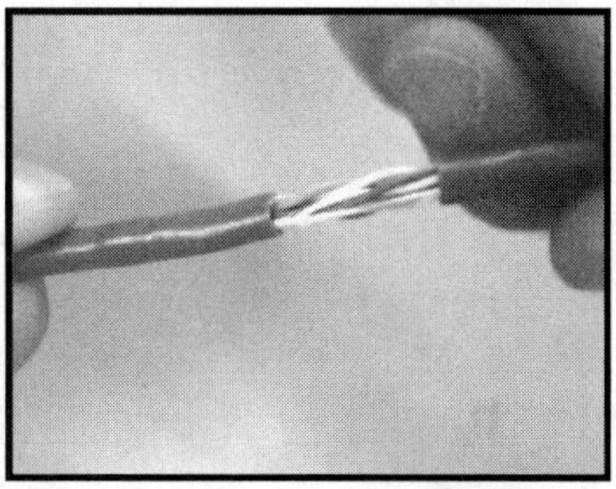

图 2-6-7　除去外表皮

注意：除去外套层时，请使用中等力度，防止将双绞线拉断。

有一些双绞线电缆上含有一条柔软的尼龙绳，如果在剥除双绞线的外皮时，觉得裸露出的部分太短，而不利于制作 RJ－45 接头时，可以紧握双绞线的外皮，再捏住尼龙线往外皮的下方剥开，就可以得到较长的裸露线。

（3）将 4 对双绞线分开，并查看双绞线是否有损坏，如有破损或断裂的情况出现，则要重复上述 3 个步骤。剥线完成后的双绞线电缆如图 2-6-8 所示。

（4）将裸露的双绞线中的橙色对线拨向自己的前方，棕色对线拨向自己的后方，绿色对线剥向左方，蓝色对线剥向右方。拆开成对的双绞线，使它们不再扭曲在一起，以便能看到每一根线，如图 2-6-9 所示。

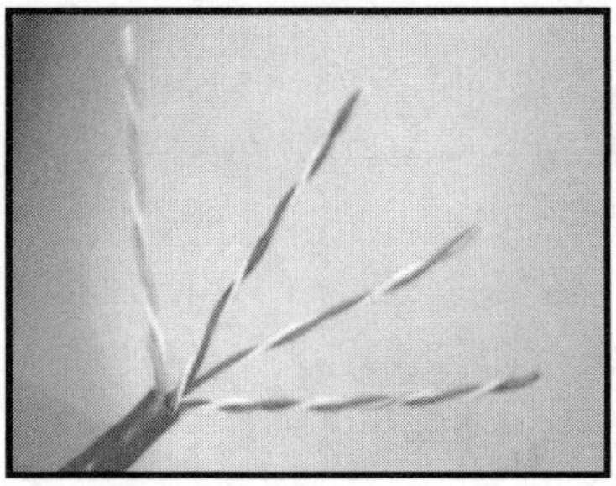

图 2-6-8　分开双绞线

图 2-6-9　拆分线对

（5）将每根线进行排序，使线的颜色与选择的线序标准的颜色相匹配。本实践选择的是EIA/TIA568B 标准，所以线序为 1 橙白、2 橙、3 绿白、4 蓝、5 蓝白、6 绿、7 棕白、8 棕，如图 2-6-10 所示。

（6）如图 2-6-11 所示，将裸露出的双绞线用剪刀或斜口钳剪下只剩约 14 mm 的长度，使它们的顶端平齐。

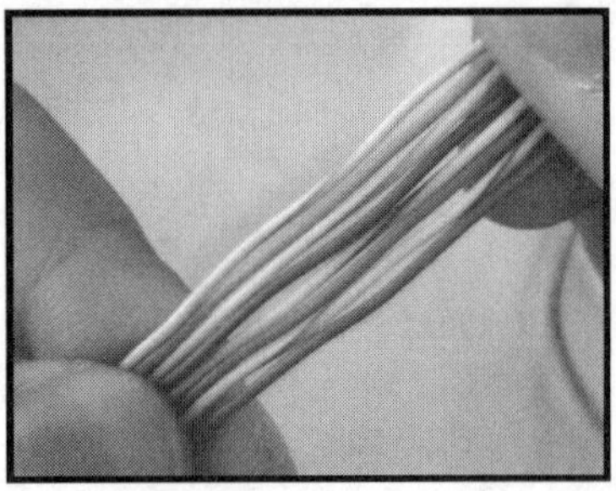

图 2-6-10　排列线序

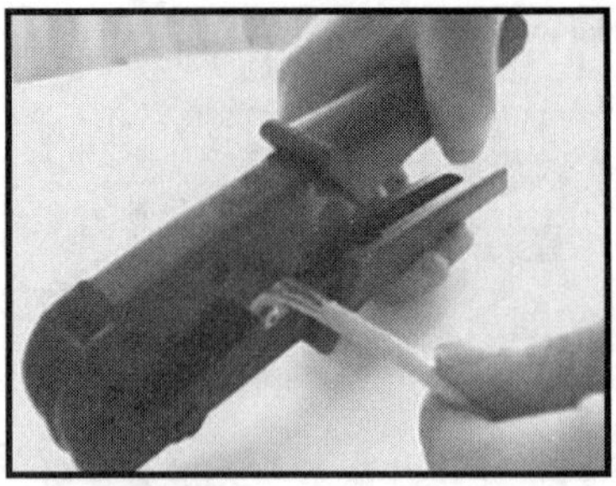

图 2-6-11　剪线

（7）使用制线钳剪线后，效果如图 2-6-12 所示。

（8）将线对插入 RJ-45 插头，确认所有的线对对好了针脚。线对在 RJ-45 插头部能够见到铜芯，外护套应进入水晶头内。如果线对没有排列好，则进行重新排列。要求认真仔细地完成这一步工作。第一只引脚内应该放白橙色的线，其余类推，如图 2-6-13 所示。

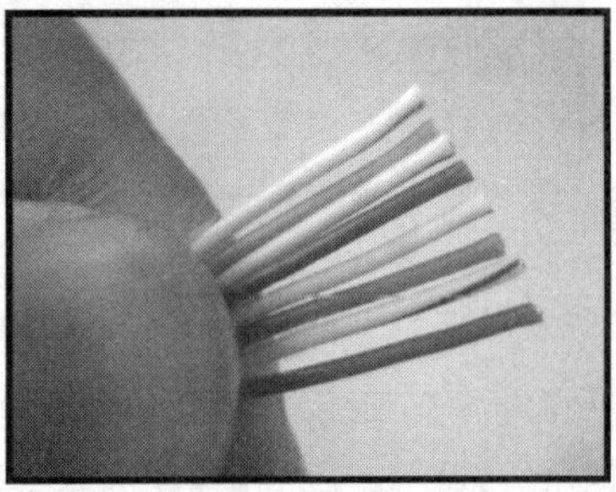

图 2-6-12　剪线效果

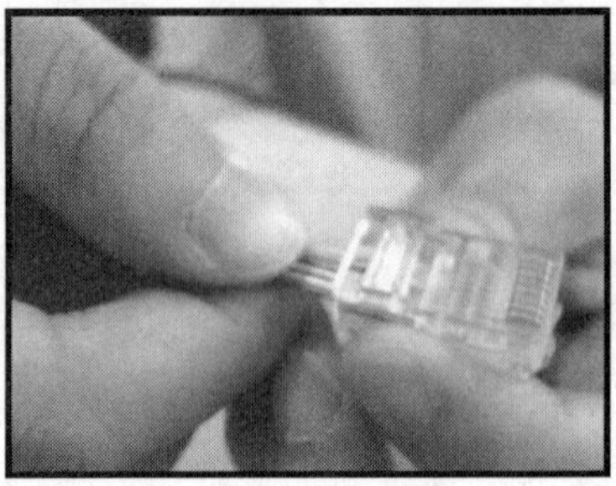

图 2-6-13　将剪后的双绞线插入 RJ-45 插头

（9）确定双绞线的每根线已经正确放置之后，使用制线钳的压线口，将 RJ-45 水晶头固定在压线口，准备压制，如图 2-6-14 所示。

（10）压制水晶头。将 RJ-45 插头和电缆插入压接工具中，紧紧握住把柄并将这个压力保持 3 秒钟。压接工具可以把线对压入 RJ-45 插头并将 RJ-45 插头内的针脚压入 RJ-45 插头内的线对上。同时，压接工具把塑料罩压入电缆外皮，保护 RJ-45 插头内电缆的安全。

（11）完成压制后，把 RJ-45 插头从压接工具上取下来，如图 2-6-15 所示。确认所有的导线都连接起来了，并且所有的针脚都被压接到各自所对应的导线中。如果有一些没有完全压入导线内，再将 RJ-45 插头插入压接工具并重新进行压接。

重复步骤（1）到步骤（10），再制作另一端的 RJ-45 接头。因为工作站与集线器之间是直接对接，所以另一端 RJ-45 接头的引脚接法完全一样。完成后的连接线两端的 RJ-45 接头无论引脚和颜色都完全一样，这种连接方法适用于工作站与集线器之间的连接。

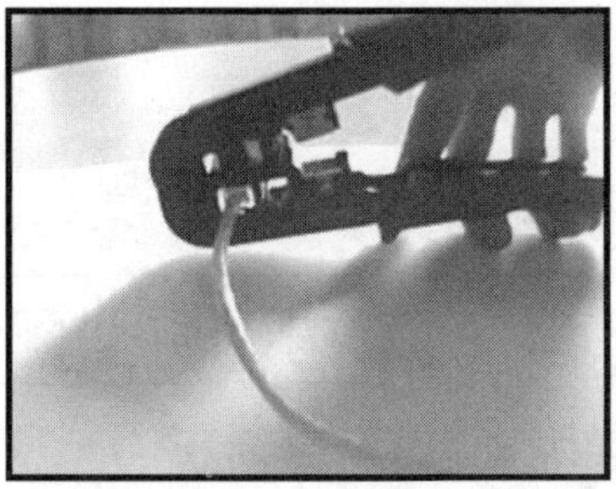

图 2-6-14　准备压制

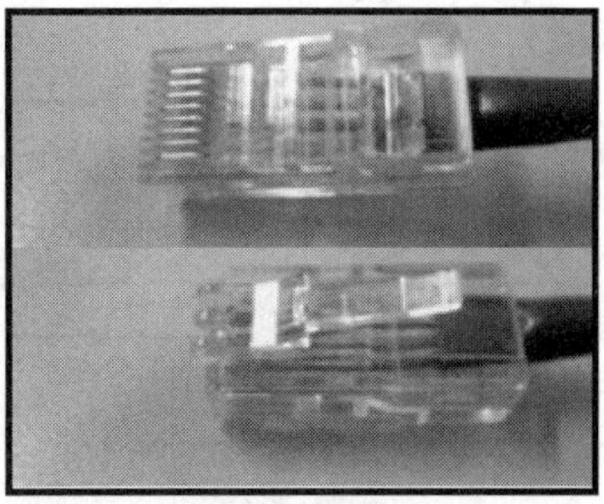

图 2-6-15　完成压制

（12）使用测通仪测试双绞线。将做好的双绞线用测通仪进行测试，如图 2-6-16 所示。如果测通仪的 8 个指示灯按从上到下的顺序循环呈现绿灯，则说明连线制作正确；如果 8 个指示灯中有的呈现绿灯，有的呈现红灯，则说明双绞线线序出现问题；如果 8 个指示灯中有的呈现绿灯，有的不亮，则说明双绞线存在接触不良的问题。

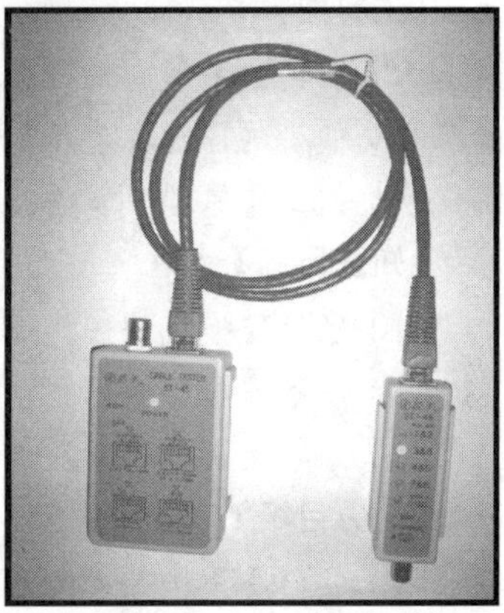

图 2-6-16　测通

2. **交叉双绞线的制作**

交叉双绞线的制作步骤与直通双绞线的制作步骤相同，只是双绞线的一端应采用 EIA/TIA568A 标准，另一端则采用 EIA/TIA568B 标准。

第3章

构建中型网络

【主要内容】

本章以组建中型局域网为目标，要求学生对中型网络有较全面的认识，了解二层交换机和三层交换机的区别、虚拟局域网的概念和作用、生成树协议防止网络广播风暴的方法，熟悉交换机的工作原理，掌握交换机的配置。

【知识目标】

（1）了解交换机的工作原理。

（2）了解虚拟局域网技术及作用。

（3）了解生成树技术及作用。

【能力目标】

（1）掌握交换机基本配置的步骤和命令。

（2）掌握根据接口划分 VLAN 的基本方法。

（3）掌握快速生成树协议 RSTP 的基本配置方法。

（4）规划组建中型局域网。

3.1 交 换 机

3.1.1 交换机的基本功能

交换机（Switch）是工作在数据链路层的网络设备，其外观如图 3-1-1 所示。交换机可以实现数据交换功能，提高局域网的带宽，连接多个相同类型的网络。交换机主要有地址学习、转发或过滤选择、防止交换机形成环路三项基本功能。

图 3-1-1 交换机的外观图

1. 地址学习

交换机是一种基于 MAC 地址识别，能完成封装转发数据帧功能的网络设备。交换机了解每一接口相连设备的 MAC 地址，并将地址同接口的映射关系存放在交换机缓存中，即 MAC 地址与接口对应表。交换机根据收到数据帧中的源 MAC 地址建立该地址同交换机接口的映射关系，并将其写入 MAC 地址与接口对应表中。

2. 转发或过滤选择

交换机根据目的 MAC 地址，通过查看 MAC 地址与接口对应表，决定转发还是过滤。如果数据帧的目的 MAC 地址与源 MAC 地址在交换机的同一物理接口上，则过滤该帧。否则，当数据帧的目的地址在 MAC 地址与接口对应表中有映射时，它被转发到连接目的结点的端口而不是所有端口。当数据帧的目的地址在交换机 MAC 地址与接口对应表中没有映射时，它被转发到所有端口。如果数据帧是一个广播帧或组播帧则转发至所有端口。

3. **防止交换机形成环路**

物理冗余链路有助于提高局域网的可用性，当一条链路发生故障时，另一条链路可继续使用，从而不会使数据通信中止。但是如果因冗余链路而使交换机构成环路，则数据会在交换机中无休止地循环，形成广播风暴。多帧的重复复制导致 MAC 地址表不稳定，解决这一问题的方法就是使用生成树协议（Spanning Tree Protocol，STP）。当交换机网络中存在冗余回路时，交换机通过 STP 协议避免回路的产生，同时允许存在后备路径。

3.1.2 交换机的工作原理

当交换机从某个接口接收到一个数据帧时，它先读取帧头中的源 MAC 地址，这样交换机就知道源 MAC 地址的主机是连接在哪个接口上的。再去读取帧头中的目的 MAC 地址，然后在交换机的 MAC 地址与接口对应表中，查询该目的主机所连接到的交换机接口，找到后就立即将数据帧直接转发到目的接口。

若目的 MAC 地址在交换机的 MAC 地址与接口对应表中找不到,交换机便采用广播方式，将数据帧广播到除了源端口之外的所有其他接口。当目的主机对源主机回应时，交换机又可以学习到该目的 MAC 地址与哪个接口对应，在下次转发数据时就不再需要对所有接口进行广播。

交换机的数据帧转发方式可以分为以下三种：

1. **直接交换方式**

交换机接收数据帧后立即转发，缺点是错误帧、碎片帧也会被转发。

2. **存储转发交换方式**

交换机接收数据帧后存储接收的帧并检查帧的错误，无错误再从相应的端口转发出去，缺点是数据检测增加了延时。

3. **改进的直接交换方式**

接收数据帧的前 64 个字节后，判断以太网帧的帧头字段是否正确，若正确则转发。对长的以太网帧，交换延迟时间减少。

3.1.3 冲突域与广播域

1. **冲突域**

冲突域是连接在同一导线上的所有工作站的集合，或者说是同一物理网段上所有结点的集合或以太网上竞争同一带宽的结点的集合。这个域代表了冲突在其中发生并传播的区域，这个区域可以被认为是共享段。在 OSI 模型中，冲突域被看作是第一层的概念，连接同一冲突域的设备有集线器、中继器或者其他进行简单复制信号的设备。也就是说，用集线器或者中继器连接的所有结点可以被认为是在同一个冲突域内，它不会划分冲突域。而第二层设备（如网桥、交换机）和第三层设备（如路由器、三层交换机）都可以划分冲突域，也可以连接不同的冲突域。简单地说，可以将集线器等看成是一根电缆，而将交换机等看成是一束电缆。

2. **广播域**

广播域是能够接收同一个广播消息的结点的集合。在该集合中，当任何一个结点传输一个广播信息时，处于该广播域的所有结点都能收到该广播信息。由于许多设备都极易产生广播，所以如果不维护，就会消耗大量的带宽，降低网络的效率。由于广播域被认为是 OSI 模型中的第二层概念，所以像 Hub，交换机等第一、第二层设备连接的结点被认为都是在同一个广播域。而路由器、三层交换机则可以划分广播域，即可以连接不同的广播域。

3.1.4 自我测试

一、填空题

1. 以太网交换机的数据帧转发方式可以分为________、________和________三类。
2. 交换式局域网的核心设备是________。

二、选择题

1. 在以太网中________可以将网络分成多个冲突域，但不能将网络分成多个广播域。
   A. 中继器　B. 二层交换机　C. 路由器　D. 集线器
2. 交换机如何知道将帧转发到________端口。
   A. 用 MAC 地址表　B. 用 ARP 地址表
   C. 读取源 ARP 地址　D. 读取源 MAC 地址
3. 在以太网中，是根据________地址来区分不同的设备的。
   A. IP 地址　B. IPX 地址　C. LLC 地址　D. MAC 地址
4. 以下关于以太网交换机的说法，正确的是________。
   A. 以太网交换机是一种工作在传输层的设备
   B. 以太网交换机是一种工作在网络层的设备
   C. 以太网交换机可以隔离广播域
   D. 使用以太网交换机可以隔离冲突域
5. 以太网交换机的每一个端口可以看作一个________。
   A. 冲突域　B. 广播域　C. 管理域　D. 阻塞域
6. 以太网交换机一个端口在接收到数据帧时，如果没有在 MAC 地址表中查找到目的 MAC 地址，通常________。
   A. 把以太网帧复制到所有端口
   B. 把以太网帧单点传送到特定端口
   C. 把以太网帧发送到除本端口以外的所有端口
   D. 丢弃该帧

3.2 虚拟局域网技术

3.2.1 虚拟局域网的工作原理

随着网络的不断扩展，接入设备逐渐增多，网络结构也日趋复杂，必须使用更多的路由器才能将不同的用户划分到各自的广播域中，在不同的局域网之间提供网络互联。但这样做会存在两个缺陷：

（1）随着网络中路由器数量的增加，网络时延逐渐加长，从而导致网络数据传输速度的下降。这主要是因为数据在从一个局域网传递到另一个局域网时，必须经过路由器的路由操作，路由器根据数据包中的相应信息确定数据包的目标地址，然后再选择合适的路径转发出去。

（2）用户是按照它们的物理连接被自然地划分到不同的用户组（广播域）中。这种划分方式并不是根据工作组中所有用户的需要和带宽的需求进行的。因此，尽管不同的工作组或部门中用户的需要和对带宽的需求有很大的不同，但它们却被机械地划分到同一个广播域中去争用相同的带宽。

虚拟局域网（Virtual Local Area Network，VLAN）的提出很好地解决了上述问题。

虚拟局域网是以交换式网络为基础，把网络上的用户分为若干个逻辑工作组，每个逻辑工作组就是一个虚拟网络（VLAN），VLAN 并不是一种新型的局域网技术，而是交换网络为用户提供的一种服务。VLAN 可以不考虑用户的物理位置，而根据业务功能、网络应用、组织机构等因素将用户从逻辑上划分成一个个功能相对独立的工作组。每个用户主机都连接在一个支持 VLAN 的交换机接口上并属于某一个 VLAN。同一个 VLAN 中的成员都共享广播，形成一个广播域，而不同 VLAN 之间广播信息是相互隔离的。这样，可将整个网络分隔成多个不同的广播域。如果要在 VLAN 之间传送信息，就要用到路由器或三层交换机。

交换式以太网利用 VLAN 技术，在以太网帧的基础上增加了 VLAN 头，该 VLAN 头中含有 VLAN 标识符，用来指明发送该帧的工作站属于哪一个 VLAN。同一个 VLAN 内的各个工作站没有限制在同一物理范围中，它们不受结点所在物理位置的束缚。图 3-2-1 给出了一个典型虚拟局域网的物理结构与逻辑结构。

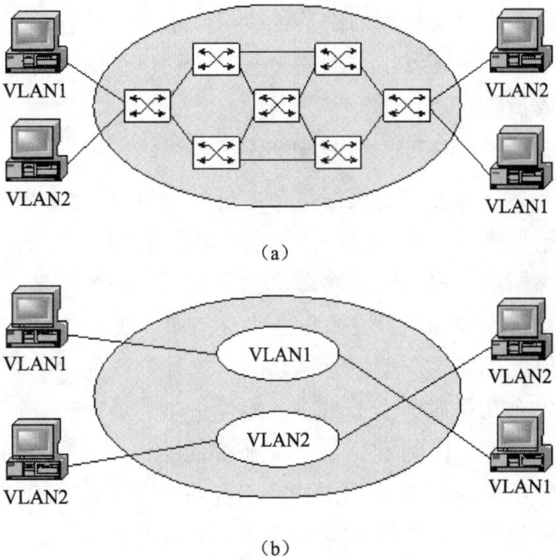

图 3-2-1　虚拟局域网

在采用 VLAN 后，在不增加设备投资的前提下，可在许多方面提高网络的性能，并简化网络的管理。VLAN 主要具有以下几个方面的优点：

1. 增加网络连接的灵活性

借助 VLAN 技术，能将不同地点、不同网络、不同用户组合在一起，形成一个虚拟的网络环境，就像使用本地局域网一样方便、灵活、有效。VLAN 可以降低移动或变更工作站地理位置的管理费用，特别是一些业务情况需要经常变动的公司可以大大降低这部分的管理费用。

2. 增加网络的性能，节省网络带宽

一个 VLAN 中的广播包不会送到其他 VLAN 中，这样可以减少广播流量，释放带宽给用户应用，减少广播的产生，增加网络的性能。

3. 增强网络的安全性

因为一个 VLAN 是一个独立的广播域，VLAN 之间相互隔离，数据流只限制于本 VLAN 里，可以防止敏感性数据流动到其他非法结点上，保证了网络的安全性。

3.2.2 虚拟局域网的划分

VLAN 技术是建立在交换机基础之上的，将局域网中的结点按工作性质和需要划分成若干个逻辑工作组，一个逻辑工作组就是一个 VLAN。

VLAN 的划分方法主要有三种：

1. 基于交换机接口划分

许多 VLAN 厂商都利用交换机的接口来划分 VLAN，即将交换机中的若干个接口定义为一个 VLAN，同一个 VLAN 中的计算机具有相同的网络地址。当某一接口属于某一个 VLAN 时，就不能属于另外一个 VLAN。例如，一个交换机的 1、2、3、5、8 接口被定义为 VLAN 10，同一交换机的 6、7、10 接口被定义为 VLAN 20。

基于交换机接口划分 VLAN 是目前定义虚拟局域网成员最常用的方法，而且配置也很简单。这种虚拟局域网划分方式的优点在于简单，容易实现，从一个接口发出的广播，直接发送到虚拟局域网内的其他接口，也便于监控。但是，基于接口划分虚拟局域网的主要局限在于使用不够灵活，当用户从一个接口移动到另一个接口时，网络管理员必须重新配置 VLAN 成员。

2. 基于 MAC 地址划分

这种方式是根据每个主机的 MAC 地址来划分的，即对每个 MAC 地址的主机都配置其属于哪个 VLAN，它实现的机制就是每一块网卡都对应唯一的 MAC 地址。这种方式的 VLAN 允许网络用户从一个物理位置移动到另一个物理位置时，自动保留其所属 VLAN 的成员关系。这种 VLAN 划分方式的最大优点是，无论结点在网络上如何移动，由于 MAC 地址保持不变，因此不需要重新配置 VLAN。这种方式的缺点是初始化时，所有的用户都必须进行配置，如果有几百甚至上千用户，配置是非常烦琐的。而且这种划分的方式也导致了交换机执行效率的降低，因为在每一个交换机的接口都可能存在很多个 VLAN 组的成员，保存许多用户的 MAC 地址，查询起来相当不容易。另外，对于使用笔记本电脑的用户来说，它们的网卡可能经常更换，这样 VLAN 就必须经常配置。

3. 基于 IP 地址划分

这种方式是根据每个主机的 IP 地址来划分，结点可以在网络内部自由移动，但其 VLAN 成员身份保留不变。在新增加结点时，无需进行太多配置，交换机会自动根据 IP 地址将其划分到不同的 VLAN。这种 VLAN 智能化最高，实现最复杂。一旦离开该 VLAN，原 IP 地址将不再可用，从而防止了非法用户通过修改 IP 地址来越权使用资源。

这种方法的缺点是效率低，因为检查每一个数据包的网络层地址都需要消耗处理时间，一般的交换机芯片都可以自动检查网络上数据包的以太网帧头，但要让芯片能检查 IP 报头，需要更高的技术，同时也更费时。当然，这与各个厂商的实现方法有关。

对于不同的交换机，VLAN 配置是有差异的，而且也并不是所有的交换机都支持 VLAN 和 VLAN 的三个实现途径，有的交换机只支持基于接口的 VLAN，而不支持基于 MAC 地址的

VLAN 等。在实际工作中，用户应该结合具体情况选择最合适的实现方式。

3.2.3 Trunk 技术

Trunk 是指主干链路，它是在不同交换机之间的一条链路，可以传递不同 VLAN 的信息。Trunk 是用于交换机之间进行 VLAN 信息传输的通道，一条单一的 VLAN Trunk 可以在交换机之间以逻辑连接方式为多个不同的 VLAN 提供帧传输。使用 Trunk 方式不仅能连接不同的 VLAN 或跨越多个交换机的相同 VLAN，而且还能增加交换机之间的物理连接带宽，增强网络设备间的冗余。

Trunk 技术标准有以下两种：

1. IEEE 802.1Q 标准

该标准是在每个数据帧中加入一个特定的标识，用以识别每个数据帧属于哪个 VLAN。IEEE802.1Q 属于通用标准，许多厂家的交换机都支持此标准。

2. ISL 标准

该标准是 Cisco 公司自有的标准，它只能用于 Cisco 公司生产的交换机产品，其他厂家的交换机都不支持。

Cisco 交换机与其他厂商的交换机相连时，不能使用 ISL 标准，只能使用 IEEE802.1Q 标准。

3.2.4 VLAN 中继协议

通常情况下，需要在整个园区网或者企业网中的一组交换机中保持 VLAN 数据库的同步，以保证所有交换机都能从数据帧中读取相关的 VLAN 信息并进行正确的数据转发。然而，对于大型网络来说，可能有成千台交换机，而一台交换机上都可能存有几十个乃至数百个 VLAN，如果仅由网络工程师手动配置，工作量是非常大的，并且不利于日后维护，每次添加修改或删除 VLAN 都需要在所有的交换机上重新部署。VTP 协议（VLAN Trunking Protocol）是 VLAN 中继协议，可解决各交换机 VLAN 数据库的同步问题。使用 VTP 协议可以减少 VLAN 相关的管理任务，把一台交换机配置成 VTP 服务器，其余交换机配置成 VTP 客户端，这样 VTP 客户端可以自动学习到 VTP 服务器上的 VLAN 信息。

1. VTP 域

VTP 使用“域”组织管理互联的交换机，并在域内的所有交换机上维护 VLAN 配置信息的一致性。VTP 域是指一组有相同 VTP 域名并通过 Trunk 端口互联的交换机。每个域都有唯一的名称，一台交换机只能属于一个 VTP 域，同一域中的交换机共享 VTP 信息。

2. VTP 工作模式

VTP 有三种工作模式：

（1）服务器模式。一个域内只设一个 VTP 服务器，可以创建、删除和修改 VLAN，同时转发 VLAN 更新信息。

（2）客户端模式。VTP 客户端不可以创建、删除和修改 VLAN，接受其他服务器模式交换机传来的 VLAN 信息，还有责任转发 VLAN 更新信息。

（3）透明模式

VTP 透明模式相当于一台独立的交换机，不参与 VTP 工作，不从 VTP 服务器学习 VLAN

的配置信息，只拥有本设备上自己维护的 VLAN 信息。VTP 透明模式单独配置 VLAN，可以创建、删除和修改 VLAN，这些 VLAN 配置信息并不向外发送，可以转发收到的 VLAN 更新信息。

3.2.5 自我测试

一、填空题

1. 虚拟局域网的英文首字母缩写为________。

2. VTP 的工作模式有三种，它们分别是________、________和________。

3. 利用交换机可以把网络划分成多个虚拟局域网（VLAN）。一般情况下，交换机默认的 VLAN 是________。

二、选择题

1. 在缺省配置的情况下，交换机的所有端口________。

A. 处于直通状态　　B. 属于同一 VLAN
C. 属于不同 VLAN　　D. 地址都相同

2. 连接在不同交换机上的，属于同一 VLAN 的数据帧必须通过________传输。

A. 服务器　　B. 路由器　　C. Backbone 链路　　D. Trunk 链路

3. VLAN 中继协议（VTP）用于在大型交换网络中简化 VLAN 的管理。按照 VTP 协议，交换机的运行模式分为三种：服务器、客户端和透明模式。下面关于 VTP 协议的描述中，错误的是________。

A. 交换机在服务器模式下能创建、添加、删除和修改 VLAN 配置
B. 一个管理域中只能有一个服务器
C. 在透明模式下可以进行 VLAN 配置，但不能向其他交换机传输配置信息
D. 交换机在客户模式下不允许创建、修改或删除 VLAN

4. 按照 VLAN 中继协议（VTP），当交换机处于________模式时可以改变 VLAN 配置，并把配置信息分发到管理域中的所有交换机。

A. 客户端（Client）　　B. 传输（Transamission）
C. 服务器（Server）　　D. 透明（Transparent）

3.3 生成树协议

3.3.1 生成树协议的工作原理

1. 冗余链路

设计网络时必须考虑到冗余功能，从而保持网络高度可用，并消除任何单点故障。在关键区域内安装备用设备和网络链路即可实现冗余功能。使用冗余链路，可以提高网络的健全性和稳定性。

设计不当的冗余链路会产生环路，将导致以下问题：

1）广播风暴

在二层交换网络中，网络广播信息由于在网络中存在一个封闭的环路（即两个网络结点

之间存在两条或者两条以上路径相通，也就是说两个网络结点之间存在冗余链路），从而广播包可能在这个封闭的环路上反复发送接收形成恶性死循环，从而形成网络广播风暴，占用大量的网络设备资源以及带宽资源，导致网络拥塞。

如图 3-3-1 所示，交换机 SW1 收到一个广播帧，交换机 SW2 和 SW3 都会收到该广播帧。根据以太网交换机的工作原理，当其接收到数据帧时，会将交换机缓存中的 MAC 地址与数据帧中的目的地址进行比较，如果 MAC 地址表中存在该目的地址，则对该端口进行转发，如果没有找到目的地址，则对除源端口之外的所有其他端口进行“泛洪”转发，如图 3-3-2 所示。当存在冗余链路（也就是多条路径）时，交换机可能会同时向所有的路径发送数据帧，这样目的地址的网络结点可能会收到多个重复的数据包，便形成了广播风暴，如图 3-3-3 所示。当网络结构越复杂，冗余链路越多的情况下，形成的广播风暴就越大。当存在多个冗余链路，而数据帧经过多个冗余链路的情况下，则可能会形成更加严重的情况：网络数据在多个冗余链路形成发送和接收的死循环，也就是网络死循环，当广播包进入某个网络环路，而广播包的目的 MAC 地址并不在该环路上或者该冗余链路与目的地址的连接出现中断，那该环路上的所有交换机就会周而复始地对除源端口之外的所有其他端口进行“泛洪”转发，经过网络环路的循环，数据帧会不断地循环回到原有的交换机并进行转发，不断地循环往复的转发，从而导致网络死循环，形成严重的广播风暴，并大量消耗网络资源，极大地加重交换机的负荷。

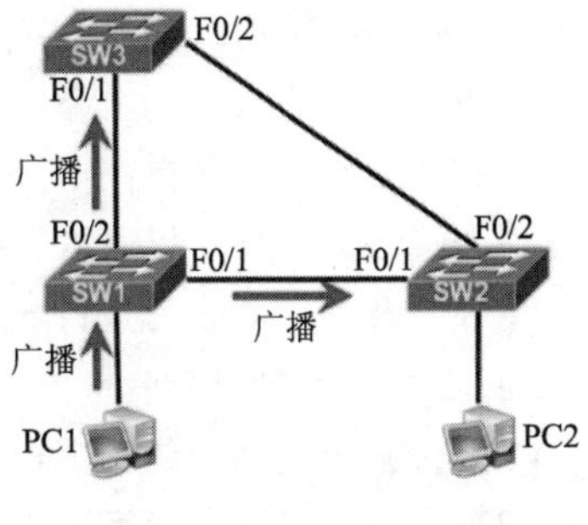

图 3-3-1　开始广播

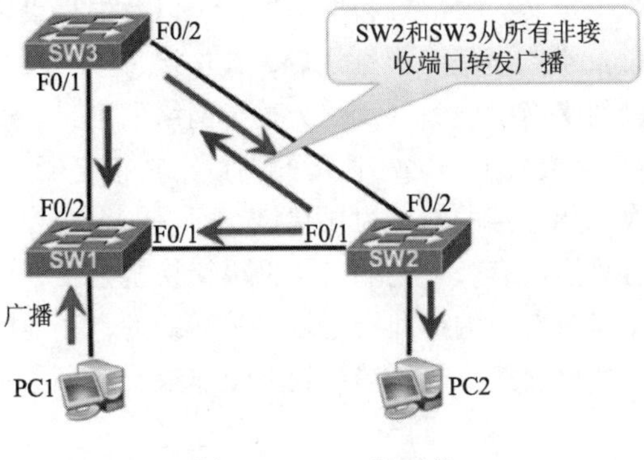

图 3-3-2　正常通信

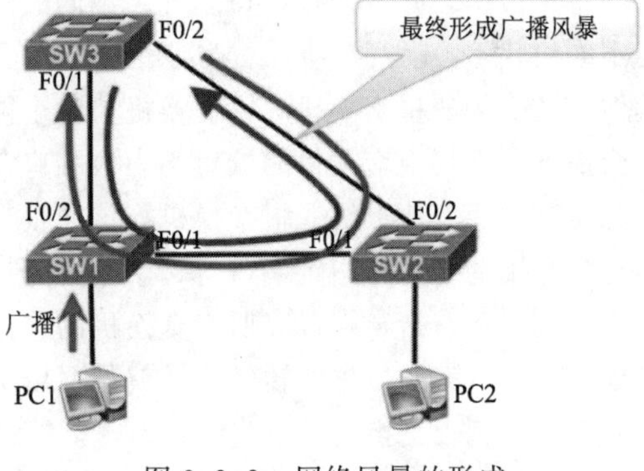

图 3-3-3　网络风暴的形成

2）多帧复制

交换网络中的冗余线路有时会引起帧的多重传输。源主机向目的主机发送一个单播帧后，如果帧的目的 MAC 地址在任何所连接的交换机 MAC 地址表中都不存在，那么每台交换机便会向所有端口泛洪该帧。在存在环路的网络中，该帧可能会被发回最初的交换机。此过程不断重复，造成网络中存在该帧的多个副本。

3）地址表不稳定

当存在环路时，一台交换机可能将目的 MAC 地址与两个不同的接口关联。交换机接收不同接口上同源传来的信息，导致交换机连续更新其 MAC 地址表，结果造成帧转发出错。

2. 生成树协议

生成树协议（Spanning Tree Protocol，STP）就是通过计算确保整个网络无环路拓扑结构的二层协议，它允许网络设计中存在冗余链路，以提供在主链路失效的情况下自动接替其工作的备份链路，同时又避免生成二层环路。也就是通过交换机在网状网络内部创建一个生成树，禁止不属于生成树的链路，保证任意两个网络结点之间仅有一条活动的通信链路，并规定数据的转发只在通信链路上进行，而其他被禁止的备份链路只能用于链路的侦听，当通信链路路径失效时，自动将通信切换至备份链路上来。STP 在 IEEE802.1d 中定义，其主要作用是避免环路及冗余备份。运行 STP 协议以后，交换机将具有下列功能：

（1）发现环路的存在。

（2）将冗余链路中的一个设为主链路，其他设为备份链路。

（3）只通过主链路交换流量。

（4）定期检查链路的状况。

（5）如果主链路发生故障，则将流量切换到备用链路。

3. 生成树协议工作过程

生成树协议采用以下两项技术形成生成树：

1）设定交换机的角色

通过选举将交换网络中的交换机设定为生成树上的特定角色（根交换机和非根交换机），位于树根的核心交换机，位于树干的汇聚交换机以及位于树枝的接入交换机，使得整个交换网络拓扑结构呈现树状结构。

2）设定交换机端口的角色和状态

将交换机之间的连接端口划分为不同的角色（定义为根端口和指定端口）以及端口设定为不同的状态（阻塞、侦听、学习、转发）。通过选举产生根交换机之后，其连接每个网段的其他交换机为非根交换机。根交换机为各个网段的交换机服务以及作为整个网络的出口，非根交换机上连接根交换机的端口均为根端口,而根交换机上与之相连接的端口则是指定端口，依此类推，而其他下级非根交换机与该非根交换机相连接的端口为根端口，而该非根交换机上与之连接的端口为指定端口，每个非根交换机只能具有一个根端口与上级交换机连接，而根交换机则只有指定端口。所有交换机的连接端口只有根端口和指定端口是活跃的，其他端口处于禁止状态。数据的转发路径就是：由下级非根交换机的根端口到上级非根交换机的指定端口，直到根交换机的指定端口。

STP 的应用也存在一定的缺点。打开交换机电源时，交换机的每个端口都会经过四种状态，即阻塞、侦听、学习和转发。生成树协议经过一段时间（默认值是 50 s 左右）稳定之后，所有接口要么进入转发状态，要么进入阻塞状态。显然 50 s 的稳定时间不能适应新技术的要求，于是出现了 RSTP 协议（Rapid Spanning Tree Protocol，快速生成树协议）。RSTP 在 IEEE802.1w 中定义，显著加速了生成树的重新计算速度。RSTP 将接口状态减少到三种：丢弃、学习和转发。为基于多个 VLAN 使用生成树协议，定义了 IEEE 802.1s 规范，称为 MSTP（Multiple Spanning Tree Protocol，多生成树协议)。

3.3.2 自我测试

一、填空题

1. 使用冗余链路，可以提高网络的________和________。

2. 在交换网络中，交换机使用________协议防止形成环路。

3. 默认情况下，交换机刚加电启动时，每个端口都要经历生成树的四个阶段，它们分别是：阻塞、侦听、________、________。

二、选择题

1. ________技术规范定义就是生成树协议（Spanning Tree Protocol，STP）。

A. IEEE 802.1d　　B. IEEE 802.1w

C. IEEE 802.1s　　D. IEEE 802.1a

2. 生成树协议采用________技术形成生成树。

A. 一种　　B. 两种　　C. 三种　　D. 四种

3. 形成网络风暴，它会占用大量的网络设备资源以及带宽资源，导致网络________。

A. 顺畅　　B. 停止　　C. 无法传送　　D. 拥塞

3.4 中型局域网组网案例

【案例背景】

某制造企业共有三栋楼，分别是1号楼、2号楼、3号楼，每栋楼直线相距为100 m。

1号楼：三层，为行政办公楼，30台计算机，分散分布。其中5台计算机供财务部员工使用，25台供人事行政部使用。

2号楼：五层，为产品研发技术部、供销部共用，50台计算机。其中30台集中在三楼的研发技术部的设计室中，专设一个机房；其他20台计算机供供销部员工使用，分散分布。

3号楼：五层，为生产车间，每层一个车间，每个车间拥有3台计算机，共15台计算机。

未来的3～5年，企业内计算机会增加到180台左右，主要增加在2号楼的研发技术部，计划该部门增加两间专用机房用于新产品的研发和设计。

【组网需求分析】

为了能让公司更好地与现代社会的发展接轨，更快地获取市场信息及为了让外界了解该公司的相关信息，特组建企业网，以实现对“公司档案管理”“产品信息”“供求信息”等进行计算机网络化管理。

根据该制造企业的现有规模、业务需要及发展要求，其企业网包含如下需求内容：

（1）建立公司自己的网站，可向外界发布信息，并进行网络上的业务。

（2）供销部可以连接Internet，与各企业保持联络，接受订单及发布本公司产品信息。

（3）公司内部网络实现资源共享，以提高工作效率。

（4）建立网络时应注意网络的扩展性，以方便日后的网络升级和增加计算机。

（5）在公司内部建立公司的数据库服务器，如员工档案，业务计划，会议日程等。

（6）具有较高的安全保障，要对员工用户安全、账户管理、用户管理、网络访问控制等，提供日志功能。

【网络结构总体设计】

企业网在设计时一般遵循分层网络的设计思想，采用三层设计模型，主干网采用星状拓扑结构，这种拓扑结构实施与扩充方便灵活、便于维护、技术成熟。

1）核心层

网络中心结点及其他核心结点作为企业网络系统的心脏，必须提供全线速的数据交换，当网络流量较大时，应对关键业务的服务质量提供保障。另外，作为整个网络的交换中心，核心层在保证高性能、无阻塞交换的同时，还必须保证稳定可靠的运行。具体来说，核心结点的交换机要满足两个基本要求：

（1）高密度端口情况下，能保持各接口的线速转发。

（2）关键模块必须冗余，如管理引擎、电源、风扇。

2）汇聚层

汇聚层是各楼宇的数据汇聚平台，为全网提供了快速交换支持，是各楼宇数据汇聚的主结点。汇聚层交换机需要具备高可靠性、高性能、高接口密度、高安全性、可管理性等要求，并具有网络可扩容升级能力和多种业务支持能力。

3）接入层

接入层由楼层交换机结点组成，可以满足各种客户的接入需要，而且能够实现客户化的接入策略、用户接入访问控制等。本方案中各接入层交换机通过千兆链路上联到各汇聚层设备，对下联的桌面设备提供全双工的百兆链路。

该制造企业网络采用核心层、汇聚层和接入层三层架构，网络规划拓扑结构如图 3-4-1 所示。

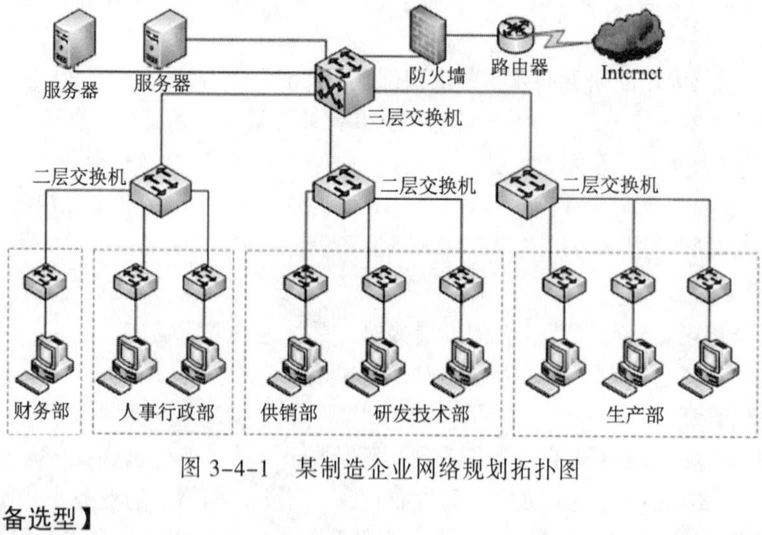

图 3-4-1　某制造企业网络规划拓扑图

【网络设备选型】

1）核心层设备

主干核心交换机属于高端系列的产品，所以在本方案中，核心交换机建议采用多业务千兆核心三层交换机。核心三层交换机的参考型号为 Cisco C7609。

2）汇聚层设备

汇聚层交换机可以选择 Cisco Catalyst 3500 系列的三层交换机或 Cisco 2960 系列二层交换

机。本案例中采用 Cisco 2960 系列二层交换机。

3）接入层设备

选择具有二层交换功能的 LAN 交换机，如 Cisco 2950 系列交换机等。

【接入 Internet 方式】

企业网中常见的 Internet 接入方式有 DSL 宽带接入和专线接入。更多的 Internet 接入方式参见教材第 5 章。

（1）DSL 宽带接入，包括 ADSL、HDSL、VDSL、RADSL 等。其中典型的是 ADSL，即不对称数字用户线。ADSL 被普遍认为是具有广阔应用前景的接入技术之一。

（2）专线接入，在企业级用户中，主要采用的是专线接入方式。常用的专线接入是 DDN（Digital Data Network，数字数据网）方式，速度范围 64 Kbit/s 至 2 Mbit/s。

建议公司租用专线与外界互联，用一台配置较先进的计算机作为服务器。

3.5 本章实践

实践 1 交换机的基本配置

【实践目标】

（1）进一步认识以太网交换机。

（2）能熟练进行网络设备的连接。

（3）理解交换机基本配置的步骤和命令。

（4）掌握配置交换机的基本命令。

【实践环境】

（1）装有 Cisco Packet Tracer 模拟软件的 PC 一台。

（2）交换机基本配置网络拓扑结构如图 3-5-1 所示。

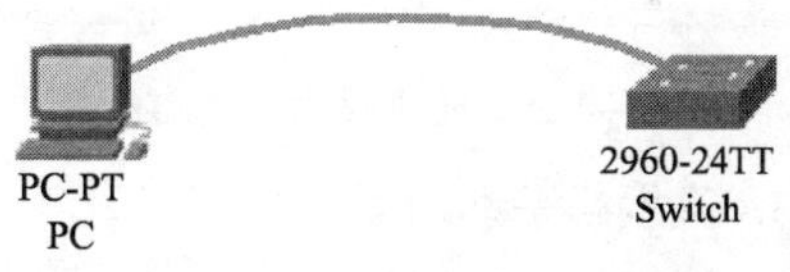

图 3-5-1 交换机基本配置网络拓扑结构示意图

【实践步骤】

1. 硬件连接

如图 3-5-1 所示，将 Console 控制线的一端连接 PC 机的 RS232 口，另一端连接交换机的 Console 口。

2. 通过超级终端连接交换机

（1）单击 PC，在弹出的界面中选择 Desktop 选项卡，如图 3-5-2 所示。

（2）单击 Terminal 图标，出现 Terminal Configuration 对话框，如图 3-5-3 所示，使用默认值。

（3）单击图 3-5-3 中的 OK 按钮，如果连接正常且交换机已启动，只要在超级终端中按 Enter 键，超级终端窗口中就会出现交换机提示符，如图 3-5-4 所示，说明计算机已经连接到交换机上。接下来就可以开始配置交换机。

这种方式与直接单击交换机，选择 CLI 选项卡的结果相同，如图 3-5-5 所示。

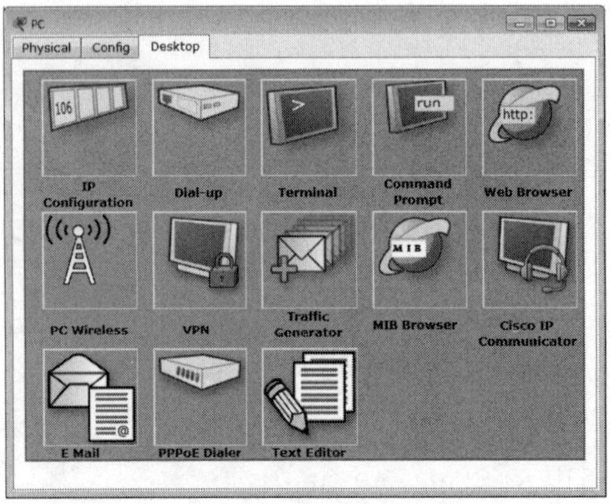

图 3-5-2　PC 机的 Desktop 选项卡

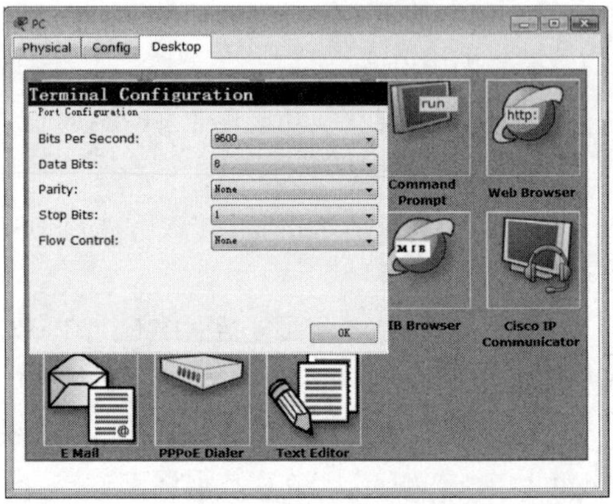

图 3-5-3　Terminal Configuration 对话框

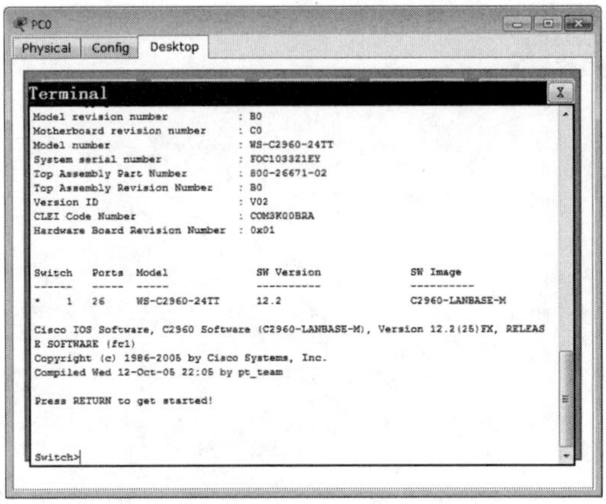

图 3-5-4　交换机提示符（方式一）

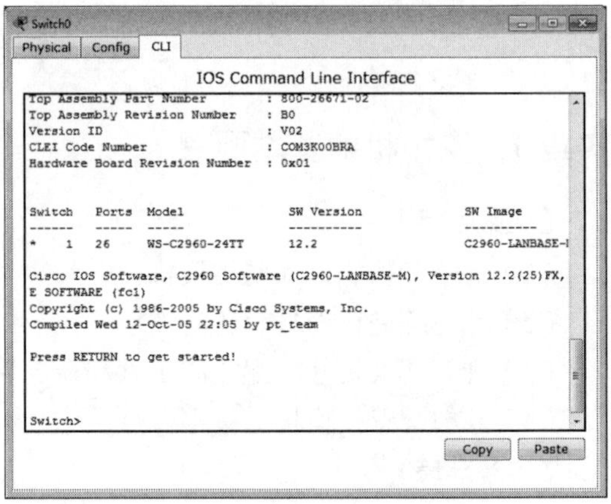

图 3-5-5　交换机提示符（方式二）

3. 交换机基本配置

1）配置模式的切换

```
Switch>enable                                   !进入特权配置模式
Switch#configure terminal                       !进入全局配置模式
Switch(config)#interface fastethnernet 0/5      !进入交换机 F0/5 的接口配置层
Switch(config-if)#exit                          !退回上一级配置层
Switch(config-if)#end                           !直接退回到特权用户层
```

2）配置交换机名称

```
Switch>enable
Switch#configure terminal
Switch(config)#hostname S1                      !配置交换机的设备名称为 S1
```

3）交换机接口的配置

```
S1(config)#interface fastethernet 0/5
S1(config-if)#speed 10                          !配置速率为 10 Mbit/s
S1(config-if)#duplex half                       !配置接口的双工模式为半双工
S1(config-if)#no shutdown                       !开启该接口，使接口转发数据
S1(config-if)#exit                              !退回到全局配置模式
```

4）交换机的可管理 IP 地址的设置

交换机的 IP 地址实际上是在 VLAN1 的端口上进行配置，默认时交换机的每个接口都是 VLAN1 的成员。

在接口配置模式下，使用 ip address 命令可设置交换机的 IP 地址，在全局配置模式下使用 ip default-gateway 命令可设置默认网关，如下所示：

```
S1(config)#interface vlan 1                    !进入 vlan1
S1(config-if)#ip address 192.168.1.10 255.255.255.0 ! 设置交换机可管理地址
S1(config-if)#no shutdown
S1(config-if)#exit
S1(config)#ip default-gateway 192.168.1.1  !设置默认网关
S1(config)#exit
```

5）保存交换机配置信息

交换机配置完成后，在特权模式下，可利用 copy running-config startup-config 命令或 write 命令，将配置信息从 DRAM 内存中手工保存到 RAM 中。

```
S1#copy running-config startup-config
```

或

```
S1#write
```

6）查看交换机的配置信息

```
Switch#show version                          !查看交换机的版本信息
Switch#show mac-address-table                !查看交换机的 MAC 地址表
Switch#show running-config                   !查看交换机当前生效的配置信息
Switch#show interface fastethernet 0/5       !显示接口 Fa0/5 的配置信息
```

4. 交换机的命令行使用方法

1）帮助命令"?"的使用

在任何模式下，都可以键入"？"显示相关帮助信息，如下所示：

```
S1>?
Exec commands:
  <1-99>      Session number to resume
  connect     Open a terminal connection
  disable     Turn off privileged commands
  disconnect  Disconnect an existing network connection
  enable      Turn on privileged commands
  exit        Exit from the EXEC
  logout      Exit from the EXEC
  ping        Send echo messages
  resume      Resume an active network connection
  show        Show running system information
  telnet      Open a telnet connection
  terminal    Set terminal line parameters
  traceroute  Trace route to destination
```

如果忘记某命令的全部拼写，则输入该命令的部分字母后再输入"?"，会显示相关匹配命令，如下所示：

```
S1#co?
configure  connect  copy
```

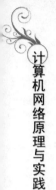

输入某命令后，如果忘记后面跟什么参数，可输入“?”，会显示该命令的相关参数，如下所示：

```
S1#copy ?
  flash:            Copy from flash: file system
  ftp:              Copy from ftp: file system
  running-config    Copy from current system configuration
  startup-config    Copy from startup configuration
  tftp:             Copy from tftp: file system
```

2）Tab 键的使用

输入某命令的部分字母后，按 Tab 键可自动补齐命令，如下所示：

```
S1#conf（按 Tab 键）
S1#configure
```

实践 2　在交换机上划分 VLAN

【实践目标】

（1）进一步熟悉 VLAN 的基本原理。

（2）能熟练地进行网络设备的连接。

（3）理解在交换机上划分 VLAN 的步骤和命令。

（4）掌握根据接口划分 VLAN 的基本方法。

【实践环境】

（1）装有 Cisco Packet Tracer 模拟软件的 PC 一台。

（2）在交换机上划分 VLAN 的网络拓扑结构如图 3-5-6 所示。

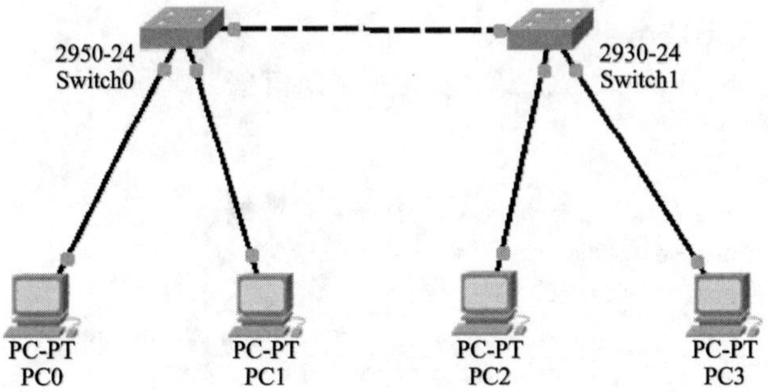

图 3-5-6　VLAN 的网络拓扑结构示意图

PC0 的 IP 地址为 192.168.1.1；

PC2 的 IP 地址为 192.168.1.2；

PC1 的 IP 地址为 172.168.1.1；

PC3 的 IP 地址为 172.168.1.2。

PC0 连接到交换机 Switch0 的接口 f0/1；

PC2 连接到交换机 Switch1 的接口 f0/1；

PC1 连接到交换机 Switch0 的接口 f0/2；

PC3 连接到交换机 Switch0 的接口 f0/2。

Switch0 通过接口 F0/24 连接 Switch1；

Switch1 通过接口 F0/24 连接 Switch0。

要求：在交换机 Switch0 和 Switch1 上配置两个不同的 VLAN：VLAN2 和 VLAN3，PC0 和 PC2 属于 VLAN2，PC1 和 PC3 属于 VLAN3。连通 PC0 和 PC2、PC1 和 PC3。

【实践步骤】

1. 交换机 Switch0 上的 VLAN 配置

```
Switch>enable
Switch#config terminal
Switch(config)#vlan 2
Switch(config-vlan)#exit
Switch(config)#interface f0/1
Switch(config-if)#switchport mode access
Switch(config-if)#switchport access vlan 2
Switch(config-if)#end
Switch#config terminal
Switch(config)#vlan 3
Switch(config-vlan)#exit
Switch(config)#interface f0/2
Switch(config-if)#switchport mode access
Switch(config-if)#switchport access vlan 3
Switch(config-if)#end
```

2. 交换机 Switch1 的 VLAN 配置

```
Switch>enable
Switch#config terminal
Switch(config)#vlan 2
Switch(config-vlan)#exit
Switch(config)#interface f0/1
Switch(config-if)#switchport mode access
Switch(config-if)#switchport access vlan 2
Switch(config-if)#end
Switch#config terminal
Switch(config)#vlan 3
Switch(config-vlan)#exit
Switch(config)#interface f0/2
Switch(config-if)#switchport mode access
Switch(config-if)#switchport access vlan 3
Switch(config-if)#end
```

上述配置将四台 PC 分别划分到各自的 VLAN 中，PC0 和 PC2 被划分到 VLAN2，PC1 和 PC3 被划分到 VLAN 3。使用 ping 命令测试连通性，发现 PC0 和 PC2 相互不可以 ping 通，PC1 和 PC3 相互不可以 ping 通，原因是交换机没有配置中继链路 Trunk。

3. 交换机 Switch0 上的 Trunk 配置

```
Switch>enable
Switch#config terminal
Switch(config)#interface f0/24
Switch(config-if)#switchport mode trunk
Switch(config-if)#end
```

4. 交换机 Switch1 上的 Trunk 配置

```
Switch>enable
Switch#config terminal
Switch(config)#interface f0/24
Switch(config-if)#switchport mode trunk
Switch(config-if)#end
```

5. 测试

1）PC0 ping PC2

在主机 PC0 上 ping PC2，因为 PC0 和 PC2 同属于 VLAN2，PC0 可以 ping PC2，结果如图 3-5-7 所示。

2）PC1 ping PC3

在主机 PC1 上 ping PC3，因为 PC1 和 PC3 同属于 VLAN3，PC1 可以 ping 通 PC3，结果如图 3-5-8 所示。

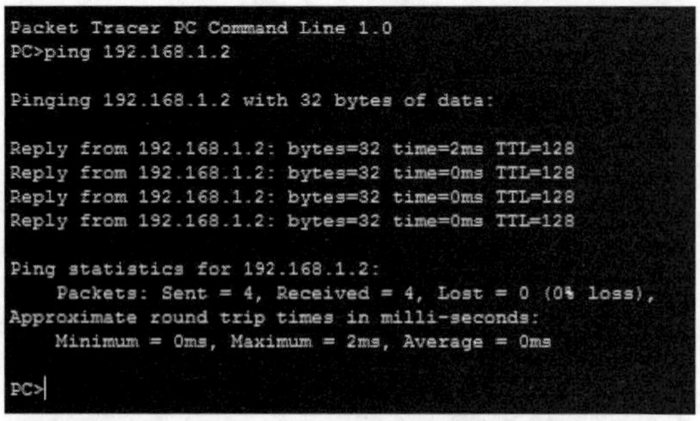

图 3-5-7　PC0 ping PC2

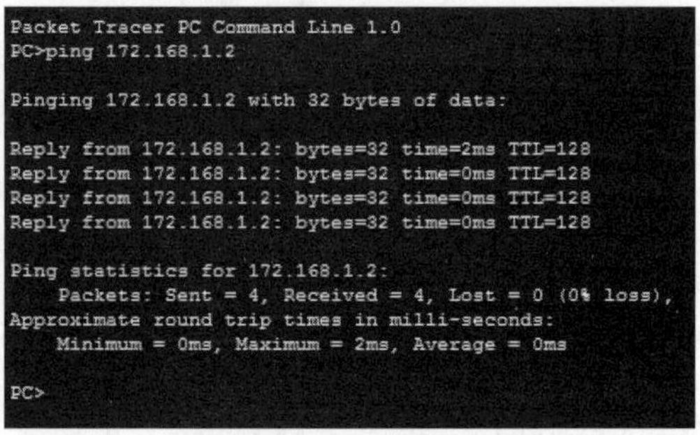

图 3-5-8　PC1 ping PC3

实践 3　生成树协议配置

【实践目标】

（1）理解生成树协议的工作原理。

（2）掌握快速生成树协议 RSTP 的基本配置方法。

【实践环境】

（1）装有 Cisco Packet Tracer 模拟软件的 PC 一台。

（2）交换机生成树协议配置的网络拓扑结构如图 3-5-9 所示。

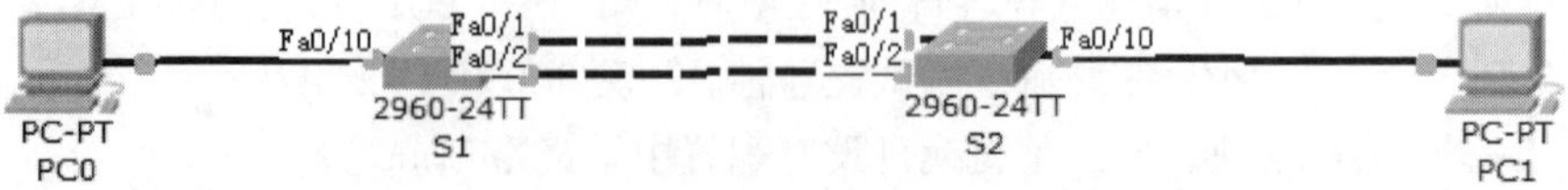

图 3-5-9　生成树协议配置网络拓扑结构示意图

PC0 的 IP 地址为 192.168.1.2；

PC0 的子网掩码为 255.255.255.0；

PC0 的网关为 192.168.1.1。

PC1 的 IP 地址为 192.168.1.3；

PC0 的子网掩码为 255.255.255.0；

网关为 192.168.1.1。

要求：使用快速生成树协议 ping PC0 和 PC1，shutdown 交换机间的一条线路后，继续能 ping PC0 和 PC1。

【实践步骤】

1. 交换机 S1 的配置

```
Switch>enable
Switch#config terminal
Switch(config)#hostname S1
S1(config)#vlan 10
S1(config-vlan)#exit
S1(config)#interface fa0/10
S1(config-if)#switchport access vlan 10
S1(config-if)#exit
S1(config)#interface range fa0/1-2
S1(config-if-range)#switchport mode trunk
S1(config-if-range)#exit
S1(config)#spanning-tree mode rapid-pvst
S1(config)#end
S1#
```

2. 查看交换机 S1 快速生成树协议

在交换机 S1 上使用 show spanning-tree 命令查看快速生成树协议，如下所示：

```
S1#show spanning-tree
VLAN0001
  Spanning tree enabled protocol tstp
  Root ID    Priority     32769
             Address      0060.5C36.5620
             Cost         19
             Port         1(FastEthernet0/1)
             Hello Time   2 sec  Max Age 20 sec  Forward Delay 15 sec

  Bridge ID Priority      32769(priority 32768 sys-id-ext 1)
             Address      0060.7078.8BDE
             Hello Time   2 sec  Max Age 20 sec  Forward Delay 15 sec
             Aging Time   20

Interface        Role Sts Cost      Prio.Nbr Type
---------------- ---- --- --------- -------- ------------------------
Fa0/10           Desg FWD 19        128.10   P2p
Fa0/1            Root FWD 19        128.1    P2p
Fa0/2            Altn BLK 19        128.2    P2p
```

3. 交换机 S2 的配置

```
Switch>enable
Switch#config terminal
Switch(config)#hostname S2
S2(config)#vlan 10
S2(config-vlan)#exit
```

```
S2(config)#vinterface fa0/10
S2(config-if)#switchport access vlan 10
S2(config-if)#exit
S2(config)#interface range fa0/1-2
S2(config-if-range)#switchport mode trunk
S2(config-if-range)#exit
S2(config)#spanning-tree mode rapid-pvst
S2(config)#end
S2#
```

4. 查看交换机 S2 快速生成树协议

在交换机 S2 上使用 show spanning-tree 命令查看快速生成树协议，如下所示：

```
S2#show spanning-tree
VLAN0001
  Spanning tree enabled protocol rstp
  Root ID     Priority    32769
              Address     0060.5C36.5620
  This bridge is the root
              Hello Time  2 sec  Max Age 20 sec  Forward Delay 15 sec

  Bridge ID   Priority    32769  (priority 32768 sys-id-ext 1)
              Address     0060.5C36.5620
              Hello Time  2 sec  Max Age 20 sec  Forward Delay 15 sec
              Aging Time  20

Interface        Role Sts Cost     Prio.Nbr Type
----------------------------------------------------------------------
Fa0/1            Desg FWD 19       128.1    P2p
Fa0/2            Desg FWD 19       128.2    P2p
Fa0/10           Desg FWD 19       128.10   P2p
```

5. 测试

1）关闭交换机 S1 的 f0/1 口

```
S1>enable
S1#config terminal
S1(config)#interface fa0/1
Switch(config-if)#shutdown                  !shutdown fa0/1 端口
Switch(config-if)#
%LINK-5-CHANGED:Interface FastEthernet0/1,changed state to administratively
down
%LINEPROTO-5-UPDOWN: Line protocol on Interface FastEthernet0/1, changed
state to down
```

此时，生成树协议配置网络拓扑结构示意图变化为如图 3-5-10 所示。

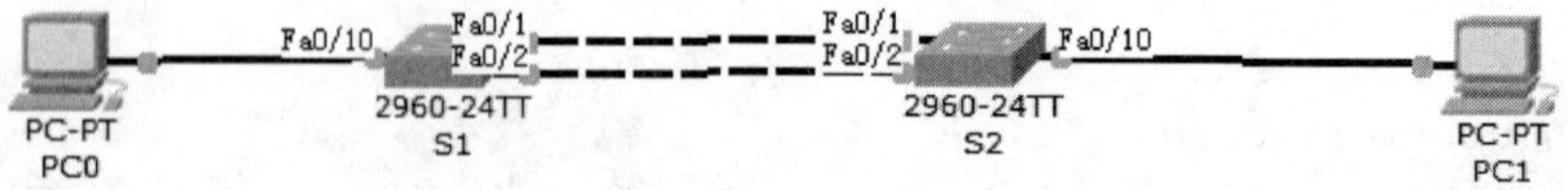

图 3-5-10　生成树协议配置网络拓扑结构示意图变化

2）查看生成树协议状态

```
S1#show spanning-tree
VLAN0001
  Spanning tree enabled protocol rstp
  Root ID    Priority    32769
             Address     0001.63E2.4A7A
             This bridge is the root
             Hello Time  2 sec  Max Age 20 sec  Forward Delay 15 sec

  Bridge ID  Priority    32769  (priority 32768 sys-id-ext 1)
             Address     0001.63E2.4A7A
             Hello Time  2 sec  Max Age 20 sec  Forward Delay 15 sec
             Aging Time  20

Interface        Role Sts Cost      Prio.Nbr Type
----------------------------------------------------------------------
Fa0/1            Desg FWD 19        128.1    P2p
Fa0/2            Desg FWD 19        128.2    P2p
```

3）PC0 ping PC1

在主机 PC0 上 ping PC1，结果如图 3-5-11 所示。

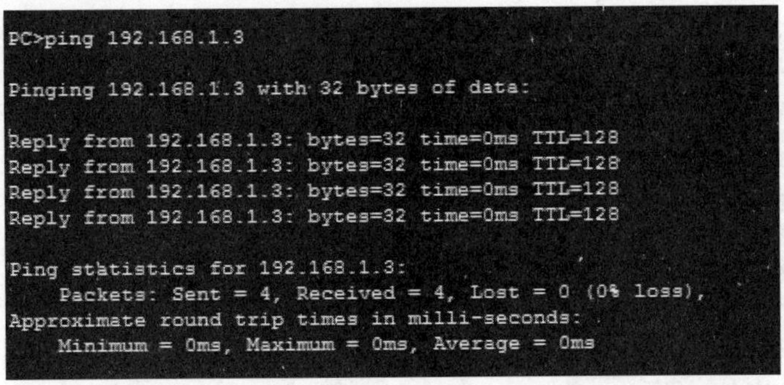

```
PC>ping 192.168.1.3

Pinging 192.168.1.3 with 32 bytes of data:

Reply from 192.168.1.3: bytes=32 time=0ms TTL=128
Reply from 192.168.1.3: bytes=32 time=0ms TTL=128
Reply from 192.168.1.3: bytes=32 time=0ms TTL=128
Reply from 192.168.1.3: bytes=32 time=0ms TTL=128

Ping statistics for 192.168.1.3:
    Packets: Sent = 4, Received = 4, Lost = 0 (0% loss),
Approximate round trip times in milli-seconds:
    Minimum = 0ms, Maximum = 0ms, Average = 0ms
```

图 3-5-11　PC0 ping PC1 结果图

第4章 构建大型网络

【主要内容】

本章以实现组建大型局域网为目标，要求学生掌握子网的功能与子网划分原则，了解互联网层的作用、提供的服务及协议，熟悉路由器的工作原理，掌握路由器的配置等，认知 IPv6 的基本知识。

【知识目标】

（1）了解 IP 地址分配与子网划分的方法与原则。

（2）熟悉网络层的作用、提供的服务及协议。

（3）掌握路由器的工作原理及配置。

（4）了解 IPv4 与 IPv6 的区别。

【能力目标】

（1）划分网络子网，并置网络中主机的 IP 地址。

（2）掌握路由器的基本配置及路由协议的配置。

（3）掌握组建大型局域网的相关技能及配置命令。

4.1 划分子网

4.1.1 子网划分的作用

IP 地址由两部分构成，即网络号和主机号。网络号标识的是 Internet 上的一个网络，而主机号标识的是网络中的某台主机，只有在同一个网络号下的主机之间才能“直接”通信，不同网络号的主机要通过网关（Gateway）才能互通。但这样的划分在某些情况下显得不是十分灵活。例如，某公司的网络中有邮件服务器、Mail 服务器、财务部门的主机和办公室的主机，这些服务器和主机放在一个网络中就不合适，因为这样的设计容易让财务部门的主机泄密，也容易让网络中的服务器感染病毒，这些问题可以通过子网划分来解决。IP 网络允许被划分成更小的网络，称为子网（Subnet）。只有在同一子网的主机才能“直接”互通。在同一子网中的主机可以共享文件，但是只要存在网络，就存在广播。子网划分可以减少广播，可以缩小病毒传播的范围。

4.1.2 划分子网的步骤

要将一个网络划分成多个子网，就要占用原来的主机位作为子网号。例如，一个 C 类地址，它用 24 位来标识网络号，8 位来标识主机号，要将其划分成 2 个子网，则需要占用 1 位原来的主机标识位。此时网络号占 24 位，子网号占 1 位，主机号占 7 为。同理借用 2 个主机位则可以将一个 C 位网络划分为 4 个子网。

划分子网后，IP 地址由三部分构成，即网络号、子网号和主机号。

【例 4-1-1】将网络 202.126.80.0 划分为 8 个子网。

（1）确定子网号使用的地址位。202.126.80.0 是一个 C 类网络，IP 地址的低 8 位为主机号，我们取其中的高 3 位作为子网号，这 3 位的组合正好用于 8 个子网的编号。

（2）确定各子网的地址范围。在同一个子网内的主机，子网编号的 3 位是相同的；子网内主机编号还剩 5 位，因为全 0 和全 1 有特殊意义不能使用，编号从 00001 到 11110，最多容纳 30 台主机。具体如表 4-1-1 所示。

表 4-1-1　子网地址范围

子　网	子网编号	地址格式	有效地址范围
0	000	202.126.80.000×××××	202.126.80.1～202.126.80.30
1	001	202.126.80.001×××××	202.126.80.33～202.126.80.62
2	010	202.126.80.010×××××	202.126.80.65～202.126.80.94
3	011	202.126.80.011×××××	202.126.80.97～202.126.80.126
4	100	202.126.80.100×××××	202.126.80.129～202.126.80.158
5	101	202.126.80.101×××××	202.126.80.161～202.126.80.190
6	110	202.126.80.110×××××	202.126.80.193～202.126.80.222
7	111	202.126.80.111×××××	202.126.80.225～202.126.80.254

现在需要解决的问题是：如何从 IP 地址中分离出网络号、子网号和子网内部主机号？

解决的方法是使用"子网掩码"，即对每一台主机，除了设定其 IP 地址外，还必须设定一个"子网掩码"，计算机通过子网掩码判断网络是否划分了子网。子网掩码和 IP 地址一样有 32 位，确定子网掩码的规则是：其与 IP 地址中标识网络号和子网号的所有对应位都是"1"，而与主机号对应的位都是"0"。对于例 4-1-1 来说，基于这样的子网划分方案，其子网掩码为 11111111 11111111 11111111 11100000，即 255.255.255.224。A 类地址的默认子网掩码为 255.0.0.0，B 类为 255.255.0.0，C 类为 255.255.255.0。表 4-1-2 是 C 类地址子网划分及相应的子网掩码。

表 4-1-2　C 类网络子网划分及相应的子网掩码

子网号位数	子网掩码	子网数	可用主机数
1	255.255.255.128	2	126
2	255.255.255.192	4	62
3	255.255.255.224	8	30
4	255.255.255.240	16	14
5	255.255.255.248	30	6
6	255.255.255.252	64	2

在 C 位子网划分方案中，假设子网号占位为 n 位，主机号还剩 m 位，$m+n=8$，那么子网数=2^n，有效主机数=2^m-2，主机号位都为"0"时，这一地址是子网地址，主机号位都为"1"

时，这一地址是广播地址。

【例 4-1-2】在 C 类 IP 地址中，子网掩码为 255.255.255.192，则有效子网和主机数分别是多少？

解：(1) 因为是 C 类地址，所以对最后一个字节进行子网划分，将 192 转换为二进制数，得 11000000。

(2) 通过 1、0 的个数可知，用 2 位（2 个 1）表示子网，6 位（6 个 0）表示主机。代入公式运算得：

$$有效子网数=2^2=4$$

$$有效主机数=2^6-2=62$$

答：该子网掩码划分了 4 个有效子网，每个子网最多包含 62 台主机。

【例 4-1-3】在 C 类 IP 地址中，若要划分子网，构成每个子网中有 30 台主机，则子网掩码为多少？

解：由于公式是等式，所以在已知有效主机数的同时，可以反过来求 n：

$$2^m-2=30 \qquad 2^m=32 \qquad m=5$$

所以，该子网掩码用 5 位表示主机号，因为 C 类地址只用一个字节划分子网，所以，只能用 3 个二进制位（因为 1 个字节包含 8 个二进制位）表示子网，所以二进制数为 11100000，转换为十进制数为 224，所以子网掩码为 255.255.255.224。

但是实际应用中并不是如此，如果遇见的具体情况不是 30 台有效主机，而是 28 台或者是 31 台有效主机，应该如何解决？

其实，在实际应用过程中，这个公式应该是：实际子网数目 $\leqslant 2^n$，实际主机数目 $\leqslant 2^m-2$。

在这里，将 28 和 31 再次代入公式进行运算。

情况一：如果实际主机数为 28。

$28 \leqslant 2^m-2 \quad m \geqslant \log_2 30 \quad m \geqslant 4.9069$（$m$ 取满足不等式的最小正整数，即 5），则子网掩码为 255.255.255.224。

情况二：如果实际主机数为 31。

$31 \leqslant 2^m-2 \quad m \geqslant \log_2 33 \quad m \geqslant 5.044$（同上理，$m$ 取 6），则子网掩码为 255.255.255.192。

这样就能较好地解决上述问题。

总结：划分子网的主要技术就是子网掩码，划分子网之前，需要确定所需要的子网数和每个子网的最大主机数，有了这些信息后，就可以定义每个子网的子网掩码、网络地址的范围和主机号的范围。

划分子网的步骤主要有以下五步：

(1) 确定需要多少子网号来唯一标识网络上的每个子网。

(2) 确定需要多少主机号来标识每个子网上的每台主机。

(3) 定义一个符合网络要求的子网掩码。

(4) 确定标识每一个子网的网络地址。

(5) 确定每一个子网上所使用的主机地址的范围。

4.1.3 可变长子网掩码

在网络实践中，可变长子网掩码（Variable Length Subnet Mask，VLSM）是一种被广泛应用的子网掩码配置技术。可变长掩码是指一个网络可以用不同的掩码进行配置，这样做的目的是为了使得把一个网络划分成多个子网更加方便。在没有 VLSM 的情况下，一个网络只能使用一种子网掩码，这就限制了在给定的子网数目条件下主机的数目。例如，存在一个 C 类网络地址，网络号为 192.168.12.0，而现在需要将其划分成三个子网，其中一个子网有 100 台主机，其余的两个子网有 50 台主机。一个 C 类地址有 254 个可用地址，那么应该如何选择子网掩码？从 C 类地址子网划分及相关子网掩码配置中不难发现，当所有子网中都使用一个子网掩码时这一问题是无法解决的。此时 VLSM 派上了用场，可以在 100 个主机的子网中使用 255.255.255.128 这一掩码，它可以使用 192.168.12.0～192.168.12.127 这 128 个 IP 地址，其中可用主机为 126 个。再把剩下的 192.168.12.128～192.168.12.255 这 128 个 IP 地址分成两个子网，子网掩码为 255.255.255.192。其中一个子网的地址为 192.168.12.128～192.168.12.191，另一个子网的地址为 192.168.12.192～192.168.12.255。子网掩码为 255.255.255.192 的每个子网的可用主机数都是 62 个，这样就达到了要求。

由此可见，合理使用子网掩码，可以使 IP 地址更加便于管理和控制。

4.1.4 无分类域间路由

无分类域间路由（Classless Inter-Domain Routing，CIDR）消除了传统的 A 类、B 类和 C 类地址的概念，因而可以更加有效地分配 IPv4 的地址空间。CIDR 使用各种长度的“网络前缀”来代替分类地址中的网络号和子网号。IP 地址从三级编址（使用子网掩码）又回到了两级编址。IP 地址由网络前缀和主机号两部分构成。

CIDR 还使用“斜线记法”，它又称 CIDR 记法，即在 IP 地址后面加上一个斜线“/”，然后写上网络前缀所占的比特数，这个数值对应于三级编址子网掩码中比特 1 的个数。CIDR 把网络前缀都相同的连续的 IP 地址组成“CIDR 地址块”。

例如 128.14.32.0/20 表示的地址块共有 2^{12} 个地址，因为斜线后面的 20 是网络前缀的位数，所以这个地址块的主机号是 12 位。

128.14.32.0/20 地址块的最小地址：128.14.32.0。

128.14.32.0/20 地址块的最大地址：128.14.47.255。

全 0 和全 1 的主机号地址一般不使用。

【例 4-1-4】某公司申请到了 1 个网络地址块（共 8 个 C 类网络地址）：210.31.224.0/24～210.31.231.0/24，对这 8 个 C 类网络地址块进行汇总。

解：将 8 个 C 类地址网络地址转换成二进制，从 11010010 00011111 11100000 00000000 一直变化到 11010010 00011111 11100111 11111111。

前 21 位完全相同，变化的只是后 11 位。因此，可以将后 11 位看成是主机号，前 21 位为网络前缀。将这 8 个 C 类网络地址汇总成 210.31.224.0/21，选择新的子网掩码为 255.255.248.0。

4.1.5 自我测试

一、填空题

1. IP 地址包括两个部分，分别是网络号和主机号，划分子网后，其中后者又可划分为________和________。

2. A、B、C 三类地址默认的子网掩码分别是________、________、________。

3. 若一个B类地址，取前10位表示子网，则每个子网可包含________台主机。

4. IP地址是202.116.18.10，掩码是255.255.255.252，其广播地址是________。

5. 已知某销售公司向有关部门申请了一个网络地址段为211.195.43.0/24，根据业务需要划分8个子网（包含全0全1子网）。

则：该公司的子网掩码应该设置为__①__；划分子网后，该类地址子网号占__②__位，主机号占__③__位；列出每个子网对应的子网地址和主机范围，完成表4-1-3中的空白项。

表4-1-3　8个子网具体情况

子　网	子网地址	广播地址	主机范围
例：0	211.195.43.0	211.195.43.31	211.195.43.1～211.195.43.30
1	④	⑤	⑥
2	⑦	⑧	⑨
3	⑩	⑪	⑫
4	⑬	⑭	⑮
5	⑯	⑰	⑱
6	⑲	⑳	㉑
7	㉒	㉓	㉔

二、选择题

1. 如果子网掩码是255.255.192.0，那么主机________必须通过路由器才能与主机129.23.144.16通信。

A. 129.23.191.21　　B. 129.23.127.222

C. 129.23.130.33　　D. 129.23.148.127

2. 如果主机地址的头十位用于子网，那么184.231.138.239的子网掩码是________。

A. 255.255.192.0　　B. 255.255.224.0

C. 255.255.255.224　　D. 255.255.255.192

3. 在C类IP地址中，如子网掩码为255.255.255.240，则每个子网中有效主机台数为________。

A. 2　　B. 6　　C. 14　　D. 30

4. 在C类IP地址中，若子网掩码为255.255.255.192，则有效子网个数为________。

A. 4　　B. 8　　C. 16　　D. 32

5. IP地址是202.116.18.10，子网掩码是255.255.255.252，其网络地址是________。

A. 202.116.18.8　　B. 202.116.18.12

C. 202.116.18.11　　D. 202.116.18.10

6. 使用CIDR技术把4个网络100.100.0.0/24、100.100.1.0/24、100.100.2.0/24和100.100.3.0/24汇聚成一个超网，得到的地址是________。

A. 100.100.0.0/22　　B. 100.100.0.0/23

C. 100.100.0.0/24　　D. 100.100. 4.0/22

4.2 网络互联

4.2.1 网络互联概念

网络互联通常是指利用网络互联设备及相应的协议和技术把两个以上相同或不同类型的计算机网络联通，实现计算机网络之间的互联，组成地理覆盖范围更广、规模更大、功能更强和资源更为丰富的网络。计算机网络互联的目的是使原本分散、独立的资源能够相互交流和共享，使一个网络上的用户可以访问其他计算机网络上的资源，在不同网络上的用户能够相互通信和交流信息，以实现更大范围的资源共享和信息交流。

这种将计算机网络互联起来组成的单个大网，称为互联网（internet）。在互联网上所有的用户只要遵循相同协议，就能相互通信，共享互联网上的全部资源。所以说，互联网是多个独立网络的集合，如因特网（Internet）就是由几千万个计算机网络互联起来的、全球最大、覆盖面积最广的计算机互联网络。互联网对应英文单词 internet 中的字母 i 是小写的，泛指由多个计算机网络互联而成的计算机网络。而因特网对应英文单词 Internet 中的字母 I 是大写的，特指当前全球最大、由众多网络相互联接而成的计算机网络。

1. 网络互联设备

网络互联的目的是为了实现网络间的通信和更大范围的资源共享。但是不同的网络所使用的通信协议往往也不相同，因此网络间的通信必须要依靠一个中间设备来进行协议转换，这种转换可以由软件来实现，也可以由硬件来实现。由于软件的转换速度比较慢，因此在网络互联中，往往都使用硬件设备来完成不同协议间的转换功能，这种设备称为网络互联设备。网络互联的层次不同，相应所使用的网络互联设备也不相同。常用的网络互联设备有中继器、集线器、网桥、交换机、路由器、三层交换机、网关。

2. 网络互联层次

根据 OSI 参考模型的层次划分，网络设备分别工作在不同的网络层次，因此网络互联也一定存在互联层次的问题。根据网络层次结构模型，网络互联的层次主要分为以下几类。

1）物理层互联

物理层互联设备是中继器和集线器。中继器在物理层互联中起到的作用是将一个网段传输的数据信息进行放大和整形，然后发送到另一个网段上，克服信号经过长距离传输后引起的衰减。

2）数据链路层互联

数据链路层互联设备是网桥和交换机。网桥一般用于互联两个或多个同一类型的局域网，其作用是对数据进行存储和转发，并且能够根据 MAC 地址对数据进行过滤，以实现多个网络系统之间的数据交换。

3）网络层互联

网络层互联的设备是路由器和三层交换机。网络层互联主要是解决路由选择、拥塞控制、差错处理与分段技术等问题。

4）高层互联

实现高层互联的设备是网关。高层互联是指传输层以上各层协议不同的网络之间互联，高层互联所使用的网关大多是应用层网关。

3. 网络互联类型

目前，计算机网络可分为局域网、城域网与广域网三种。因此，网络互联的类型主要有以下几种：

1）局域网-局域网互联

在实际的网络应用中，局域网-局域网互联（LAN-LAN）是最常见的一种方式，结构如图 4-2-1 所示。局域网-局域网互联一般又分为以下两种：

（1）同种局域网互联。同种局域网互联是指具有相同协议的局域网之间的互联。例如，两个以太网之间的互联或是两个令牌环网之间的互联。

（2）异种局域网互联。异种局域网互联是指具有不同协议的局域网之间的互联。例如，一个以太网和一个令牌环网之间的互联，或是令牌环网和 ATM 网络之间的互联。

局域网-局域网互联可利用网桥或交换机来实现。网桥和交换机必须支持互联网络使用的协议。

2）局域网-广域网互联

局域网-广域网互联（LAN-WAN）也是网络互联的一种常见方式，结构如图 4-2-2 所示。局域网-广域网互联一般可以通过路由器或网关来实现。

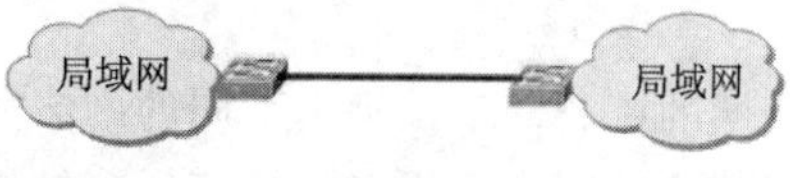

图 4-2-1　局域网-局域网互联示意图

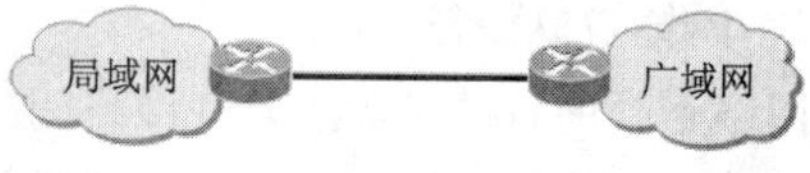

图 4-2-2　局域网-广域网互联示意图

3）局域网-广域网-局域网互联

局域网-广域网-局域网（LAN-WAN-LAN）将分布在不同地理位置的局域网通过广域网实现互联，也是常见的网络互联方式，结构如图 4-2-3 所示。局域网-广域网-局域网互联可以通过路由器或网关来实现。

图 4-2-3　局域网-广域网-局域网互联示意图

4）广域网-广域网互联

广域网与广域网之间的互联（WAN-WAN）可以通过路由器或网关来实现，结构如图 4-2-4 所示。

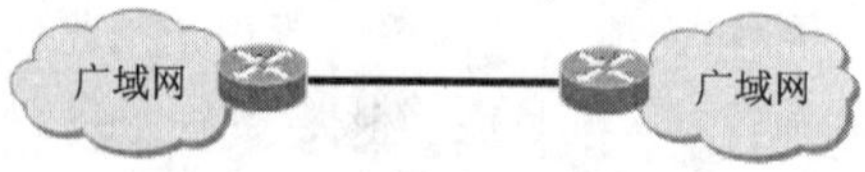

图 4-2-4　广域网-广域网互联示意图

4.2.2　TCP/IP 网际层

1. 网际层提供的服务

网际层所提供的服务主要有两种：虚电路服务和数据报服务。

1）虚电路服务

网际层所提供的虚电路服务就是通过网络建立可靠的通信，从而做到能先建立确定的连接再发送分组报文的通信过程。当两台计算机通过互联网层的虚电路服务进行网络通信时，必须先建立一条从源点到目的结点的虚电路 VC，以保证通信双方所需的一切网络资源，然后源结点和目的结点就可以通过建立的虚电路发送相应的分组报文。

虚电路服务是一种面向连接的网络互联解决方案。两个结点在通信时需要建立一条逻辑通道，所有信息单元沿着建立的逻辑通道传送，如图 4-2-5 所示。

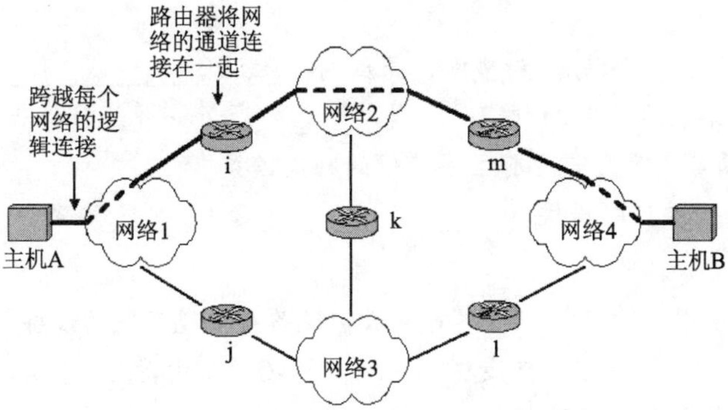

图 4-2-5　面向连接的网络互联

2）数据报服务

网际层向上只提供简单灵活、无连接的、尽最大努力交付的数据报服务。网络在使用数据报服务发送分组报文时，每一个分组报文（即 IP 数据报）都独立发送，在传送报文的过程中，所传送的分组报文可能会出错、丢失及不按序到达，也不保证分组传送的时限。

数据报服务是一种无连接的网络互联解决方案，通信前不需要建立逻辑通道，网络中的信息单元被独立对待，如图 4-2-6 所示。数据报服务简单而实用，是目前主要使用的解决方案。

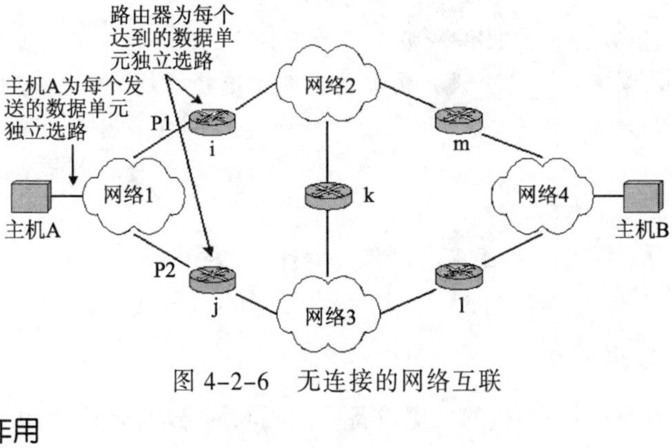

图 4-2-6　无连接的网络互联

2. **网际层的作用**

在 TCP/IP 体系结构中，网际层可以屏蔽各个物理网络的差异，主要有以下三方面的功能：

（1）路由选择。在点对点的通信子网中，信息从源点发出，经过若干中继结点的存储及转发后，最终到达目的结点。

（2）分组转发。将来自应用层的不同数据视为具有相应源地址和目的地址的数据传输单元，从源系统发送到目的系统。

（3）网络互联。互联网层可以实现不同网络、多个子网和广域网的互联。

这些功能的完成主要由路由器或三层交换机来实现。TCP/IP 网络互联层的主要协议有 IP 协议、ARP 协议和 ICMP 协议。

4.2.3 自我测试

一、填空题

1. 网络互联的形式有局域网-局域网、局域网-广域网、________和________。

2. 网络互联的解决方案有两种，一种是________，另一种是面向非连接的解决方案。其中，面向非连接的解决方案是目前主要使用的解决方案。

3. TCP/IP 互联网层可以提供________、________和________服务。

二、选择题

1. 在网络互联的层次中，________是在数据链路层实现互联的设备。

A. 中继器　　B. 交换机　　C. 路由器　　D. 网关

2. 各种网络在物理层互联时要求________。

A. 数据传输速率和链路协议都相同

B. 数据传输速率相同，链路协议可不同

C. 数据传输速率可不同，链路协议相同

D. 数据传输速率和链路协议都可不同

3. 下列说法错误的是________。

A. 互联网层可以屏蔽各个物理网络的差异

B. 互联网层可以代替各个物理网络的数据链路层工作

C. 互联网层可以隐藏各个物理网络的实现细节

D. 互联网层可以为用户提供网络互联的服务

4. 在互联网中，以下________设备需要具备路由选择功能。

A. 具有单网卡的主机　　B. 具有多网卡的宿主主机

C. 路由器　　D. 以上设备都需要

4.3 路由器

4.3.1 路由器的基本功能

路由器是网络中进行网间连接的关键设备，是互联网络的枢纽。路由器系统构成了基于 TCP/IP 的 Internet 的主体框架。在园区网、地区网乃至整个 Internet 研究领域中，路由器技术都处于核心地位。路由器工作在网络层，用于连接各局域网及广域网，会根据信道的使用情况自动选择和设定路由，以最佳路径、按一定顺序发送信号的设备。路由器利用网络层定义的“逻辑”上的网络地址来区别不同的网络和网段，从而实现网络的互联或隔离，保持各个网络相互独立性。路由器不转发广播信息，而把广播信息限制在各自的网络内部。发送到其他网络的数据先被送到路由器，再由路由器转发出去。路由器的主要功能如下：

（1）在网络间截获发送到远地网段的报文，起转发的作用。

（2）选择最合理的路由。为了实现这一功能，路由器要按照某种路由通信协议查找路由表，路由表中列出了整个互联网络中包含的各个结点以及结点间的路径情况和与它们相联系的传输费用。如果到特定的结点有一条以上路径，则基于预先确定的准则选择最优的路径。由于各种网段与其相互连接的情况可能发生变化，因此路由情况的信息需要及时更新。

（3）分片和重组。为了便于在网络间传送报文，路由器在转发报文的过程中或按照预定的规则把大的数据包分解成适当大小的数据包，到达目的地后再把分解的数据包包装成原有形式。

（4）多协议路由器可以作为不同通信协议网络段通信连接的平台，连接使用不同通信协议的网络段。

（5）路由器的主要任务是把数据包引导到目的网络，传送到特定的结点站。

4.3.2 路由器的工作原理

在 TCP/IP 网络中，当子网中的一台计算机发送 IP 数据包给同一子网的另一台计算机时，直接把 IP 数据包送到网络上，对方就能收到。而要发送给不同子网上的计算机时，要选择一个能到达目的子网的路由器，把 IP 数据包送给该路由器，由路由器负责把 IP 数据包送到目的地。如果没有找到这样的路由器，计算机就把 IP 数据包发送给一个称为“默认网关”的路由器上。“默认网关”是每台计算机上的一个配置参数，是接在同一个网络上的某个路由器接口的 IP 地址。

路由器转发 IP 数据包时，只根据目的 IP 地址的网络号部分选择合适的接口，把 IP 数据包发送出去。同主机一样，路由器也要判定接口所接的是否是目的子网，如果是就直接将数据包通过该接口送到网络上，否则就选择下一个路由器来传送数据包。路由器也有默认路由，用来传送不知道往哪里送的 IP 数据包。这样，通过路由器把知道如何传送的 IP 数据包正确转发出去，把不知道的 IP 数据包送给默认路由器，这样一级级地传送，IP 数据包最终将被送到目的地，送不到目的地的 IP 数据包则被网络丢弃。路由器中的路由表就是进行路由选择的依据。

路由器将数据从一个网络转发给另一个网络需要经过下列阶段，如图 4-3-1 所示。

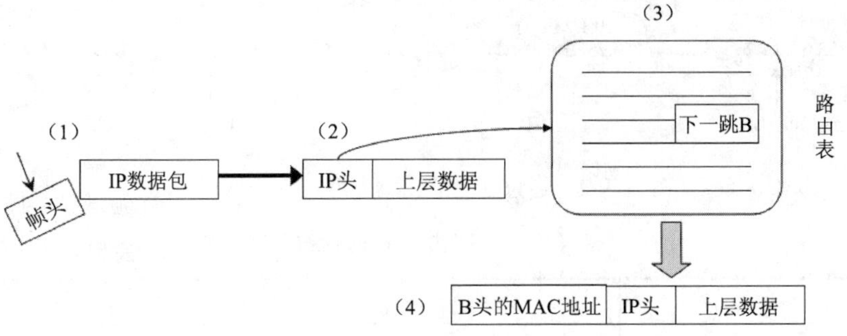

图 4-3-1 路由器转发数据的过程

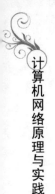

（1）去掉收到帧的头，得到一个 IP 数据包。

（2）读取其目的 IP 地址。

（3）查询路由表信息，与之前得到的目的 IP 地址比较，得到出栈接口号或下一跳地址。

（4）重新进行二层的帧头封装，转发数据帧。

4.3.3 路由表

路由器的主要工作就是为经过路由器的每个数据包寻找一条最佳传输路径，并将该数据包有效地传送到目的站点。为了完成这项工作，在路由器中保存着各种传输路径的相关数据——路由表，供路由选择时使用。

1. 路由表的构成元素

路由器是根据路由表进行选路和转发的，路由表由一条条的路由信息组成。每一个路由器都保存、维护一张 IP 路由表，该表存储着有关可能的目的地址及如何到达目的地址的信息。在需要传送 IP 数据报时，就查询该 IP 路由表，决定把数据发往何处。因此，路由表必须包括要到达的目的网络地址，到达目的网络路径上“下一个”路由器的 IP 地址。我们知道，很多网络并没有采用标准的 IP 编址，而是采用对标准 IP 地址做进一步层次划分的子网编址，所以路由表还必须包括子网掩码的信息。

因此，IP 路由表可表示为（M，N，R）三元组。其中 M 表示子网掩码，N 表示目的网络，R 表示到达目的地址路径上的“下一个”路由器的 IP 地址，简称“下一站地址”。

当进行路由选择时，首先取出 IP 数据报中的目的 IP 地址，与路由表表目中的“子网掩码”逐位相“与”，结果再与表目中“目的网络地址”比较，如果相同，说明选路成功，数据报沿“下一站地址”转发出去。

图 4-3-2 显示了通过 3 台路由器互联 4 个网络，表 4-3-1 给出了路由器 B 的路由表。如果路由器 B 收到一个目的地址为 10.1.4.16 的 IP 数据报，那么在进行路由选择时首先将该 IP 地址与路由表第一个表项的子网掩码 255.255.255.0 进行“与”操作，由于得到的操作结果 10.1.4.0 与本表项的网络地址 10.1.2.0 不相同，说明路由选择不匹配，需要对路由表项的下一个表项进行相同的操作。当对路由表的最后一个表项进行操作时，IP 地址 10.1.4.16 与子网掩码 255.255.255.0“与”操作的结果 10.1.4.0 同目的网络地址 10.1.4.0 一致，说明选路成功，于是，路由器 B 将报文转发给该表项指定的下一路由器 10.1.3.7（即路由器 C）。

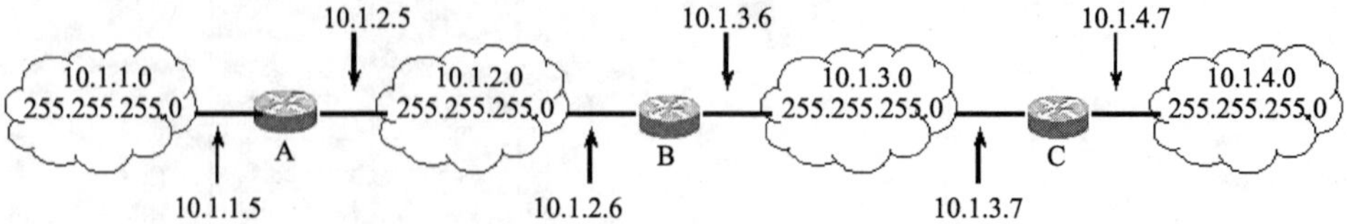

图 4-3-2 通过 3 台路由器互联的 4 个网段

表 4-3-1 路由器 B 的路由表

子网掩码	要到达的网络	下一跳地址
255.255.255.0	10.1.2.0	直接投递
255.255.255.0	10.1.3.0	直接投递

续表

子 网 掩 码	要到达的网络	下一跳地址
255.255.255.0	10.1.1.0	10.1.2.5
255.255.255.0	10.1.4.0	10.1.3.7

当然，路由器 C 接收到该 IP 数据报后也需要按照自己的路由表，决定数据报的去向。

2. 路由表的实体

对于路由器中路由表的每一行，从左到右有如下几个内容：路由的类型、目的网段（网络地址）、管理距离（Administrator Distance，AD）/度量值（Metric）、下一跳地址等，如图 4-3-3 所示。

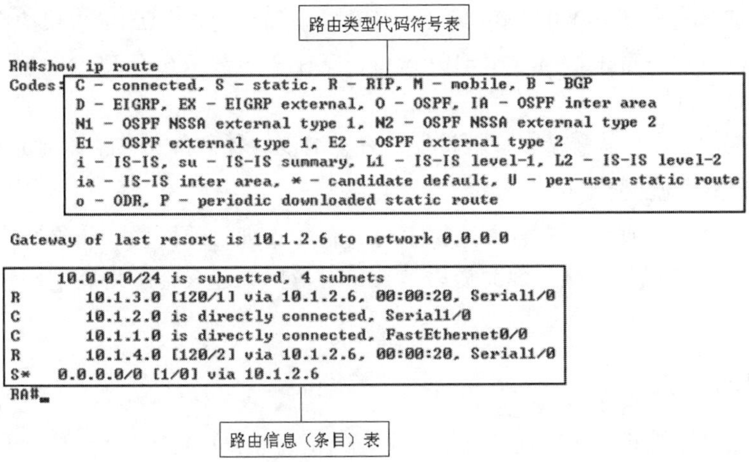

图 4-3-3　路由表的实体

（1）路由的类型主要有：

C：表示直连路由，路由器的某个接口设置/连接了某个网段之后，就会自动生成。

S：表示静态路由，系统管理员通过手工设置之后生成。

S*：表示默认路由，静态路由的一种特例。

R：表示由 RIP 协议协商生成的路由。

O：表示由 OSPF 协议协商生成的路由。

B：表示由 BGP 协议协商生成的路由。

D：表示由 EIGRP 协议协商生成的路由，EIGRP 协议是 Cicso 私有的路由协议。

（2）目的网段，就是网络号，描述了一类 IP 包（目的地址）的集合。

（3）管理距离。管理距离是指一种路由协议的可信度，该值为 1～255，值越小，可信度越高。不同的路由协议的管理距离 AD 值不同，而同种类型的路由项 AD 值相同，每一种路由协议都有自己的默认管理距离，如表 4-3-2 所示。

表 4-3-2　不同路由协议的默认管理距离

路由协议	管理距离
C（直连路由）	0
S（静态路由）	1
R（RIP 协议）	120
O（域内 OSPF 协议）	110
B（BGP 路由协议）	20

（4）度量值（Metric）。度量值也是表示路由项

优先级、可信度的重要参数之一。如果同种路由协议生成了多个路由表项，目的网段相同，且 AD 值也相同，则根据度量值这个信息来判断它们之间的优先级别。不同路由协议计算度量值的方法不同，如图 4-3-4 所示。

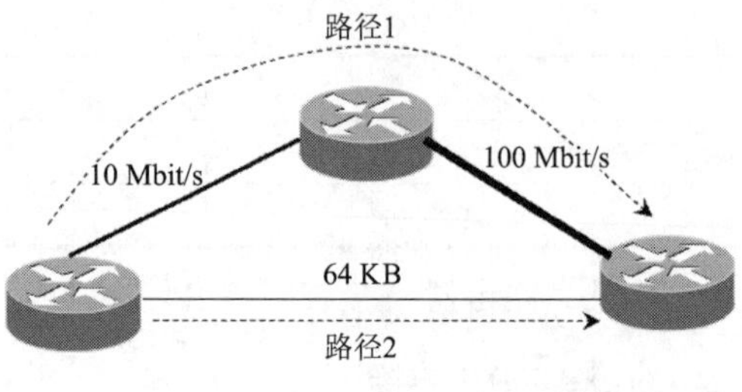

图 4-3-4　度量值与路径选择

RIP 协议是以跳数作度量值的，两个相邻的路由设备和之间的链路为一跳。跳数越多，优先级越低。在图 3-3-5 中，路径 1：metric=1+1=2；路径 2：metric=1。

OSPF 协议的度量值计算方法比较复杂，有一个公式 100000000/BW，就是把每一段网络的带宽倒数累加起来乘以 100000000（即 100 Mbit/s）。简单地说，OSPF 协议的度量值与带宽相关。在图 3-3-5 中，路径 1：metric=10+1=11；路径 2：metric=1562。

（5）下一跳地址

表示被匹配的数据包从哪个接口被转发，有本地接口名字和下一跳 IP 地址可选。

3. **掩码长者优先匹配**

路由器收到一个数据包，在查询路由表时，首先查询目的网段，如果有多个条目同时匹配时，则掩码长者优先。这是因为掩码越长，对应网络包含地址块就越小，因而路由就越具体。

4.3.4　路由的分类

IP 互联网的路由选择的正确性依赖于路由表的正确性，如果路由表出现错误，IP 数据报就不可能按照正确的路径转发。根据路由表中路由信息的形成方式，可将路由分为直连路由、静态路由和动态路由。

1. **直连路由**

路由器接口所连接的子网的路由方式称为直连路由，直连路由是其他路由的基础和前提条件。直连路由是在配置完路由器接口的 IP 地址后自动生成的。该路由信息不需要网络管理员维护，也不需要路由器通过某种算法进行计算获得，只要该接口处于活动状态（Active），路由器就会把通向该网段的路由信息填写到路由表中去。

直连路由经常被用在不同 VLAN 之间的通信。

1）使用路由器实现 VLAN 之间的通信

路由器与交换机之间的连接方式有两种。

（1）路由器与交换机上的每个 VLAN 分别连接。将交换机上用于和路由器互联的每个接口设置为 ACCESS 链路，然后分别用网线与路由器上的独立以太网接口互联。交换机上有 *n* 个 VLAN，路由器上同样也需要有 *n* 个接口，两者之间用 *n* 条网线分别连接。

这种连接方式存在设备接口的扩展性问题。路由器通常不会带有太多的以太网接口，如果创建了较多的 VLAN，路由器需要提供与 VLAN 数量对应数量的接口，此时需要使用高端路由器产品，但高端路由器产品的购买成本很高。

【例 4-3-1】某学校信息技术系在 1 号教学楼二楼办公，有两个教研室：网络教研室和软件教研室，分别有 8 名和 9 名教师。为了保证两个教研室之间的数据互不干扰，也不影响各自的通信效率，网络管理员划分了 VLAN，使两个教研室的计算机属于不同的 VLAN。在交换机 Sw1 上创建 VLAN 10 和 VLAN 20，接口 Fa0/1-10 划分到 VLAN 10，接口 Fa0/11-20 划分到 VLAN 20。

两个教研室有时也需要相互通信，使用路由器 R1 实现 VLAN之间的通信。将R1 的接口 Fa1/0 连接到Sw1 的接口 Fa0/8，R1 的接口 Fa1/1 连接到 Sw1 的接口 Fa0/15，如图 4-3-5 所示。

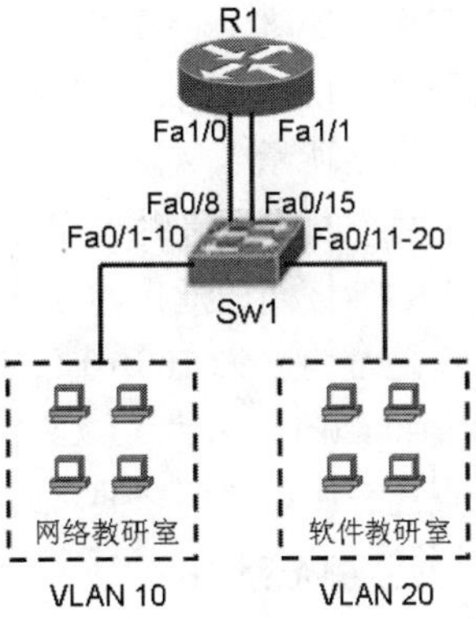

图 4-3-5　路由器与交换机上的每个 VLAN 相连

（2）路由器与交换机之间只用一条链路连接。路由器与交换机之间只用一条链路连接，如图 4-3-6 所示。使用这种方式进行 VLAN 间路由时，需要用到 Trunk 链路。

首先将用于连接路由器的交换机接口设为 Trunk 模式，而路由器上的接口也必须支持 Trunk 链路。双方用于 Trunk 链路的协议必须相同。在路由器上定义对应各个 VLAN 的“子接口”。尽管实际与交换机连接的物理接口只有一个，但在逻辑上分割成多个虚拟子接口。VLAN 将交换机从逻辑上分割成了多台，用于 VLAN 间路由的路由器也必须拥有分别对应各个 VLAN 的虚拟接口。在交换机上每新建一个 VLAN 时，网络管理员在路由器上就新增设一个对应新 VLAN 的子接口即可。

【例 4-3-2】某学校信息技术系在 1 号教学楼二楼办公，有两个教研室：网络教研室和软件教研室，分别有 8 名和 9 名教师。为了保证两个教研室之间的数据互不干扰，也不影响各自的通信效率，网络管理员划分了 VLAN，使两个教研室的计算机属于不同的 VLAN。在交换机 Sw1 上创建 VLAN 10 和 VLAN 20，接口 Fa0/1-10 划分到 VLAN 10，接口 Fa0/11-20 划分到 VLAN 20。

两个教研室有时也需要相互通信，使用路由器 R1 实现 VLAN 之间的通信。R1 的接口 Fa1/0 连接到 Sw1 的接口 Fa0/24，如图 4-3-6 所示。

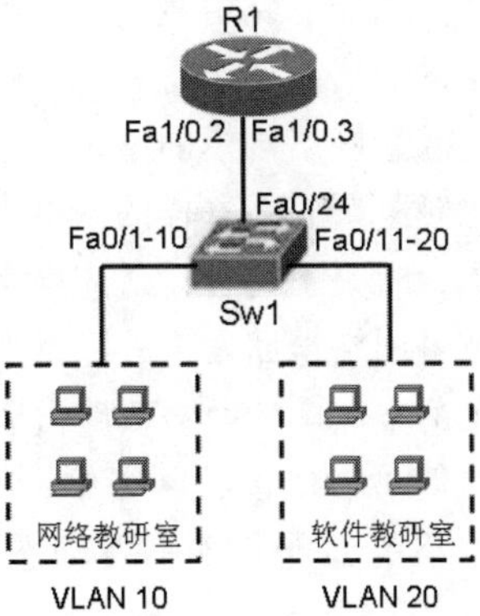

图 4-3-6　路由器与交换机之间用一条链路连接

2）使用三层交换机实现 VLAN 之间的通信

传统路由器要将收到的每一个数据包中的目的地址与路由表项对照决定数据包的转发路径，与局域网速度相比，其处理速度要慢得多。当使用传统路由器进行 VLAN 之间路由时，随着 VLAN 之间数据流量的不断增加，路由器很可能成为整个网络的瓶颈。

三层交换机通过使用硬件交换机构实现 IP 的路由功能，在一台三层交换机内，分别设置了交换机模块和路由器模块。与交换机模块一样，内置路由器模块也使用 ASIC 硬件处理路由，因此，与传统路由器相比，其路由速度大大提高。三层交换机通过交换虚拟接口（Switch Virtual Interfaces，SVI）进行 VLAN 之间的 IP 路由。

SVI 是交换虚拟接口，用来实现三层交换的逻辑接口。SVI 可以作为本机的管理接口，通过该管理接口管理员可管理设备。也可以将 SVI 创建为一个网关接口，就相当于是对应各个

VLAN 的虚拟的子接口，可用于三层设备中跨 VLAN 之间的路由。创建一个 SVI 很简单，使用 interface vlan 命令创建 SVI，然后给 SVI 分配 IP 地址建立 VLAN 之间的路由。

【例 4-3-3】某学校信息技术系在 1 号教学楼二楼办公，有两个教研室：网络教研室和软件教研室，分别有 8 名和 9 名教师。为了保证两个教研室之间的数据互不干扰，也不影响各自的通信效率，网络管理员划分了 VLAN，使两个教研室的计算机属于不同的 VLAN。在三层交换机 Sw3 上创建 VLAN 10 和 VLAN 20，接口 Fa0/1-10 划分到 VLAN 10，接口 Fa0/11-20 划分到 VLAN 20，如图 4-3-7 所示。

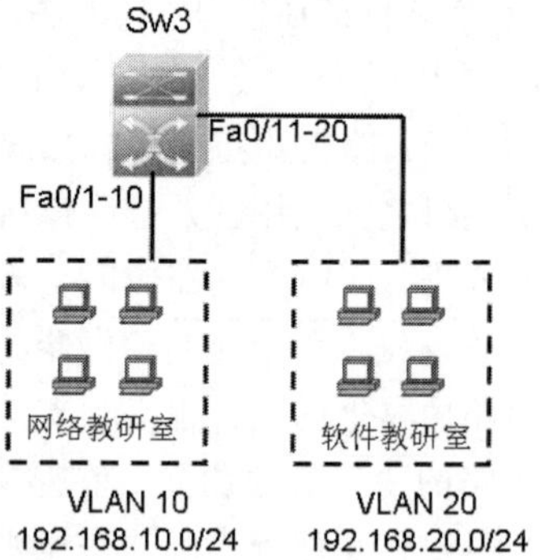

图 4-3-7　三层交换机实现 VLAN 之间的通信

两个办公室有时也需要相互通信，使用三层交换机实现 VLAN 之间的通信。可以在 Sw3 上设置 VLAN 10 的 SVI 接口地址为 192.168.10.1，VLAN 20 的 SVI 接口地址为 192.168.20.1，因为 VLAN 10 和 VLAN 20 都是与三层交换机直连，所以它们之间可以直接通信。

2. 静态路由

静态路由是一种由网络管理员采用手工方法在路由器中配置的路由。网络管理员必须了解网络拓扑结构，通过手工方式指定路由路径，而且在网络拓扑发生变动时，也需要网络管理员手工修改路由路径。在早期的小规模网络中，由于路由器的数量很少，路由表也相对较小，通常采用手工方法对每台路由器的路由表进行配置，即静态路由。这种方法适合于规模较小、路由表也相对比较简单的网络中使用。

随着网络规模的增长，网络中路由器的数量急剧增多，路由器中路由表也变得越来越大、越来越复杂。在这样的网络中对路由表进行手工配置，除了配置繁杂外，还有一个更明显的问题，就是不能自动适应网络拓扑结构的变化。对于大规模网络而言，如果网络拓扑结构改变或者网络链路发生故障，那么路由器上指导数据转发的路由表就应该发生变化。这时，用手工的方法配置及修改路由表的静态路由就难以满足要求。

但在小规模的网络中，静态路由也有其优势：手工配置，可以精确控制路由选择，改进网络的性能；不需要动态路由协议参与，这将减少路由器的开销，为重要的应用保证带宽。

在路由器的路由策略中，静态路由的优先级通常高于动态路由。

3. 动态路由

在动态路由中，管理员不再需要手工对路由表进行维护，而是每台路由器通过某种路由协议自主学习得到路由。各路由器间通过相互连接的网络，动态地交换各自所知道的路由信息。通过这种机制，网络上的路由器会知道网络中其他网段的信息，动态地生成和维护相应的路由表。如果到目标网络存在多条路经，通常使用度量值衡量路径的好坏，度量值越小，说明路径越好。动态路由可以自动选择性能更优的路径，而且可自动随着网络环境的变化而变化，适合于较大范围的路由。

目前，广泛采用的路由选择协议有路由信息协议（Routing Information Protocol, RIP）和开放式最短路径优先协议（Open Shortest Path First，OSPF）。

4.3.5 静态路由的配置命令

静态路由是由管理员在路由器中设置固定的路由表，除非管理员干预，否则将不会自动改变。默认路由是一种特殊的路由，可以通过静态路由配置。简单地说，默认路由就是在没有找到匹配的路由表表项时才使用的路由。在路由表中，默认路由以到网络 0.0.0.0（子网掩码为 0.0.0.0）的路由形式出现。如果报文的目的地址不能与路由表中的任何表项相匹配，那么该报文将选取默认路由。如果没有默认路由且报文的目的地不在路由表中，那么该报文将被丢弃。

在路由器上配置静态路由和默认路由的关键命令如表 4-3-3 所示。

表 4-3-3 静态路由和默认路由配置命令

命 令 层	格 式	功 能
全局配置层	ip route 目的网络地址 子网掩码 下一跳地址或出栈接口	设置静态路由
全局配置层	no ip route 目的网络地址 子网掩码 下一跳地址或出栈接口	删除静态路由
全局配置层	ip route 0.0.0.0 0.0.0.0 下一跳地址或出栈接口	设置默认路由
全局配置层	no ip route 0.0.0.0 0.0.0.0 下一跳地址或出栈接口	删除默认路由
特权用户层	show ip route	查看路由表

【例 4-3-4】某拓扑结构如图 4-3-8 所示，网络 192.168.2.0/24 连接在路由器 R2 上。

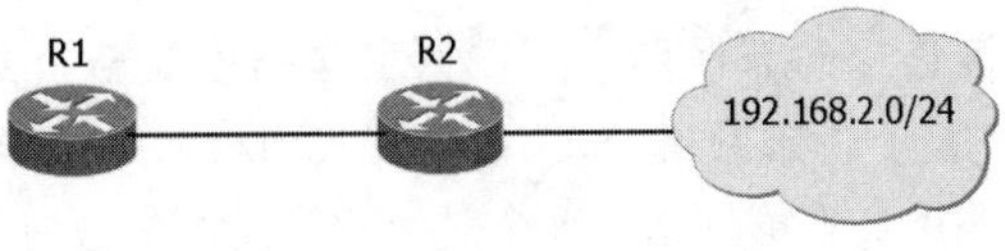

图 4-3-8 静态路由配置示例

如果路由器 R1 收到了发往该网络的数据包，它应该把它送往 R2，也即 R2 的端口 10.0.0.2，这可以在 R1 上配置静态路由：

ip route 192.168.2.0 255.255.255.0 10.0.0.2

该命令是告诉 R1，遇到目的网络为 192.168.2.0/24 的数据包，就发送到 10.0.0.2。

另外也可以在 R1 上配置默认路由：

ip route 0.0.0.0 0.0.0.0 10.0.0.2

该命令是告诉 R1，遇到目的地址无法识别的数据包就发送到 10.0.0.2。

4.3.6 路由信息协议

1. RIP 协议的原理及路由更新过程

RIP 协议是以跳数作为度量值的距离向量协议，主要适用于中小规模的动态网络环境，是一种内部网关协议（Interior Gateway Protocol, IGP），即在自治系统内部执行路由功能。RIP 协议的路由更新数据都封装在 UDP 数据报中，在 UDP 的 520 号端口上进行封装，每一台路由器都会接收来自邻居路由器的路由更新消息并对本地的路由表做相应的修改，同时将修改后的消息再通知其他路由器，通过这种方式，RIP 协议可以达到全局路由的有效。

RIP 协议启动和运行的整个过程可描述如下：

某路由器刚启动 RIP 协议时，当路由器启动时，只有那些与它们直接相连的网络号出现在它们自己的路由表中，所有直连网络的跳数都为 0。当 RIP 协议在每个路由器上启动后，路由表将从相邻路由器获得更新信息来更新自己的路由表。每个路由器将完整的路由表，包含网络号、出栈接口和跳数，发送给相邻路由器。接下来，路由表包含了完整的网络信息，每个路由器都会形成到达整个网络的路由。RIP 协议发现路由的过程如图 4-3-9 所示。

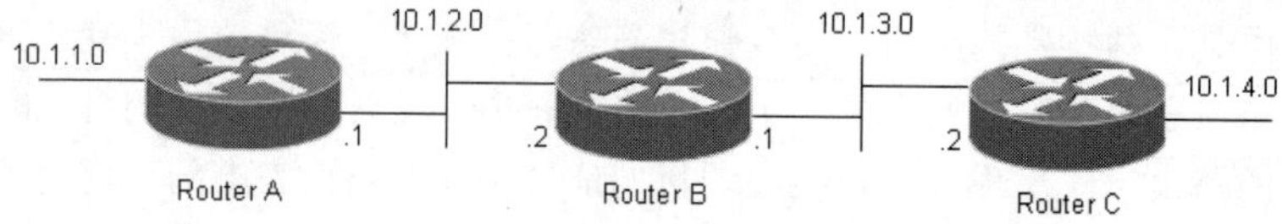

t0

NETWORK	VIA	HOPS	NETWORK	VIA	HOPS	NETWORK	VIA	HOPS
10.1.1.0	...	0	10.1.2.0	...	0	10.1.3.0	...	0
10.1.2.0	...	0	10.1.3.0	...	0	10.1.4.0	...	0

t1

NETWORK	VIA	HOPS	NETWORK	VIA	HOPS	NETWORK	VIA	HOPS
10.1.1.0	...	0	10.1.2.0	...	0	10.1.3.0	...	0
10.1.2.0	...	0	10.1.3.0	...	0	10.1.4.0	...	0
10.1.3.0	10.1.2.2	1	10.1.1.0	10.1.2.1	1	10.1.2.0	10.1.3.1	1
			10.1.4.0	10.1.3.2	1			

t2

NETWORK	VIA	HOPS	NETWORK	VIA	HOPS	NETWORK	VIA	HOPS
10.1.1.0	...	0	10.1.2.0	...	0	10.1.3.0	...	0
10.1.2.0	...	0	10.1.3.0	...	0	10.1.4.0	...	0
10.1.3.0	10.1.2.2	1	10.1.1.0	10.1.2.1	1	10.1.2.0	10.1.3.1	1
10.1.4.0	10.1.2.2	2	10.1.4.0	10.1.3.2	1	10.1.1.0	10.1.3.1	2

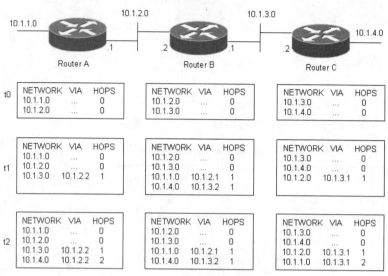

图 4-3-9　RIP 协议发现路由的过程

RIP 协议中路由的更新是通过定时广播实现的。默认情况下，路由器每隔 30 s 向与之直接连接的邻居路由器广播发送路由更新报文，这个时间称为路由更新时间（Route Update Timer）。如果在 180 s 内没有收到相邻路由器的回应，则认为去往该路由器的路由不可用，该路由器不可到达，这个时间称为路由失效时间（Route Invalid Timer）。如果在 240 s 后仍未收到该路由器的应答，则把有关该路由器的路由信息从路由表中删除，这个时间称为路由刷新时间（Route Flush Timer）。在路由失效时，抑制定时器（Hold-down Timer）和路由刷新定时器（Route Flush Timer）同时启动。

2. RIP 协议的特点

RIP 协议最大的优点就实现简单，开销较小。

路由器之间交换的路由信息是路由器中的完整路由表，随着网络规模的扩大，开销也就增加。

RIP 协议规定如果一条路径的跳数达到了 16 跳，就被认为目的网络不可达，这使得 RIP 协议只适用于较小的环境，限制了网络的规模。

RIP 存在的最大一个问题是当网络出现故障时，要经过比较长的时间才能将此信息传送到所有的路由器，容易产生路由环路。

3. 路由环路的产生

如图 4-3-10 所的网络中，所有路由器都使用 RIP 协议维护路由信息。在这种情况下，Router A 刚刚发送过路由更新，此时 Router A 连接的 10.1.1.0 网络的链路突然 down 掉。Router A 将马上知道这个状况，立即将这条直连路由从路由表中删去，但此时假如 Router B 已经到了更新时刻，就会将自己的路由表内容发送给 Router A，而 Router A 一旦收到有关 10.1.1.0 网络的路由信息就会将新的内容添加到自己的路由表中，并将跳数加 1，因为它已经没有到达 10.1.1.0 网络的路由。

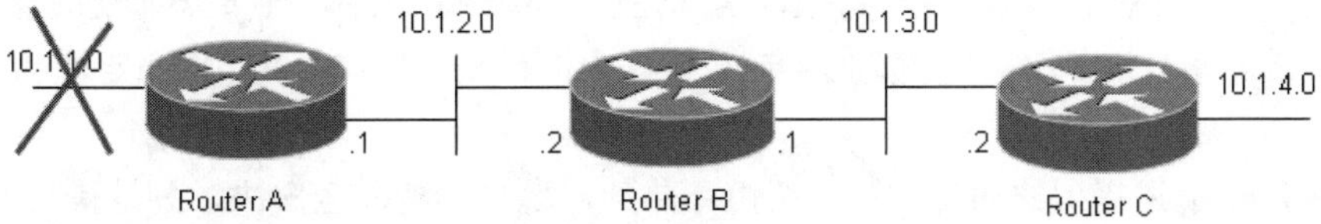

NETWORK	VIA	HOPS
10.1.1.0	...	0
10.1.2.0	...	0
10.1.3.0	10.1.2.2	1
10.1.4.0	10.1.2.2	2

NETWORK	VIA	HOPS
10.1.2.0	...	0
10.1.3.0	...	0
10.1.1.0	10.1.2.1	1
10.1.4.0	10.1.3.2	1

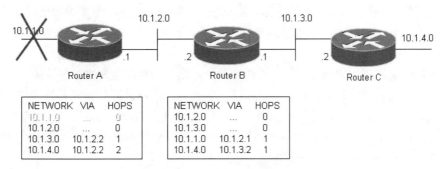

图 4-3-10　路由环路的产生-1

这样，当 Router B 在一段时间内接收不到正确的消息后，也会将 Router A 发送给它的有关 10.1.1.0 网络的错误路由添加到自己的路由表中，并将跳数加 1，如图 4-3-11 所示。

于是，在路由器 Router A 和路由器 Router B 之间形成了一个路由环路，远端发送过来的要到达 10.1.1.0 网络的数据包从 Router B 发送给 Router A，又从 Router A 发送给 Router B，如此循环下去。

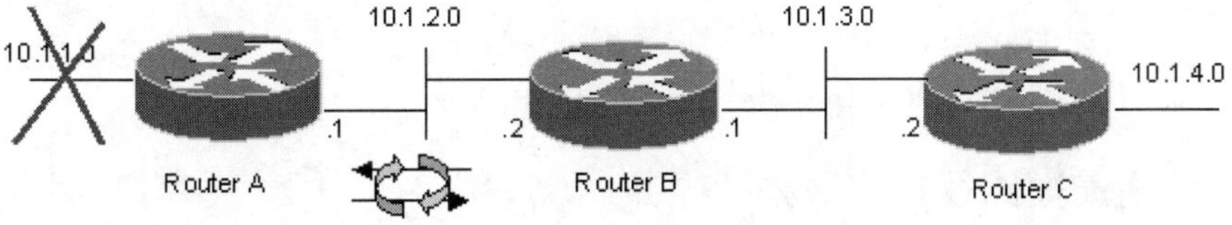

NETWORK	VIA	HOPS
10.1.1.0	**...**	**2**
10.1.2.0	...	0
10.1.3.0	10.1.2.2	1
10.1.4.0	10.1.2.2	2

NETWORK	VIA	HOPS
10.1.2.0	...	0
10.1.3.0	...	0
10.1.1.0	**10.1.2.1**	**3**
10.1.4.0	10.1.3.2	1

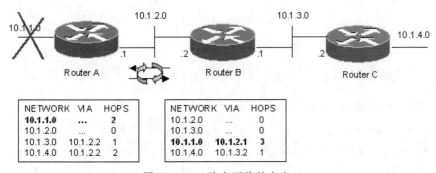

图 4-3-11　路由环路的产生-2

4. 路由环路的消除

1）水平分割

水平分割的基本思想是阻止路由更新信息返回最初发送的方向，规定由一个接口发送出去的路由信息不能再朝这个接口往回发送。这是保证不产生路由环路的最基本措施。

2）路由中毒

当一条路经信息变为无效后，路由器并不立即将它从路由表中删除，而是用 16 即不可达的度量值来表示并广播出去。这样虽然增加了路由表的大小，但对消除路由环路很有帮助，可以立即清除相邻路由器之间的任何环路。

3）触发更新

当网络发生变化（新网络的加入、原有网络的消失）时，路由器立刻将更新报文广播给其相邻路由器，而不是等待 30 s 的更新周期。这样，网络拓扑的变化会最快地在网络上传播开，减少了路由环路产生的可能性。

4）抑制定时器

当一条路由信息无效之后，一段时间内这条路由都处于抑制状态，即在一定时间内不再接收关于同一目的地址的路由更新。如果路由器从一个网段上得知一条路径失效，然后立即在另

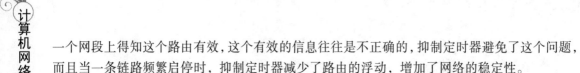

一个网段上得知这个路由有效，这个有效的信息往往是不正确的，抑制定时器避免了这个问题，而且当一条链路频繁启停时，抑制定时器减少了路由的浮动，增加了网络的稳定性。

5）定义最大跳数

即便采用了上述提到的四种方法，路由环路的问题也不能完全解决，只是得到了最大程度的减少。一旦路由环路真的出现，路由项的度量值就会出现计数到无穷大的情况。如果任由环路无限循环下去，将对网络性能和路由表的稳定性造成很大影响。定义最大跳数可以缓解计数到无限的问题。RIP 协议定义最大跳数为 16，当到达目的网络的跳数大于或等于这个跳数时，即认为目的网络是不可到达的。

5. RIP 协议的配置命令

RIP 路由协议原理看起来很复杂，然而配置起来是相当简单的，主要有以下两个步骤：

（1）激活 RIP 路由进程。在全局配置模式下使用“router rip”命令。

```
route(config)#router rip
route(config-router)#
```

（2）在路由配置模式下配置路由器的哪些接口参与 RIP 进程。使用“network 主网络号”命令。例如：将网络 192.168.9.0 加入 RIP 进程，命令如下：

```
route(config-router)#network 192.168.9.0
```


在特权用户层下使用“show ip route”查看路由信息。

4.3.7 开放式最短路径优先算法

1. OSPF 路由协议的原理及路由更新过程

OSPF（Open Shortest Path First，开放最短路由优先协议）是 IETF 组织开发的一个基于链路状态的自治系统内部路由协议。OSPF 是一个开放标准，并不被某个设备厂商所独自拥有，也就是说各个厂商生产的路由设备可以互操作（只要支持该路由协议），这也正是 OSPF 被广泛使用的原因之一。OSPF 是由 IETF 在 RFC 1583 中定义的。

OSPF 使用链路带宽作为路径开销，并没有使用路由器跳数，所以对网络直径没有限制。

OSPF 是基于链路状态的路由协议，它维护邻居表和拓扑数据库（相同区域中的每个 OSPF 路由器都维持一个整个区域的拓扑数据库，并且都是相同的），并且根据拓扑数据库通过 Dijkstra 或 SPF（Shortest Path First）算法以自己作为根结点计算出最短路径树。因为一旦某个链路状态有变化，区域中所有 OSPF 路由器必须再次同步拓扑数据库，并重新计算最短路径树，所以会使用大量 CPU 和内存资源。然而 OSPF 不像 RIP 操作那样使用广播发送路由更新，而是使用组播（Multicasting）技术发布路由更新，并且也只是发送有变化的链路状态更新（路由器会在每 30 min 发送链路状态的概要信息，不论是否已经因为网络有拓扑变化发送了更新），所以 OSPF 会更加节省网络链路带宽。

OSPF 协议允许自治系统的网络被划分成区域来管理，区域间传送的路由信息被进一步抽象，从而减少了占用网络的带宽。在大型网络中，通常会将整个网络分成多个区域进行管理。作为整个网络的主干区域——区域零必须存在，其必须唯一存在其他非主干区域和主干区域相连（通过物理连接或通过 Virtual Link 技术均可以），非主干区域之间只能通过主干区域相互通信。

2. OSPF 协议的特点

（1）OSPF 不用 UDP 而是直接用 IP 数据报传送路由信息。

（2）OSPF 构成的数据报很短。这样做可减少路由信息的通信量。

（3）OSPF 对不同的链路可根据 IP 分组的不同服务类型 TOS 而设置成不同的代价。因此，OSPF 对于不同类型的业务可计算出不同的路由。如果到同一个目的网络有多条相同代价的路径，那么可以将通信量分配给这几条路径。OSPF 支持多路径间的负载平衡。

（4）所有在 OSPF 路由器之间交换的分组都具有鉴别的功能。

（5）支持可变长度的子网划分和无分类编址 CIDR。

3. OSPF 协议的配置命令

OSPF 协议的配置主要有以下两个步骤：

1）激活 OSPF 路由协议

在全局配置层下使用"router OSPF 协议 进程号"命令激活 OSPF 协议。可以启动多个进程，但不推荐这么做。多个 OSPF 协议进程需要多个 OSPF 协议数据库的副本，必须运行多个最短路径优先算法的副本。进程号只在路由器内部起作用，不同路由器的进程号可以不同。

```
route(config)#router ospf 1
route(config-router)#
```

2）在路由配置模式下配置 OSPF 的区域及网络范围。

每个 OSPF 路由器至少被配置进一个区域。如果在自治系统中有一个以上的区域存在，必须为这些区域配置一个骨干区域（BackBone）。一旦将某一网络的范围加入区域中，该区域中所有落在这一范围内的 IP 地址的内部路由都不再被独立地广播到别的区域，而只是广播到整个网络范围路由的摘要信息；没有包含在指定网络范围内的 IP 地址也会被以摘要的方式广播出去。在单区域的配置中，所在区域一律为主干区域 0。

格式：network <network-number> <wild-card> area <area-id>

说明：network-number 表示与路由器直接相连的网络地址；wild-card 表示与网络地址对应的子网通配符，子网通配符与子网掩码刚好相反；area-id 表示区域号。

例如：配置 OSPF 的区域为单区域，区域号为 0，并将网络 192.168.9.0 加入 OSPF 进程的区域 0，命令如下：

```
route(config-router)#network 192.168.9.0 0.0.0.255 area 0
```

在特权用户层下使用"show ip route"查看路由信息。

4.3.8 自我测试

一、填空题

1. 在互联网中，路由通常可以分为________路由、________路由和________路由。

2. 路由表通常包括三项内容，它们分别是________、________和________。

3. RIP 协议使用________算法，OSPF 协议使用________算法。

4. 图 4-3-12 是一个简单的网络互联示意图。其中路由器 R1 使用 RIP 算法，经过多次路由表交换，形成稳定的路由表，请填写表 4-3-4 中 R1 路由表的空缺表项。

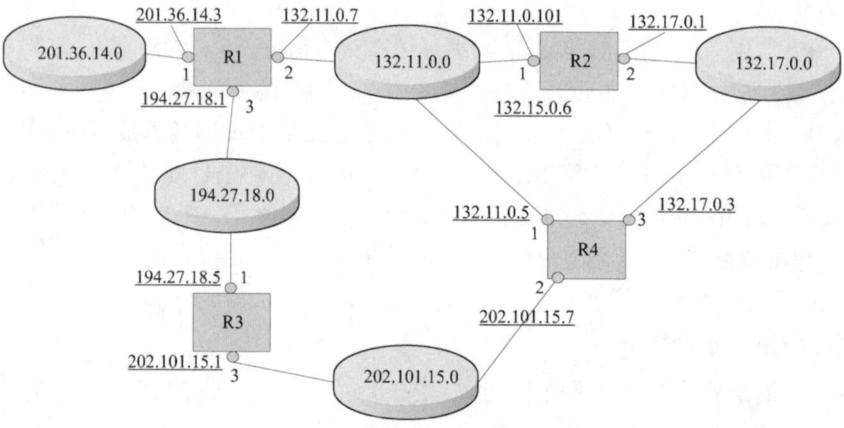

图 4-3-12　网络互联示意图

表 4-3-4　R1 的稳定路由表

目的网络号	下一路由器地址	端　　口	距离（跳数）
201.36.14.0	201.36.14.3	1	0
132.11.0.0	①	2	0
②	194.27.18.1	③	0
202.101.15.0	④	3	1
137.17.0.0	132.11.0.101	2	⑤

二、选择题

1. 路由器中的路由表________。
   A. 需要包含到达所有主机的完整路径信息
   B. 需要包含到达所有主机的下一步路径信息
   C. 需要包含到达目的网络的完整路径信息
   D. 需要包含到达目的网络的下一步路径信息
2. 关于 OSPF 和 RIP，下列说法正确的是________。
   A. OSPF 和 RIP 都适合在规模庞大的、动态的互联网上使用
   B. OSPF 和 RIP 比较适合于在小型的、静态的互联网上使用
   C. OSPF 适合于在小型的、静态的互联网上使用，而 RIP 适合于在大型的、动态的互联网上使用
   D. OSPF 适合于在大型的、动态的互联网上使用，而 RIP 适合于在小型的、动态的互联网上使用
3. RIP 协议的默认管理距离为________。
   A. 120　　B. 110　　C. 100　　D. 90

4.4　互联网层协议

4.4.1　IP 协议

IP 协议工作在 OSI 标准模型的网际层，提供不可靠的、尽最大努力的、无连接的数据报服务，主要内容有、IP 地址及分配方法，IP 数据报的定义和 IP 数据报的分片和重组。

1. IP 数据报的格式

IP 数据报是 IP 协议的基本处理单元，格式如图 4-4-1 所示，IP 数据报=首部+数据。

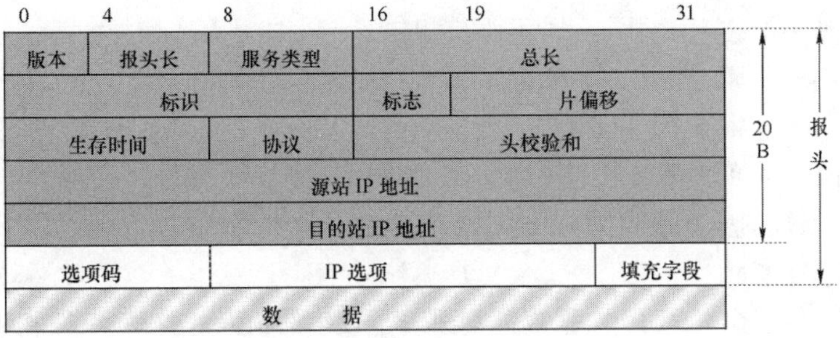

图 4-4-1　IP 数据报格式

其中首部中的固定部分（占 20 B）包括以下内容：

（1）版本（4 bit）。定义 IP 协议的版本。通信双方所使用的版本必须一致。

（2）首部长度（4 bit）。定义 IP 数据报首部以 4B 计算的总长度。取值范围为[5,15]。

（3）服务类型（8 bit）。定义路由器应如何处理此 IP 数据报。包括优先级和服务要求两个部分。

优先级（3 bit）定义 IP 数据报的优先级，当路由器出现阻塞时，会先丢弃优先级低的 IP 数据报(此功能目前未使用)。服务要求包括：D(Delay)，为 1 表示要求低延迟；T(Throughput)，为 1 表示要求高吞吐量；R（Reliability），为 1 表示要求高可靠性；C（Cost），为 1 表示要求低费用和 1 位未使用。

（4）总长度（16 bit）。定义整个 IP 数据报的长度（首部+数据），单位为字节（B）。

（5）标识（16bit）。用于标识不同的 IP 数据报，同一 IP 数据报的所有分片具有相同的标识。

（6）标志（3 bit）。前 2 bit 有意义。DF（Don't Fragment）字段，DF=1 不允许分片，DF=0 允许分片；MF（More Fragment）字段，MF=1 表示后面还有分片，MF=0 表示是最后一个分片。

（7）片偏移（13 bit）。表示本分片在 IP 数据报中的相对位置，以 8 B 为度量单位。

（8）生存时间（8 bit）。IP 数据报在通过 Internet 时所具有的寿命。发送时存入一个数，每经过一个路由器将此数减 1，为 0 时丢弃。用于防止 IP 数据报无休止地传输或限制 IP 数据报的行程（为 1 限制在本网络内）。

（9）协议（8bit）。定义使用 IP 服务的高层协议，以便目的主机的 IP 层上交数据。例如：UDP（17）、TCP（6）、ICMP（1）等。

（10）首部校验和（16 bit）。不采用 CRC 校验码。

编码算法：将本字段设置为 0，对首部的数据按 16 bit 进行相加，结果取反，得到的就是校验和。

校验算法：将收到的 IP 数据报首部按 16 bit 进行相加，如结果为全 1，则正确；否则丢弃。

（11）源 IP 地址（32 bit）。源 IP 地址长度为 32 位，用于指明发送 IP 数据报的源主机的 IP 地址。

（12）目的 IP 地址（32 bit）。目的 IP 地址长度为 32 位，用于指明接收 IP 数据报的目的主机的 IP 地址。

2. IP 数据报的分片和重组

由于网络使用的技术不同，每种网络都规定了一个帧最多能携带的数据量，这一限制称为网络的最大传输单元（Maximum Transmission Unit，MTU）。

不同网络的数据帧有不同的格式，数据帧的最大长度（MTU）也不一样。例如：以太网（1 500 B）、16 Mbit/s 的令牌环（17 914 B）、FDDI（4 352 B）等。

由于 IP 数据报的长度最大为 65 535 B，在通过具体网络时就需要根据实际情况进行分片和重组。

（1）分片。将一个大的 IP 数据报分割成若干较小的 IP 数据报，一般在路由器上进行。每经过一个路由器，根据规定的 MTU 大小进行分片。

（2）重组。将若干较小的 IP 数据报重新组合成一个大的 IP 数据报，一般在目的主机上进行。

【例 4-4-1】 网络环境如图 4-4-2 所示，有一个 1 400 B 的 IP 数据报从结点 A 到结点 B 进行传输，如何进行分片和重组？

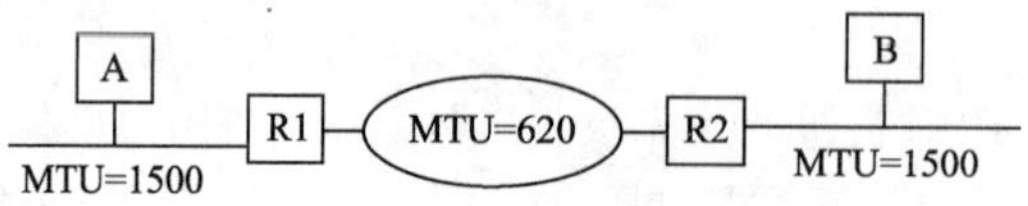

图 4-4-2　IP 分片与重组网络环境

解：

（1）分片。在 R1 路由器上分片的情况如图 4-4-3 所示。

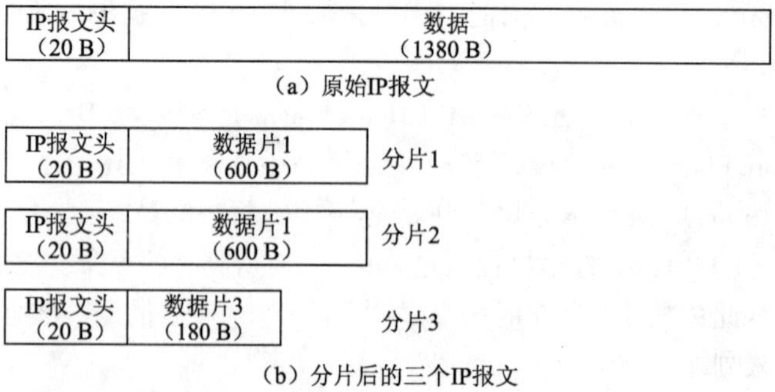

图 4-4-3　IP 分片结果

分片头和原始 IP 数据报报头除了片偏移、MF 标志位和校验与和不同外，其余都相同。分片头格式与 IP 数据报报头格式相同，固定占用 20 B，所以数据片最大 600 B。

（2）重组。在主机 B 上进行重组。

4.4.2 ARP 协议

进行 IP 数据报转发有一个重要的问题需要解决：网际层使用的是 IP 地址，但在实际网络链路上传送数据时，必须知道该网络的硬件地址。为了正确地向目的主机传送报文，必须把目的主机的 32 位 IP 地址转换为 48 位以太网的 MAC 地址。ARP 协议可以解决这个问题。

ARP（Address Resolution Protocol，地址解析协议）用于将网络中的协议地址（IP 地址）解析为本地的硬件地址（MAC 地址），即完成 TCP/IP 中逻辑地址与物理地址之间映射工作。

当主机 A 向本局域网上的某个主机 B 发送 IP 数据报时，先在其 ARP 高速缓存中查看有没有主机 B 的 IP 地址，如果有，就在 ARP 高速缓存中查出对应的硬件地址，再把硬件地址写入 MAC 帧，然后把该 MAC 帧发往此硬件地址。如果在 ARP 高速缓存中找不到主机 B 的 IP 地址，则主机 A 自动运行 ARP，执行以下过程找出主机 B 的硬件地址。

（1）ARP 进程在本局域网上发送一个 ARP 请求分组。

（2）在本局域网上的所有主机上运行的 ARP 进程都收到此请求分组。

（3）主机 B 在 ARP 请求分组中看到自己的 IP 地址，就向主机 A 发送 ARP 响应分组，并写入自己的硬件地址。其余所有主机都不响应这个 ARP 请求分组。

（4）主机 A 收到主机 B 的 ARP 响应分组后，就在其 ARP 高速缓存中写入主机 B 的 IP 地址到硬件地址的映射。

4.4.3 ICMP 协议

为了提高 IP 数据报交付成功的机会，在网际层使用了 ICMP 协议。ICMP（Internet Control Message Protocol，Internet 控制报文协议）是 TCP/IP 协议族的一个子协议，用于检查网络，允许主机或路由器报告差错情况和提供有关异常情况的报告。当出现数据报无法访问目标、IP 路由器无法转发数据包等情况时，主机或路由器会自动发送 ICMP 报文。ICMP 报文封装在 IP 分组中进行传输，其在 IP 分组的协议类型为 1。

1. ICMP 报文的分类

ICMP 报文的种类有两种，即 ICMP 差错报告报文和 ICMP 询问报文。

ICMP 差错报告报文共有五种：终点不可达、源点抑制、时间超过、参数问题、重定向。

ICMP 询问报文有两种：回送请求和回答报文与时间戳请求和回答报文。

2. ICMP 报文的应用

在网络通信过程中经常会使用到 ICMP 协议，如 ping 命令和 tracert 命令。

1）ping 命令

ping（Packet Internet Groper，因特网包探索器）是用于测试网络连接性的程序。ping 命令使用 ICMP 协议的回送请求与回送回答报文，ping 程序的主机向目标主机发送 ICMP 回显请求报文，并等待 ICMP 回显应答请求，通常用来测试网络的连通性。其工作原理是：利用网络上机器 IP 地址的唯一性，给目标 IP 地址发送一个数据包，再要求对方返回一个同样大小的数据包来确定两台网络机器是否连接相通、时延是多少。

2）tracert 命令

tracert 命令用 IP 生存时间（TTL）字段和 ICMP 错误消息来确定从一个主机到网络上其他主机所经过的路由。使用 TTL 字段的目的是防止数据报在网络中无休止地流动。当主机使用 tracert 命令时，首先会发送一个 TTL 值为 1 的 IP 数据包，每当经过一个路由器时，路由器会将 TTL 的值减 1，当 TTL 的值为 0 时，路由器会丢弃该数据报并向源主机返回超时的 ICMP 报文。源主机收到这个消息后，便知道这个路由器存在于这个路径上，接着 tracert 再送出另一个 TTL 值为 2 的数据包，发现第 2 个路由器……tracert 每次将送出的数据包的 TTL 值加 1 来发现另一个路由器，这个重复的动作一直持续到某个数据包抵达目的地。当数据包到达目的地后，该主机则不会返回超时的 ICMP 报文。一旦到达目的地，由于 tracert 通过 UDP 数据包向不常见端口（30000 以上）发送数据包，因此会收到 ICMP 端口不可达的消息，故可判断到达目的地。

在 Linux 和 UNIX 系统中，相应的网络命令为 traceroute。

4.4.4 IGMP 协议

1. **组播**

IP 网络中的广播是有限广播，广播的范围非常小，只能在目的子网内进行广播。IP 组播是一种节省带宽的技术，它把一个数据流同时传送给许多接收者，组播源将需要传播的数据分组仅发送一次，被传递的数据分组在网络关键结点不断地进行复制和分发，通过组播方式，数据包能被准确高效地传送到每个分组的接收者。IP 组播可以减少网络中的分组数量，通常应用在视频点播、网络会议等场合。

在组播中，IP 地址用于标识一个 IP 组播组。前面第 2 章已经介绍过，D 类 IP 地址空间被分配给了组播，其 IP 地址的范围为 224.0.0.0～239.255.255.255。组播组分为永久组播组和临时组播组。永久组播组的地址范围是 224.0.0.1～224.0.0.255。永久组播组的 IP 地址不变，但其组内成员、成员数量是会发生变化的。其他的组播组地址的分配如下：

（1）224.0.0.0 保留不分配。

（2）224.0.1.0～238.255.255.255 为用户可用的组播地址，即可以作为临时组播地址使用，全网范围内有效。

（3）239.0.0.0～239.255.255.255 为本地管理组播地址，仅在特定的本地范围内有效。

以太网在进行单播 IP 分组的传播时，数据帧中的目的 MAC 地址就是接收方的 MAC 地址。但在进行组播分组的传输时，由于接收者不是一个具体的接收方，而是一个成员不太确定的组，因此需要使用组播 MAC 地址。在 IPv4 中，48 位组播 MAC 和 32 位组播 IP 地址的转换关系为：MAC 地址的高 24 位为 0x01005E，第 25 位为 0，而低 23 位为组播 IP 地址的低 23 位。

2. **Internet 组管理协议 IGMP**

Internet 组管理协议（Internet Group Management，IGMP）是 TCP/IP 协议族中的一个组播协议，用于 IP 主机向任何一个直接相邻的路由器报告它们的组成员情况。与 ICMP 协议一样，IGMP 报文也是封装在 IP 分组中进行传输的，其在 IP 分组中的协议类型为 2。

组播路由器使用 IGMP 报文来记录与该路由器相连网络中组成员的变化情况。IGMP 报文的使用规则如下：

（1）当加入一个组时，主机就发送一个 IGMP 报告。

（2）当离开一个组时，主机不发送 IGMP 报告。

（3）组播路由器定时发送 IGMP 查询报文来了解是否还有任何主机包含有属于组播组的进程。

（4）主机通过发送 IGMP 报告来相应一个 IGMP 查询。

使用这些查询和报告报文时，组播路由器对每个接口保持一个表，表中记录了接口上至少还包含一个主机的组播组。当路由器收到要转发的组播分组时，它只将该分组转发到还拥有属于那个组主机的接口上。

4.4.5 自我测试

一、填空题

1. 以太网利用________协议获得目的主机 IP 地址与 MAC 地址的映射关系。

2. 在转发一个 IP 数据报过程中，如果路由器发现该数据报报头中的 TTL 字段为 0，那么，它首先将该数据报________，然后向________发送 ICMP 报文。

3. ping 命令的工作原理是利用 ICMP 协议中的________和________报文对。

二、选择题

1. 通常情况下，下列说法错误的是________。

A. 高速缓存区中的 ARP 表是由人工建立的

B. 高速缓存区中的 ARP 表是由主机自动建立的

C. 高速缓存区中的 ARP 表是动态的

D. 高速缓存区中的 ARP 表保存了主机 IP 地址与物理地址的映射关系

2. 对 IP 数据报分片的重组通常发生在________设备上。

A. 源主机　　B. 目的主机

C. IP 数据报经过的路由器　　D. 源主机或路由器

3. 使用 ping 命令从一台主机 ping 另一台主机，就算收到正确的应答，也不能说明________。

A. 目的主机可达

B. 源主机的 ICMP 软件和 IP 软件运行正常

C. ping 报文经过的路由器路由选择正常

D. ping 报文经过的网络具有相同的 MTU

4.5 IPv6 协议

4.5.1 IPv6 技术基础

IPv6（Internet Protocol Version 6）是因特网的第二代协议，它是 IETF（互联网工程任务组）设计的一套规范，是 IPv4 协议的升级版本。IPv6 和 IPv4 之间最显著的区别是 IP 地址的长度从 32 位增加到 128 位。从 1992 年标准制定至今，IPv6 的标准体系已经基本完善，推动了 IPv6 从实验室走向实用网络。

1. IPv4 的缺点

IPv4 协议从 1981 年最初定义到现在已经有 30 多年的时间。IPv4 协议简单、易于实现、互操作性强，IPv4 网络规模也从最初的单个网络扩展为全球范围的众多网络。但随着因特网的迅猛发展，IPv4 设计的不足也日益明显，主要有以下几个缺陷：

1）IPv4 地址空间不足

IPv4 采用 32 位标识，理论上能够提供的地址数量是 43 亿。但由于地址分配的原因，实际上可使用的数量不到 43 亿。另外，IPv4 地址的分配也很不均衡：美国占全球地址空间的一半左右，欧洲相对匮乏，而亚太地区则更加匮乏。随着因特网的发展，IPv4 地址空间不足的问题表现得日益严重。

2）主干路由器维护的路由表表项数量过大

由于 IPv4 发展初期的分配规划问题，造成许多 IPv4 地址块分配不连续，不能有效聚合路由。针对这一问题，采用 CIDR 以及回收并再分配 IPv4 地址，有效抑制了全球 IPv4 BGP 路由表的线性增长。尽管如此，目前全球 IPv4 BGP 路由表表项也将近 10 万条。日益庞大的路由表耗用内存较多，对设备成本和转发效率都有相当大的影响。

3）难以进行自动配置和重新编制

由于 IPv4 地址只有 32 位，地址分配也不均衡，经常需要在网络扩容和重新部署时重新分配 IP 地址，因此迫切需要能够进行自动配置和重新编址以减少维护工作量。

4）无法解决日益突出的安全问题

随着因特网的发展，安全问题越来越突出。IPv4 协议制定时并没有针对安全性进行设计，固有的框架结构并不能支持端到端的安全。因此，安全问题也是促使新的 IP 协议出现的一个原因。

2. IPv6 的优点

推动 IPv6 发展的原动力是 IPv4 空间即将耗尽。与此同时，IPv6 也提供了其他一些新的特性和改善措施，如设计回归简洁、透明；提高实现效率，减少复杂性；为新出现的无线业务提供全方位支持；引入端到端的安全和 QoS 服务等。具体而言，IPv6 的技术优点表现在以下几个方面：

1）128 位地址结构，提供充足的地址空间

IPv4 中规定 IP 地址长度为 32，即有 2^{32} 个地址；而 IPv6 中 IP 地址的长度为 128，即有 2^{128} 个地址，约 3.4×10^{38} 个地址，地球上每个人都拥有大约 4.7×10^{28} 个 IP 地址，极大地扩展了 IP 地址的范围。

2）更小的路由表

IPv6 地长度为 128 位，可提供远大于 IPv4 的地址空间和网络前缀，因此可以方便地进行网络的层次化部署。同一组织机构在其网络中可以只使用一个前缀，这使得路由器能在路由表中用一条记录表示一个子网，大大减小了路由器中路由表的长度，提高了路由器转发数据包的效率。

3）支持自动配置

这是对 DHCP 协议的改进和扩展，使得网络（尤其是局域网）的管理更加方便和快捷。

4）更高的安全性

在使用 IPv6 网络中用户可以对网络层的数据进行加密并对 IP 报文进行校验，这极大地

增强了网络安全。

5）支持移动特性

IPv6 协议规定必须支持移动特性，任何 IPv6 结点都可以使用移动 IP 功能。

6）IPv6 报头简洁、灵活

IPv6 和 IPv4 相比，报头简洁、灵活，效率更高，易于扩展。

7）新增流标签功能，有利于支持 QoS 服务

IPv6 报头中新增了流标签字段，源结点可以使用这个域标识特定的数据流，转发路由器和目的结点都可根据此字段进行特殊处理。

4.5.2 IPv6 报文格式

1. IPv6 数据报结构

IPv6 数据报包括三个部分：基本首部、扩展首部和数据，如图 4-5-1 所示。其中基本首部是必需的，扩展首部可以为零个或多个，所有的扩展首部和数据合起来称为数据报的有效载荷或净荷。

图 4-5-1 IPv6 数据报结构

2. IPv6 报文基本首部

IPv6 报文基本首部的格式如图 4-5-2 所示，长度为 40 字节，由以下字段构成：

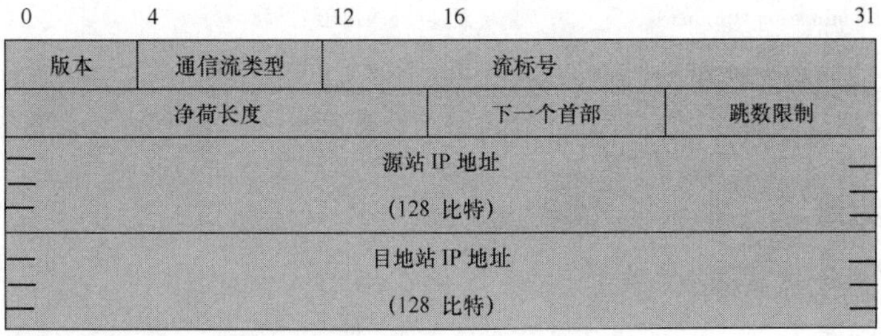

图 4-5-2 IPv6 的基本首部

（1）版本。4 位，指明了协议的版本，数值 6 表示该数据报为 IPv6。

（2）通信流类型。8 位，用于区分不同 IPv6 数据报的类型或优先级，类似于 IPv4 中的服务类型字段。

（3）流标签。20 位，IPv6 中新增字段。流标签可用来标记特定流的报文，以便在网络层区分不同的报文。转发路径上的路由器可以根据流标签来区分流并进行处理。由于流标签在 IPv6 报文首部携带，转发路由器和目的结点可以不必根据报文内容来识别不同的流。

（4）净荷长度。16 位，指明 IPv6 数据报除基本首部之外的字节数，也就是 IPv6 报文基本首部以后部分的长度。

（5）下一个首部。8 位，用来标识当前首部后下一个首部的类型。该字段定义的类型与 IPv4 中的协议字段值相同。

（6）跳数限制。8 位，与 IPv4 中的生存周期字段类似，用来防止数据报在网络中无限制

地逗留。

（7）源地址。128 位，报文发送端的 IP 地址。

（8）目的地址。128 位，报文接收端的 IP 地址。

3. IPv6 的扩展首部

如果 IPv4 的数据报在其首部使用了选项，那么沿数据报传送的路径上的每一个路由器都必须对这些选项一一进行检查，从而降低了路由器处理数据报的速度。但是，途中的很多路由器由于不需要使用这些选项信息，所以它们没有必要对这些选项进行检查和处理。IPv6 把原来 IPv4 首部选项的功能都放在扩展首部中，并把扩展首部留给通信路径的源端和目的端主机来处理，而数据报途中经过的路由器无需处理这些扩展首部，大大提高了路由器的处理效率。

通过使用某些可选的扩展首部可以指明源端主机希望对数据报进行的某些特殊处理。目前已经定义的 6 种 IPv6 扩展首部如表 4-5-1 所示。

表 4-5-1 IPv6 扩展首部

扩展首部	功能
逐跳选项（Hop by Hop Options）	值为 0，用于路由告警和处理长度超过 65 535 B 的帧
目标选项（Destination Options）	值为 60，该扩展头可以出现在两个位置，即路由选项和上层首部之前。放置在路由选项之前，表明该选项首部可以被目的结点和路由选项首部指定的结点处理；若放置在上层首部之前，表明该选项首部只被目的结点处理
路由选项（Routing Options）	值为 43，用于源路由选项和移动 IPv6
分片选项（Fragmentation Options）	值为 44，用于数据报的分片控制
身份认证选项（Authentication Options）	值为 51，用于 IPSec，提供报文验证、完整性检查
载荷安全封装选项(Encapsulating Security Options)	值为 50，用于 IPSec，提供报文验证、完整性检查和加密

当使用多个扩展首部时，必须按以上的先后顺序出现，上层首部总是放在最后面。

4.5.3 IPv6 编址

1. IPv6 地址格式

IPv6 地址有三种格式：首选格式；压缩表示格式；内嵌 IPv4 地址的 IPv6 地址格式。

1）首选格式

首选格式也称标准的 IPv6 地址表达方式。方法是把 IPv6 的 128 位二进制位地址按每 16 位划分为一组，可以划分为 8 个组，每组用一个 4 位的十六进制整数表示，各组之间用冒号间隔。

IPv6 地址首选格式的基本表达方式是 X:X:X:X:X:X:X:X，其中 X 是一个 4 位十六进制整数（16 位二进制位）。每一个数字包含 4 位二进制位，每个十六进制整数包含 4 个数字，每个 IPv6 地址包括 8 个十六进制整数，共计 128 位（$4\times4\times8=128$）。例如，某 IPv6 地址为：

00100000 00000011 00000100 00010000 00000000 00000000 00000000 00000001

00000000 00000000 00000000 00000000 00000000 00000000 01000101 11111111

划分为 16 位一组，每一组用一个 4 位十六进制整数表示，各组之间由冒号间隔，表示为：2003: 0410: 0000: 0001: 0000: 0000: 0000: 45ff。

2）压缩表示格式

IPv6 标准中允许用“空隙”来表示这一长串的 0，并且一个 4 位十六进制整数的起始的 0 可以省略(压缩掉)，但中间和后面的 0 不可以省略。例如上面用首选格式表示的 IPv6 地址 2003: 0410: 0000: 0001: 0000: 0000: 0000: 45ff 可以被表示为 2003: 410: 0: 1: 0: 0: 0: 45ff。

当地址中存在一个或多个连续的 16 比特的字符 0 时，可以用两个冒号（双冒号）表示，双冒号可以代替地址中连续的 0，这两个冒号表示该地址可以扩展到一个完整的 128 位地址。上面的地址可以表示为。2001: 410: 0: 1:: 45ff。

注意：在使用压缩表示格式时，IPv6 标准规定双冒号只能在地址中只能出现一次，并且不能省略一个组中有效的 0，例如上面的地址不可以写为。2001: 410:: 1:: 45ff。

3）内嵌 IPv4 地址的 IPv6 地址格式

在 IPv4 和 IPv6 的混合环境中可以采用内嵌 IPv4 地址的 IPv6 地址格式，IPv6 地址中的最低 32 位可以用于表示 IPv4 地址，该地址可以按照一种混合方式表达，即 X:X:X:X:X:X:d.d.d.d，其中 X 表示一个十六进制整数（表示 16 位二进制数），而 d 表示一个十进制整数（表示 8 位二进制数）。例如，地址 0:0:0:0:0:0:202.161.68.97 就是一个合法的 IPv6 地址，把两种可能的表达方式组合在一起，该地址也可以表示为::202.161.68.97。

2. IPv6 地址类型

基于数据报文的目的端地址可以将 IPv6 地址分为三类：

（1）单播地址(unicast)。IPv6 单播地址标识了一个接口，发往单播地址的报文，由此地址标识的接口接收。

（2）多播地址(multicast)。IPv6 多播地址标识了一组接口，一般这些接口属于不同的结点。发往多播地址的报文被多播地址标识的所有接口接收。

（3）任播地址(anycast)。IPv6 新增的地址类型。IPv6 任播地址标识了一组接口，一般这些接口属于不同的结点。发往任播地址的报文被送到这组接口中距离源端最近的接口，具体实施是通过路由协议来判断哪个接口是最近的。

除了上述的地址类型，基于 IPv6 地址的不同作用场合，还存在以下几种类型的特殊地址。

（1）未指明地址。该地址由 128 位的全 0 组成，缩写为“::”，它不能用作目的地址，只能为特殊主机充当源地址使用。

（2）环回地址。IPv6 的环回地址是::1，其作用和 IPv4 的环回地址相同。

（3）IPv4 兼容的 IPv6 地址。这种地址前 96 位为全 0，低 32 位为 IPv4 地址，主要用在一种特殊的自动隧道技术中。

（4）IPv4 映射的 IPv6 地址。这种地址前 80 位为全 0，中间 16 位为全 1，最后 32 位为 IPv4 地址。这种地址用来把只支持 IPv4 的结点用 IPv6 地址表示。在支持双协议栈的 IPv6 结点上，IPv6 应用发送报文的目的地址是这种报文时，实际上发出的报文是 IPv4 报文，而其目的地址则是“IPv4 映射 IPv6 地址”中的 IPv4 地址。

3. IPv6 地址分配

IPv6 地址分配情况如表 4-5-2 所示，从中可以看出，目前已经被分配的地址仅仅占用了全部地址空间中很少的一部分。

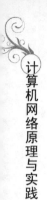

表 4-5-2　IPv6 地址分配

地址前缀	地址状态	地址前缀	地址状态
0000 0000	IETF 保留	0000 0001	IETF 保留
0000 001	IETF 保留	0000 01	IETF 保留
0000 1	IETF 保留	0001	IETF 保留
001	全球单播地址	010	IETF 保留
011	IETF 保留	100	IETF 保留
101	IETF 保留	110	IETF 保留
1110	IETF 保留	1111 0	IETF 保留
1111 10	IETF 保留	1111 110	唯一本地单播地址
1111 1110 0	IETF 保留	1111 1110 10	本地链路单播地址
1111 1110 11	IETF 保留	1111 1111	多播地址

4. 全球单播地址结构

由于单播地址使用最多，所以 IPv6 把 1/8 的地址空间划分为全球单播地址。现在使用的 IPv6 全球单播地址的划分方法如图 4-5-3 所示。

图 4-5-3　IPv6 全球单播地址结构

（1）全球路由选择前缀。这是第一级地址，占 48 位，分配给各公司和组织，用于因特网中路由器的路由选择。相当于分类的 IPv4 地址中的网络号字段。

（2）子网标识符。这是第二级地址，占 16 位，用于各公司和组织创建自己的子网。对于小公司而言，可以把这个字段值置为全 0。

（3）接口标识符。这是第三级地址，占 64 位，指明主机或路由器当前的网络接口，相当于分类的 IPv4 地址中的主机号字段。

与 IPv4 不同，IPv6 地址的主机号字段有 64 位之多，它足够大，因而可以将各种接口的硬件地址直接进行编码。这样，IPv6 只需把 128 位地址中的最后 64 位提取出来就可以得到相应的硬件地址，从而不需要再使用地址解析协议 ARP 进行地址解析。为了保证可操作性，所有的计算机都必须使用同样的编码方法。

IEEE 定义了一个标准的 EUI-64。EUI-64 前三个字节（24 位）仍为公司标识符，但后面的扩展标识符是五个字节（40 位）。较为复杂的是当需要将 48 位的以太网硬件地址转换为 64 位的接口标识符。图 4-5-4 表示了地址转换方法，图中上面的地址是 48 位的硬件地址，其中前 24 位为公司的标识符，第一个字节的最低第 2 位是第 G/L 位。从图 4-5-4 中可以看出，把 48 位的硬件地址放入 IPv6 地址中的 64 位接口标识符时，需要增加 16 位。IPv6 规定这 16 位的十六进制值是 0xFFFE，并且插入在硬件地址的高 24 位的公司标识符之后。此外，公司标识符的第一个字节的最低第 2 位必须置为 1。硬件地址最后 24 位的扩展标识符则复制在接口标识符的最后 24 位。

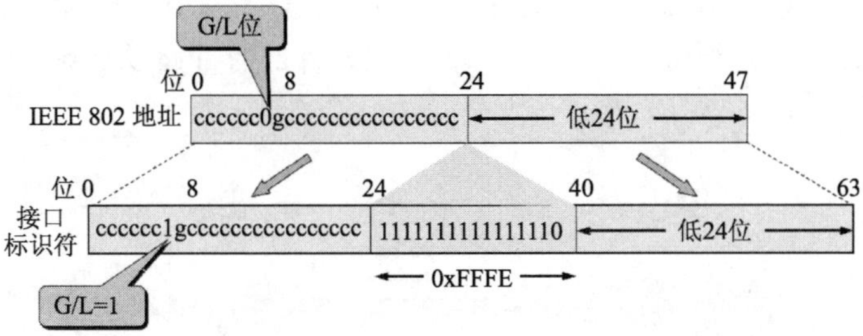

图 4-5-4　48 位的硬件地址转换为 64 位的接口标识符

4.5.4　IPv6 过渡方案

在 IPv4 向 IPv6 平滑过渡过程中有三个问题需要注意，一是如何充分利用现有的 IPv4 资源，节约成本并保护原使用者的利益；二是在实现网络设备互联互通的同时实现信息高效无缝传递；三是 IPv4 向 IPv6 的实现应该是逐步的和渐进的，而且尽可能地简便。

当前，大量的网络是 IPv4 网络，随着 IPv6 的部署，很长一段时间是 IPv4 和 IPv6 共存的过渡阶段。过渡阶段所采用的过渡技术主要有：

（1）双栈技术。双栈结点与 IPv4 结点通信时使用 IPv4 协议栈，与 IPv6 结点通信时使用 IPv6 协议栈。

（2）隧道技术。提供了两个 IPv6 结点之间通过 IPv4 网络实现通信连接，以及两个 IPv4 结点之间通过 IPv6 网络实现通信连接的技术。

（3）IPv4/IPv6 协议转换技术。提供了 IPv4 网络与 IPv6 网络之间的互通技术。

1. 双栈技术

双栈技术是 IPv4 向 IPv6 过渡的一种有效技术。网络中的双栈结点同时支持 IPv4 协议栈和 IPv6 协议栈，如图 4-5-5 所示。源结点根据目标结点的不同选择不同的协议栈，而网络设备根据报文的协议类型选择不同的协议栈进行处理和转发。双栈主机在和 IPv6 主机通信时采用 IPv6 地址，在和 IPv4 主机通信时采用 IPv4 地址。

图 4-5-5　IPv4/IPv6 双栈结构

双栈技术是 IPv4 向 IPv6 过渡的基础，所有其他的过渡技术都以此为基础。

2. 隧道技术

IPv4 向 IPv6 过渡的第二种方法技术隧道技术，是将一种协议完全封装在另外一种协议中的技术，要求隧道两端（也就是两种协议边界的相交点）的设备需要同时支持两种协议。IPv6 穿越 IPv4 隧道技术提供了利用现有的 IPv4 网络为互相独立的 IPv6 网络提供连通性，IPv6 报文被封装在 IPv4 报文中穿越 IPv4 网络，实现了 IPv6 报文的透明传输。

隧道技术的优点是，不用把所有的设备都升级为双协议栈，只要求 IPv4/IPv6 网络的边界设备实现双协议栈和隧道功能即可，除边缘结点外，其他结点不需要支持双协议栈，这将极大地提高现有 IPv4 网络设施的利用价值；不过，隧道技术不能实现 IPv4 主机和 IPv6 主机的直接通信。

图 4-5-6 给出了 IPv6 穿越 IPv4 隧道的工作过程。左侧的 IPv6 网络边缘设备收到 IPv6

网络的 IPv6 报文后，将 IPv6 报文封装在 IPv4 报文中，成为一个 IPv4 报文，在 IPv4 网络中传输到右侧的目的 IPv6 网络边缘设备后，解封装去掉外部的 IPv4 头，恢复成原来的 IPv6 报文，然后进行后续的 IPv6 转发。

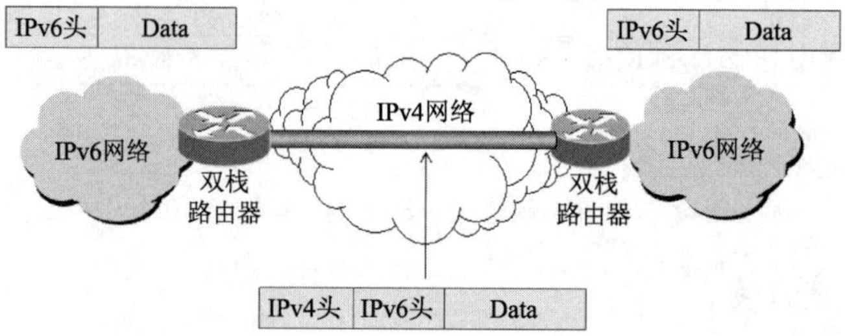

图 4-5-6　IPv6 穿越 IPv4 隧道

3. IPv4/IPv6 协议转换技术

IPv6 穿越 IPv4 隧道技术是为了实现 IPv6 结点之间的互通，而 IPv4/IPv6 协议转换技术是为了实现不同协议之间的互通，也就是使 IPv6 主机可以访问 IPv4 主机，IPv4 主机也可以访问 IPv6 主机。

IPv4/IPv6 协议转换技术有多种类型，常见的是网络地址和协议转换技术 NAT-PT(Network Address Translation-Protocol Translation)。NAT-PT 是直接转换两种不同协议的分组的相应字段，从而达到使两种协议互通的目的。

4.5.5　自我测试

一、填空题

1. 目前采用三种技术，仅仅暂时缓解 IPv4 地址紧张，但不能从根本上解决地址短缺的问题，这三种技术分别是________技术、CIDR 技术、VLMS 技术。

2. IPv4 地址长度是 32 位，IPv6 地址长度是________位。

3. IPv6 地址 2111:0000:0000:11FF:0000:0000:FE22:3388 可以简写为 ________。

4. MAC 地址为 00-d0-f3-11-22-cd，根据 EUI-64 规范，生成的 IPv6 接口地址为________。

二、选择题

1. IPv6 地址 12AB:0000:0000:CD30:0000:0000:0000:0000 可以表示成不同的简写形式，下面的选项中，写法正确的是________。

A. 12AB:0:0:CD30::　　B. 12AB:0:0:CD3

C. 12AB::CD30　　D. 12AB::CD3

2. 下列 IPv6 地址错误的是________。

A. ::FFFF　　B. ::1　　C. ::1:FFFF　　D. ::1::FFFF

4.6　大型网络组建案例

【案例背景】

某集团有总公司和子公司，分布在同一城市的两个不同区域，公司之间租用 ISP 的专线相互连接。总公司内部网络采用三层架构，即核心层、汇聚层和接入层。采用 VLAN 技术，根据部门不同将内部用户划分成 6 个不同的 VLAN，用三层交换机实现不同 VLAN 间的路由。使用 OSPF 协议实现总公司和分公司的网络通信。

总公司构建一个服务器群，包括 DNS、WWW 等服务器，DNS 提供内网用户使用，WWW 服务器提供内外网用户的访问。

【组网过程】

大型网络的组建过程要进行以下几个步骤：

（1）网络的规划与设计，主要内容是网络的拓扑结构的设计以及 IP 地址规划。

（2）对网络互联设备的选型，即根据需要选择合适的网络互联设备。

（3）网络互联设备的配置。

（4）对整个工程项目的调试及验收。

【网络拓扑结构】

各企事业单位在建设自己的网络时，往往采用目前比较流行的三层网络架构，即核心层、汇聚层和接入层。通常将网络中直接面向用户连接或访问网络的部分称为接入层，将位于接入层和核心层之间的部分称为汇聚层，而将网络主干部分称为核心层。核心层的主要目的在于通过高速转发通信，核心层交换机应拥有更高的可靠性、性能和吞吐量。

网络拓扑结构如图 4-6-1 所示。

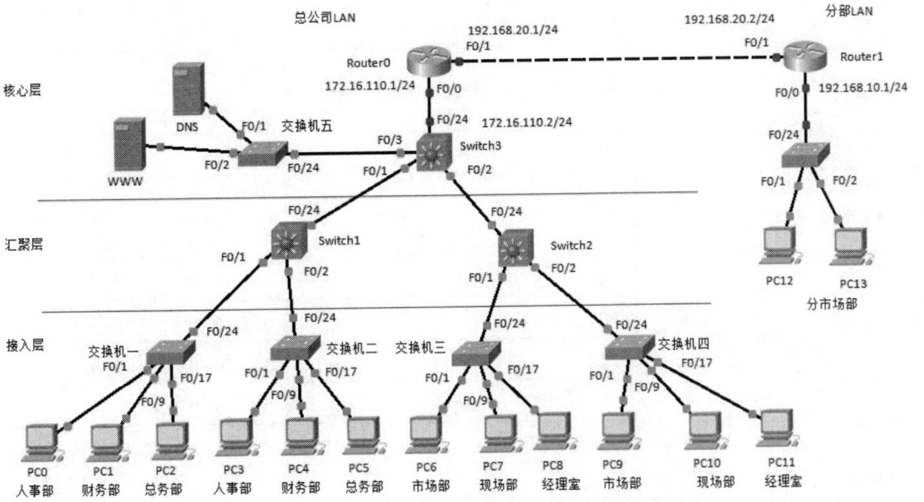

图 4-6-1　大型企业网络的拓扑图

【IP 地址规划】

总公司内部网络中 Switch3 为核心层三层交换机，Switch1 和 Switch2 为汇聚层三层交换机，接入层为 4 台普通二层层交换机。在规划中将第 1 台和第 2 台接入层交换机的 1～8 号口分配给人事部（vlan 10），9～16 号口分配给财务部（vlan 20），17～23 号口分配给总务部（vlan 30），24 号端口分别用于连接汇聚层交换机。第 3 台和第 4 台接入层交换机的 1～8 号口分配给市场部（vlan 50），9～16 号口分配给现场部（vlan 60），17～23 号口分配给经理室（vlan 70）。

在进行 IP 地址规划时，将相同的部门分配同一个网段，不同的部门分配不同的网段。如人事部为 172.16.10.0/24，财务部为 172.16.20.0/24，总务部为 172.16.30.0/24，市场部为

172.16.50.0/24，现场部为 172.16.60.0/24，经理室为 172.16.70.0/24，分公司市场部为 192.168.10.0/24。

各设备接口及 IP 地址规划如表 4-6-1 所示。

表 4-6-1　各设备接口及 IP 地址规划

设　备	接　口	IP 地址
Switch1	VLAN 10	172.16.10.1/24
	VLAN 20	172.16.20.1/24
	VLAN 30	172.16.30.1/24
	F0/3	172.16.80.2/24
Switch2	VLAN 40	172.16.50.1/24
Switch2	VLAN 50	172.16.60.1/24
	VLAN 60	172.16.70.1/24
	F0/3	172.16.90.2/24
Switch3	F0/1	172.16.80.1/24
	F0/2	172.16.90.1/24
	F0/3	172.16.100.1/24
	F0/24	172.16.110.1/24
Router0（总公司路由器）	F0/0	172.16.110.2/24
	F0/1	192.168.20.1/24
Router1（分公司路由器）	F0/1	192.168.20.2/24
	F0/0	192.168.10.1/24
2 台服务器	WWW	172.16.100.2/24
	DNS	172.16.100.3/24
14 台 PC	PC0	172.16.10.2/24
	PC1	172.16.20.2/24
	PC2	172.16.30.2/24
	PC3	172.16.10.3/24
	PC4	172.16.20.3/24
	PC5	172.16.30.3/24
	PC6	172.16.40.2/24
	PC7	172.16.50.2/24
	PC8	172.16.60.2/24
	PC9	172.16.40.3/24
	PC10	172.16.50.3/24
	PC11	172.16.60.3/24
	PC12	192.168.10.2/24
	PC13	192.168.10.3/24

【设备选型】

在 Packet Tracer 模拟软件中提供多种型号的网络设备，在组建大型单核心网络中，接入层交换机选择 Cisco2950 或 Cisco2960 普通二层交换机，汇聚层和核心层交换机选择 Cisco3560 三层交换机，总公司的路由器选择 Cisco Router 2811；分公司的路由器同样为 Cisco Router 2811，分公司接入层交换机选择 Cisco2950 或 Cisco2960 普通交换机。

【网络互联设备的配置】

1. 配置网络互联设备基本参数

1）交换机一、交换机二的配置

```
Switch>enable
Switch#config terminal
Switch(config)#vlan 10
Switch(config-vlan)#exit
Switch(config)#vlan 20
Switch(config-vlan)#exit
Switch(config)#vlan 30
Switch(config-vlan)#exit
Switch(config)#interface range fastethernet 0/1-8
Switch(config-if-range)#switchport access vlan 10
Switch(config-if-range)#exit
Switch(config)#interface range fastethernet 0/9-16
Switch(config-if-range)#switchport access vlan 20
Switch(config-if-range)#exit
Switch(config)#interface range fastethernet 0/17-23
Switch(config-if-range)#switchport access vlan 30
Switch(config-if-range)#exit
Switch(config)#interface fastethernet 0/24
Switch(config-if)#switchport mode trunk
Switch(config-if)#exit
Switch(config)#
```

2）交换机三和交换机四的配置

```
Switch>enable
Switch#config terminal
Switch(config)#vlan 50
Switch(config-vlan)#exit
Switch(config)#vlan 60
Switch(config-vlan)#exit
Switch(config)#vlan 70
Switch(config-vlan)#exit
Switch(config)#interface range fastethernet 0/1-8
Switch(config-if-range)#switchport access vlan 50
Switch(config-if-range)#exit
Switch(config)#interface range fastethernet 0/9-16
Switch(config-if-range)#switchport access vlan 60
Switch(config-if-range)#exit
Switch(config)#interface range fastethernet 0/17-23
Switch(config-if-range)#switchport access vlan 70
Switch(config-if-range)#exit
```

```
Switch(config)#interface fastethernet 0/24
Switch(config-if)#switchport mode trunk
Switch(config-if)#exit
Switch(config)#
```

3）三层交换机 Switch1 的配置

```
Switch>enable
Switch#config terminal
Switch(config)#vlan 10
Switch(config-vlan)#exit
Switch(config)#vlan 20
Switch(config-vlan)#exit
Switch(config)#vlan 30
Switch(config-vlan)#exit
Switch(config)#interface vlan 10
Switch(config-if)#ip address 172.16.10.1 255.255.255.0
Switch(config-if)#no shutdown
Switch(config-if)#exit
Switch(config)#interface vlan 20
Switch(config-if)#ip address 172.16.20.1 255.255.255.0
Switch(config-if)#no shutdown
Switch(config-if)#exit
Switch(config)#interface vlan 30
Switch(config-if)#ip address 172.16.30.1 255.255.255.0
Switch(config-if)#no shutdown
Switch(config-if)#exit
Switch(config)#interface fastethernet 0/1
Switch(config-if)#switchport trunk encapsulation dot1q
Switch(config-if)#switchport mode trunk
Switch(config-if)#exit
Switch(config)#interface fastethernet 0/2
Switch(config-if)#switchport trunk encapsulation dot1q
Switch(config-if)#switchport mode trunk
Switch(config-if)#exit
Switch(config)#interface fastethernet 0/3
Switch(config-if)#no switchport
Switch(config-if)#ip address 172.16.80.2 255.255.255.0
Switch(config-if)#no shutdown
Switch(config-if)#exit
```

4）三层交换机 Switch2 的配置

```
Switch>enable
Switch#config terminal
Switch(config)#vlan 50
Switch(config-vlan)#exit
Switch(config)#vlan 60
Switch(config-vlan)#exit
Switch(config)#vlan 70
Switch(config-vlan)#exit
Switch(config)#interface vlan 50
Switch(config-if)#ip address 172.16.50.1 255.255.255.0
```

```
Switch(config-if)#no shutdown
Switch(config-if)#exit
Switch(config)#interface vlan 60
Switch(config-if)#ip address 172.16.60.1 255.255.255.0
Switch(config-if)#no shutdown
Switch(config-if)#exit
Switch(config)#interface vlan 70
Switch(config-if)#ip address 172.16.70.1 255.255.255.0
Switch(config-if)#no shutdown
Switch(config-if)#exit
Switch(config)#interface fastethernet 0/1
Switch(config-if)#switchport trunk encapsulation dot1q
Switch(config-if)#switchport mode trunk
Switch(config-if)#exit
Switch(config)#interface fastethernet 0/2
Switch(config-if)#switchport trunk encapsulation dot1q
Switch(config-if)#switchport mode trunk
Switch(config-if)#exit
Switch(config)#interface fastethernet 0/3
Switch(config-if)#no switchport
Switch(config-if)#ip address 172.16.90.2 255.255.255.0
Switch(config-if)#no shutdown
Switch(config-if)#exit
```

5）核心层三层交换 Switch3 的配置

```
Switch>enable
Switch#config terminal
Switch(config)#interface fastethernet 0/1
Switch(config-if)#no switchport
Switch(config-if)#ip address 172.16.80.1 255.255.255.0
Switch(config-if)#no shutdown
Switch(config-if)#exit
Switch(config)#interface fastethernet 0/2
Switch(config-if)#no switchport
Switch(config-if)#ip address 172.16.90.1 255.255.255.0
Switch(config-if)#no shutdown
Switch(config-if)#exit
Switch(config)#interface fastethernet 0/3
Switch(config-if)#no switchport
Switch(config-if)#ip address 172.16.100.1 255.255.255.0
Switch(config-if)#no shutdown
Switch(config-if)#exit
Switch(config)#interface fastethernet 0/24
Switch(config-if)#no switchport
Switch(config-if)#ip address 172.16.110.2 255.255.255.0
Switch(config-if)#no shutdown
Switch(config-if)#exit
Switch(config)#
```

6）总公司路由器 Router0 的配置

```
Router>enable
Router#config terminal
```

```
Router(config)#hostname Router0
Router0(config)#interface f0/0
Router0(config-if)#ip address 172.16.110.1 255.255.255.0
Router0(config-if)#no shutdown
Router0(config-if)#exit
Router0(config)#interface f0/1
Router0(config-if)#ip address 192.168.20.1 255.255.255.0
Router0(config-if)#no shutdown
Router0(config-if)#exit
Router0(config)#
```

7）分公司路由器 Router1 的配置

```
Router>enable
Router#config terminal
Router(config)#hostname Router1
Router1(config)#interface f0/0
Router1(config-if)#ip address 192.168.10.1 255.255.255.0
Router1(config-if)#no shutdown
Router1(config-if)#exit
Router1(config)#interface f0/1
Router1(config-if)#ip address 192.168.20.2 255.255.255.0
Router1(config-if)#no shutdown
Router1(config-if)#exit
Router1(config)#
```


2. 配置 OSPF 路由协议

1）三层交换机 Switch1 上配置 OSPF 路由协议

```
Switch(config)#router ospf 1
Switch(config-router)#network 172.16.10.0 0.0.0.255 area 0
Switch(config-router)#network 172.16.20.0 0.0.0.255 area 0
Switch(config-router)#network 172.16.30.0 0.0.0.255 area 0
Switch(config-router)#network 172.16.80.0 0.0.0.255 area 0
Switch(config-router)#
```

2）三层交换机 Switch2 上配置 OSPF 路由协议

```
Switch(config)#router ospf 1
Switch(config-router)#network 172.16.50.0 0.0.0.255 area 0
Switch(config-router)#network 172.16.60.0 0.0.0.255 area 0
Switch(config-router)#network 172.16.70.0 0.0.0.255 area 0
Switch(config-router)#network 172.16.90.0 0.0.0.255 area 0
Switch(config-router)#
```

3）三层交换机 Switch3 上配置 OSPF 路由协议

```
Switch(config)#router ospf 1
Switch(config-router)#network 172.16.80.0 0.0.0.255 area 0
Switch(config-router)#network 172.16.90.0 0.0.0.255 area 0
Switch(config-router)#network 172.16.100.0 0.0.0.255 area 0
Switch(config-router)#network 172.16.110.0 0.0.0.255 area 0
Switch(config-router)#
```

4）总公司路由器 Router0 上配置 OSPF 路由协议

```
Router0(config)#router ospf 1
Router0(config-router)#network 172.16.110.0 0.0.0.255 area 0
```

```
Router0(config-router)#network 192.168.20.0 0.0.0.255 area 0
Router0(config-router)#
```

5）分公司路由器 Router1 上配置 OSPF 路由协议

```
Router1(config)#router ospf 1
Router1(config-router)#network 192.168.10.0 0.0.0.255 area 0
Router1(config-router)#network 192.168.20.0 0.0.0.255 area 0
Router0(config-router)#
```

3. 测试 OSPF 路由协议

查看路由信息，以三层交换机 Switch1 为例，如图 4-6-2 所示。

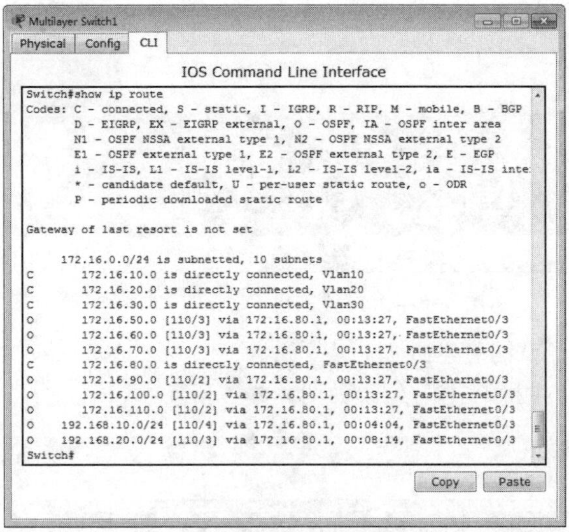

图 4-6-2　Switch1 的路由信息

4. 测试全网连通性

1）设置总公司 LAN 中 PC 的 IP 地址

以 PC0 为例。选择在接入层交换机一所连接的 vlan 10 内的用户 PC0，PC0 用户主机 IP 地址为 172.16.10.2，子网掩码为 255.255.255.0，默认网关为 172.16.10.1，如图 4-6-3 所示。

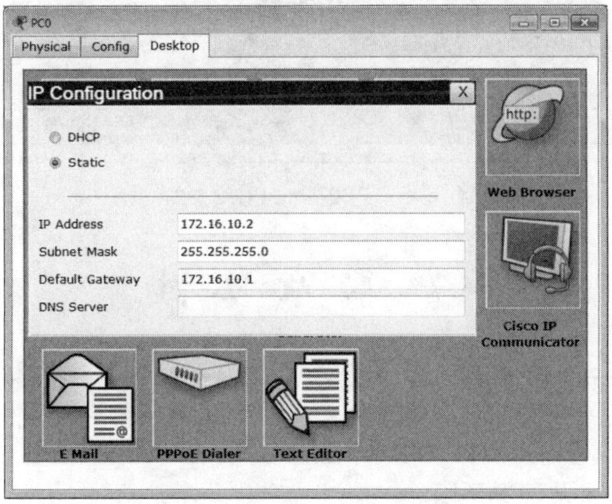

图 4-6-3　设置主机 PC0 的 IP 地址

2）设置分部 LAN 中 PC 的 IP 地址

以 PC12 为例。PC12 的 IP 地址为 192.168.10.2，子网掩码为 255.255.255.0，默认网关为 192.168.10.1，如图 4-6-4 所示。

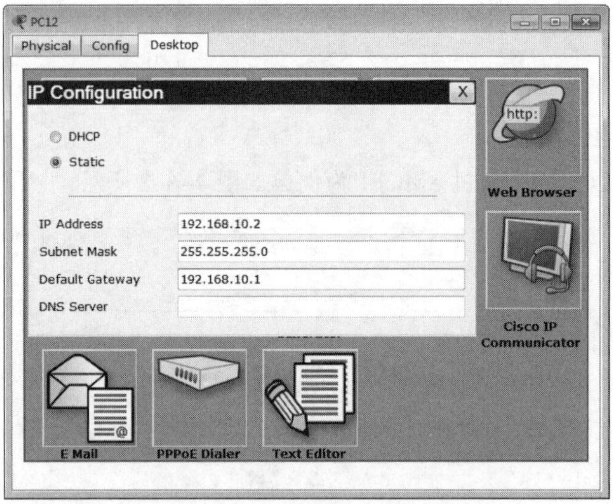

图 4-6-4　设置主机 PC12 的 IP 地址

3）使用 ping 命令测试网络连通性

在主机 PC0 上 ping 主机 PC12，结果如图 4-6-5 所示。

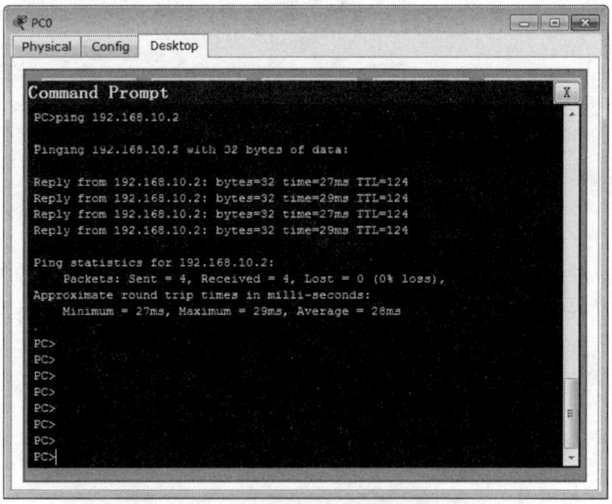

图 4-6-5　PC0 ping PC12 的结果

4.7　本 章 实 践

实践 1　子网划分与地址分配

【实践目标】

掌握子网划分的技术及配置子网。

【实践环境】

装有 Cisco Packet Tracer 模拟软件的 PC 一台。

某公司拥有总部和两个分支机构，申请了一个 C 类网络地址块 202.80.112.0/24，对它进行子网划分。网络拓扑结构如图 4-7-1 所示。

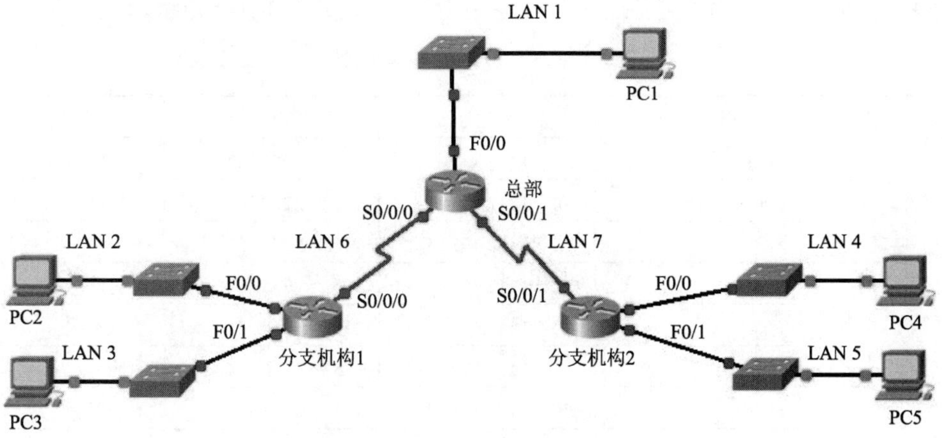

图 4-7-1　网络拓扑结构示意图

具体 IP 地址需求情况如下：

总部的 LAN1 子网有 50 个主机，需要 50 个主机 IP 地址；

分支机构 1 的 LAN2 有 20 个主机，需要 20 个主机 IP 地址；

分支机构 1 的 LAN3 有 20 个主机，需要 20 个主机 IP 地址；

分支机构 2 的 LAN4 有 20 个主机，需要 20 个主机 IP 地址；

分支机构 2 的 LAN5 有 20 个主机，需要 20 个主机 IP 地址；

总部到分支机构 1 链路（LAN6）的两端各需要一个 IP 地址；

总部到分支机构 1 链路（LAN7）的两端各需要一个 IP 地址。

【实践步骤】

1. **确定所需子网和主机的数量**

50 个主机的 LAN1，需要主机号 6 位（有效主机 IP 地址为 62 个），网络前缀 26 位，子网掩码为 255.255.255.192；

20 个主机的 LAN2～LAN5，需要主机号 5 位（有效主机 IP 地址为 30 个），网络前缀 27 位，子网掩码为 255.255.255.224；

LAN6 和 LAN7 各有两个端点，需要主机号 2 位（有效主机 IP 地址为 2 个），网络前缀 30 位，子网掩码为 255.255.255.252。

2. **设置适当的编址方案**

本实践项目的编址方案有很多种，下面给出其中一种方案：

LAN1：202.80.112.0/26

LAN2：202.80.112.64/27

LAN3：202.80.112.96/27

LAN4：202.80.112.128/27

LAN5：202.80.112.160/27

LAN6：202.80.112.192/30

LAN7：202.80.112.196/30

3. 为设备接口和主机分配地址和子网掩码

分配 IP 地址，设计网络设备地址表，设备网络地址表如表 4-7-1 所示。

表 4-7-1　设备网络地址表

设　　备	接　　口	IP 地址	子网掩码	默认网关
总部	F0/0	202.80.112.1	255.255.255.192	不适用
	S0/0/0	202.80.112.193	255.255.255.252	不适用
	S0/0/1	202.80.112.197	255.255.255.252	不适用
分支机构 1	S0/0/0	202.80.112.194	255.255.255.252	不适用
	F0/0	202.80.112.65	255.255.255.224	不适用
	F0/1	202.80.112.97	255.255.255.224	不适用
分支机构 2	S0/0/1	202.80.112.198	255.255.255.252	不适用
	F0/0	202.80.112.129	255.255.255.224	不适用
	F0/1	202.80.112.161	255.255.255.224	不适用
PC1	网卡	202.80.112.2	255.255.255.192	202.80.112.1
PC2	网卡	202.80.112.66	255.255.255.224	202.80.112.65
PC3	网卡	202.80.112.98	255.255.255.224	202.80.112.97
PC4	网卡	202.80.112.130	255.255.255.224	202.80.112.129
PC5	网卡	202.80.112.162	255.255.255.224	202.80.112.161

实践 2　路由器的基本配置

【实践目标】

（1）理解路由器基本配置的步骤和命令。

（2）掌握配置路由器的常用命令。

【实践环境】

装有 Cisco Packet Tracer 模拟软件的 PC 一台。网络拓扑如图 4-7-2 所示。

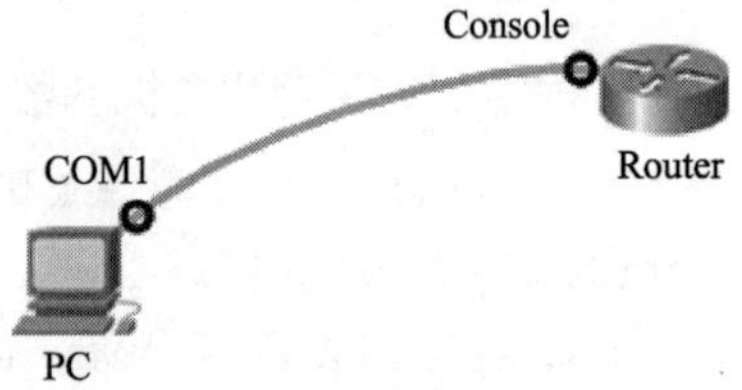

图 4-7-2　网络拓扑结构示意图

【实践步骤】

1. 观察路由器开机过程

关闭电源，稍后打开电源，观察路由器开机过程及相关显示内容。

2. 路由器的命令行配置

在出现的初始化配置对话框中输入 n（No）并按 Enter 键，再按 Enter 键进入普通用户模式。路由器的命令行配置方法与交换机基本相同，以下是路由器的一些基本配置：

```
Router>enable
Router#configure terminal
Router(config)#hostname R1
```

```
R1(config)#inerfacet f 0/1                !进入以太网接口 1
R1(config-if)#ip address 192.168.1.1 255.255.255.0
                                          !设置以太网接口 1 的 IP 地址
R1(config-if)#no shutdown                 !激活接口
R1(config-if)#exit
R1(config)#interface serial 0/0                     !进入串行接口 0
R1(config-if)#clock rate 64000                      !设置时钟频率为 64000bps
R1(config-if)#ip address 192.168.10.1 255.255.255.0 !设置串行接口 0 的 IP 地址
R1(config-if)#no shutdown                           !激活接口
R1(config-if)#exit
R1(config)#exit
R1#
```

3. 路由器的显示命令

通过 show 命令，可查看路由器的 IOS 版本、运行状态、端口配置等信息。

```
R1#show version                    !显示 IOS 的版本信息
R1#show running-config             !显示 RAM 中正在运行的配置文件
R1#show startup-config             !显示 NVRAM 中的配置文件
R1#show interface s0/0             !显示 S0/0 接口信息
R1#show flash                      !显示 flash 信息
R1#show ip arp                     !显示路由器缓存中的 ARP 表
```

实践 3　静态路由的配置

【实践目标】

熟练掌握静态路由的配置。

【实践环境】

装有 Cisco Packet Tracer 模拟软件的 PC 一台。网络拓扑结构如图 4-7-3 所示。

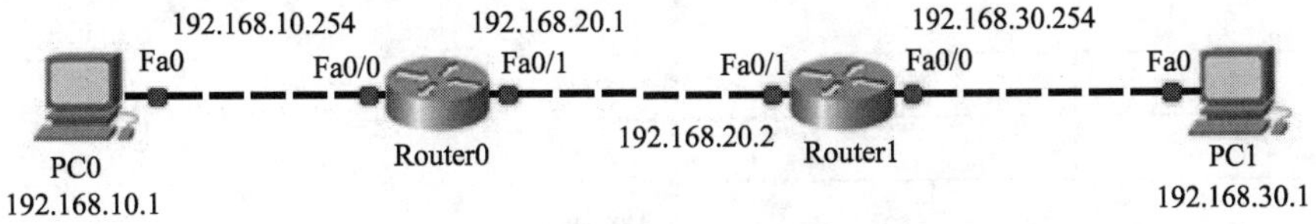

图 4-7-3　网络拓扑结构示意图

【实践步骤】

1. 配置主机 PC0 和 PC1 的网络参数

主机 PC0 和 PC1 的网络参数配置如表 4-7-2 所示。

表 4-7-2　PC0 和 PC1 的网络参数配置表

设　备	IP 地　址	子 网 掩 码	默 认 网 关
PC0	192.168.10.1	255.255.255.0	192.168.10.254
PC1	192.168.30.1	255.255.255.0	192.168.30.254

2. 配置路由器 Router0 的主机名和接口参数

路由器 Router0 的主机名和接口参数配置命令如下：

```
Router>enable
Router# configure terminal
```

```
Router(config)# hostname Router0
Router0(config)# interface fa0/0
Router0(config-if)# ip address 192.168.10.254 255.255.255.0
Router0(config-if)# no shutdown
Router0(config-if)# exit
Router0(config)# interface fa0/1
Router0(config-if)# ip address 192.168.20.1 255.255.255.0
Router0(config-if)# no shutdown
Router0(config-if)# exit
```

3. 配置路由器 Router1 的主机名和接口参数

路由器 Router1 的主机名和接口参数配置命令如下：

```
Router>enable
Router# configure terminal
Router(config)# hostname Router1
Router1(config)# interface fa0/0
Router1(config-if)# ip address 192.168.30.254 255.255.255.0
Router1(config-if)# no shutdown
Router1(config-if)# exit
Router1(config)# interface fa0/1
Router1(config-if)# ip address 192.168.20.2 255.255.255.0
Router1(config-if)# no shutdown
Router1(config-if)# exit
```


4. 测试连通性

在主机 PC0 和 PC1 上测试网络连通性，如表 4-7-3 所示。

表 4-7-3　在主机上测试网络连通性结果

在 PC0 上使用 ping 命令		在 PC1 上使用 ping 命令	
ping 对象	ping 结果	ping 对象	ping 结果
192.168.10.1		192.168.30.1	
192.168.10.254		192.168.30.254	
192.168.20.1		192.168.20.2	
192.168.20.2		192.168.20.1	
192.168.30.254		192.168.10.254	
192.168.30.1		192.168.10.1	

5. 配置路由器 Router0 的静态路由

Router0(config)# ip route 192.168.30.0 255.255.255.0 192.168.20.2

6. 测试连通性

在主机 PC0 和 PC1 上测试网络连通性，如表 4-7-4 所示。

表 4-7-4　在主机上测试网络连通性结果

在 PC0 上使用 ping 命令		在 PC1 上使用 ping 命令	
ping 对象	ping 结果	ping 对象	ping 结果
192.168.10.1		192.168.30.1	
192.168.10.254		192.168.30.254	

续表

在 PC0 上使用 ping 命令		在 PC1 上使用 ping 命令	
ping 对象	ping 结果	ping 对象	ping 结果
192.168.20.1		192.168.20.2	
192.168.20.2		192.168.20.1	
192.168.30.254		192.168.10.254	
192.168.30.1		192.168.10.1	

7. **配置路由器 Router1 的静态路由**

```
Router1(config)# ip route 192.168.10.0 255.255.255.0 192.168.20.1
```

8. **测试连通性**

在主机 PC0 和 PC1 上测试网络连通性，如表 4-7-5 所示。

表 4-7-5　在主机上测试网络连通性结果

在 PC0 上使用 ping 命令		在 PC1 上使用 ping 命令	
ping 对象	ping 结果	ping 对象	ping 结果
192.168.10.1		192.168.30.1	
192.168.10.254		192.168.30.254	
192.168.20.1		192.168.20.2	
192.168.20.2		192.168.20.1	
192.168.30.254		192.168.10.254	
192.168.30.1		192.168.10.1	

9. **在路由器 Router0 和 Router1 上配置默认路由**

```
Router0(config)# ip route 0.0.0.0 0.0.0.0 192.168.20.2
Router1(config)# ip route 0.0.0.0 0.0.0.0 192.168.20.1
```

实践 4　动态路由的配置

【实践目标】

熟练掌握动态路由 RIP、OSPF 的配置方法。

【实践环境】

装有 Cisco Packet Tracer 模拟软件的 PC 一台。网络拓扑结构如图 4-7-3 所示。

【实践步骤】

1. **PC 及路由器接口参数的配置**

PC 及路由器接口的参数配置与静态路由的配置实践相同。

2. **RIP 动态路由协议的配置**

1）在路由器 Router0 上配置 RIP 协议

```
Router0(config)# router rip
Router0(config-router)# network 192.168.10.0
Router0(config-router)# network 192.168.20.0
Router0(config-router)# exit
```

2）在路由器 Router1 上配置 RIP 协议

```
Router1(config)# router rip
Router1(config-router)# network 192.168.20.0
Router1(config-router)# network 192.168.30.0
Router1(config-router)# exit
```

3）测试连通性

在主机 PC0 和 PC1 上测试网络连通性，如表 4-7-6 所示。

表 4-7-6　在主机上测试网络连通性结果

在 PC0 上使用 ping 命令		在 PC1 上使用 ping 命令	
ping 对象	ping 结果	ping 对象	ping 结果
192.168.10.1		192.168.30.1	
192.168.10.254		192.168.30.254	
192.168.20.1		192.168.20.2	
192.168.20.2		192.168.20.1	
192.168.30.254		192.168.10.254	
192.168.30.1		192.168.10.1	

3. OSPF 动态路由协议的配置

在全局配置模式下，用 no router rip 命令将 RIP 的配置全部删除，保留各接口的 IP 配置，再进行 OSPF 动态路由协议的配置。

1）在路由器 Router0 上配置 OSPF 协议

```
Router0(config)# router ospf 1
Router0(config-router)# network 192.168.10.0 0.0.0.255 area 0
Router0(config-router)# network 192.168.20.0 0.0.0.255 area 0
Router0(config-router)# exit
```

2）在路由器 Router1 上配置 OSPF 协议

```
Router1(config)# router ospf 1
Router1(config-router)# network 192.168.20.0 0.0.0.255 area 0
Router1(config-router)# network 192.168.30.0 0.0.0.255 area 0
Router1(config-router)# exit
```

3）测试连通性

在主机 PC0 和 PC1 上测试网络连通性，如表 4-7-7 所示。

表 4-7-7　在主机上测试网络连通性结果

在 PC0 上使用 ping 命令		在 PC1 上使用 ping 命令	
ping 对象	ping 结果	ping 对象	ping 结果
192.168.10.1		192.168.30.1	
192.168.10.254		192.168.30.254	
192.168.20.1		192.168.20.2	
192.168.20.2		192.168.20.1	
192.168.30.254		192.168.10.254	
192.168.30.1		192.168.10.1	

第5章

Internet 接入

【主要内容】

本章以局域网接入 Internet 为目标，认知各种接入 Internet 方式的特点及其适用范围，掌握接入 Internet 的技术和方法。

【知识目标】

（1）认知广域网协议、Internet 接入技术的原理。

（2）认知 Internet 接入技术的特点及其适用范围。

【能力目标】

（1）掌握广域网接口 PPP 协议的配置。

（2）使用 ADSL Modem 方式实现局域网与 Internet 的连接。

（3）掌握 NAT 的配置，实现局域网内部主机访问 Internet 上的服务器。

5.1 广 域 网

5.1.1 广域网概述

广域网（Wide Area Network，WAN）也称远程网，通常跨接很大的物理范围，所覆盖的范围从几十公里到几千公里，它能连接多个城市或国家，或横跨几个洲，并能提供远距离通信，形成国际性的远程网络。广域网可以利用公用分组交换网、卫星通信网和无线分组交换网，将分布在不同地区的局域网或计算机系统互联起来，达到资源共享的目的。

广域网不同于局域网，它的范围更广，超越一个城市、一个国家甚至达到全球互联，因此具有与局域网不同的特点：

（1）覆盖范围广，通信距离远，可达数千公里以及全球。

（2）不同于局域网的一些固定结构，广域网没有固定的拓扑结构，通常使用高速光纤作为传输介质。

（3）主要提供面向通信的服务，支持用户使用计算机进行远距离的信息交换。

（4）局域网通常作为广域网的终端用户与广域网相连。

（5）广域网的管理和维护相对局域网较为困难。

（6）广域网一般由电信部门或公司负责组建、管理和维护，并向全社会提供面向通信的有偿服务、流量统计和计费问题。

5.1.2 广域网协议

广域网一般最多只包含 OSI 参考模型的低三层。广域网数据链路层协议定义了数据帧如何在广域网上进行帧的封装、传输和处理。常用的广域网协议有 PPP（Point to Point Protocol，点对点协议）、HDLC（High level Data Link Control，高级数据链路控制协议）和帧中继。

1. PPP 协议

PPP 协议提供了在串行点对点链路上传输数据报的方法。该协议提供全双工操作，并按照一定顺序传递数据报。PPP 协议常用于 Modem 通过拨号或专线方式将用户计算机接入 ISP 网络，也就是把用户计算机与 ISP 服务器连接。另一个 PPP 应用领域是局域网之间的互联。目前，PPP 已经成为各种主机、交换机和路由器之间通过拨号或专线方式建立点对点连接的首选方案。

1）PPP 的组成与特点

PPP 协议包含数据链路控制协议（Link Control Protocol，LCP）和网络控制协议（Network Control Protocol，NCP）。LCP 协议提供了通信双方进行参数协商的手段。NCP 协议使 PPP 可以支持 IP、IPX 等多种网络层协议及 IP 地址的自动分配。PPP 具有以下特点：

（1）能够控制数据链路的建立。

（2）能够对 IP 地址进行分配和使用。

（3）允许同时采用多种网络层协议。

（4）能够配置和测试数据链路。

（5）能够进行错误检测。

（6）支持身份验证，PPP 协议支持两种验证方式：PAP（Password Authentication Protocol，口令验证协议）和 CHAP（Challenge Handshake Authentication Protocol，询问握手认证协议）。

（7）有协商选项，能够对网络层的地址和数据压缩等进行协商。

2）PPP 的工作过程

确保路由器双方串行线缆已连接，PPP 协议已配置完成，其中 DCE 接口必须配置 Clock rate，并且通信接口已激活，如图 5-1-1 所示。

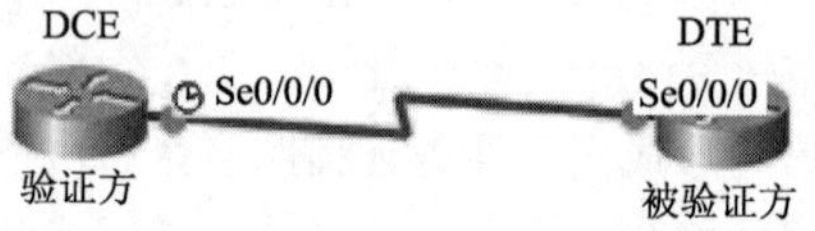

图 5-1-1　PPP 的工作过程

（1）被验证方与验证方协商通信时钟频率，协商一致后，即可建立一条物理连接。线路进入建立状态。

（2）被验证方向验证方发送一系列的数据链路控制协议（LCP）分组，封装成多个 PPP 帧，协商 PPP 参数。协商结束后进入鉴别状态。

（3）若已配置 PAP 或 CHAP 验证，则双方鉴别身份成功后，不需要进行验证即可进入网络状态。

（4）网络控制协议（NCP）将数据封装成符合上层协议兼容的数据帧格式，进入数据通信状态。

（5）数据传输结束后，NCP 释放与网络层的连接，LCP 释放数据链路层连接，转到终止状态，最后释放物理层连接。

3）PPP 的验证方式

PPP 协议支持两种验证方式：PAP 和 CHAP。

（1）PAP 验证。PAP 验证是简单认证方式，采用明文传输，验证只在开始连接时进行。

验证过程如图 5-1-2 所示，被验方先发起连接，将用户名和密码一起发给验证方。验证方收到被验方的用户名和密码后，在数据库中进行匹配，并回送 ACK（确认）或 NAK（否认）。

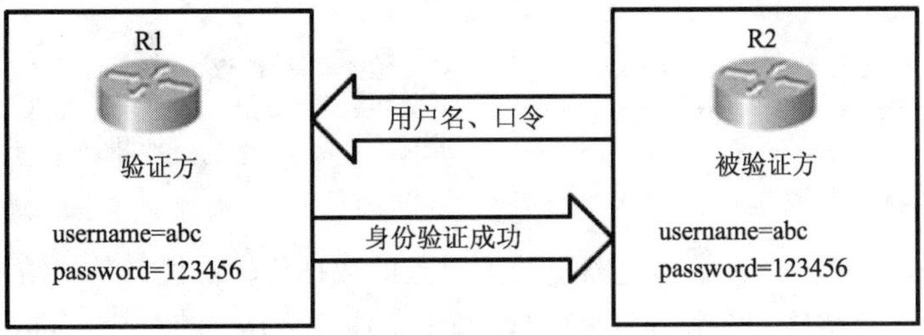

图 5-1-2　PAP 验证过程

（2）CHAP 验证。CHAP 是要求握手验证方式，安全性较高，采用密文传送用户名。验证方和被验方两边都有数据库。要求双方的用户名互为对方的主机名，即本端的用户名等于对端的主机名，且口令相同。验证过程如图 5-1-3 所示，验证方向被验证方发送随机报文，将自己的主机名一起发送；被验证方根据验证方的主机名在本端的用户表中查找口令字；将口令加密运算后加上自己的主机名及用户名回送验证方；验证方根据收到的被验证方的用户名在本端查找口令字，返回验证结果。

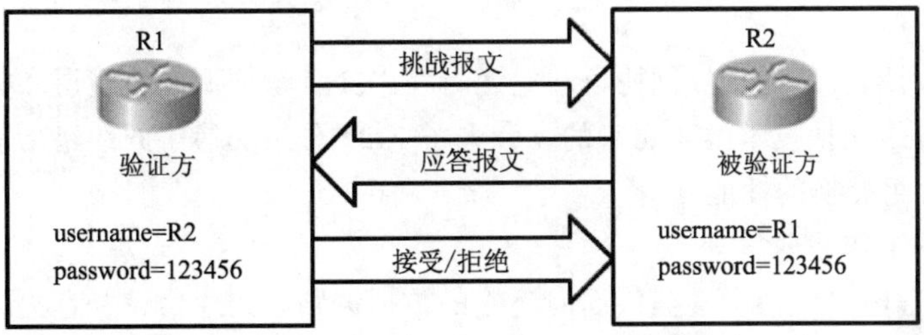

图 5-1-3　CHAP 验证过程

4）PPP 的封装与验证配置命令

（1）配置 PPP 封装。在端口模式下启动 PPP 封装协议，验证双方都要配置此协议，否则不能建立连接：

```
Router(config-if)#encapsulation ppp
```

（2）配置 PAP 验证。验证方建立本地口令数据库，name 为用户名，0|7 标注加密类型，0 表示不加密，7 表示简单加密，password 表示口令：

```
Router(config-if)#username name password [0|7] password
```

验证双方在接口上启用 PAP 验证：

```
Router(config-if)#ppp authentication pap
```

配置被验证方将用户名和口令发送给验证方，要求与验证方的用户名和口令一致：

```
Router(config-if)#ppp pap sent-username username password [0|7] password
```

（3）配置 CHAP 验证。验证双方必须指定路由器的主机名：

```
Router(config)#hostname name
```

验证双方必须建立本地口令数据库，name 填写验证对方的主机名，而不是自己的主机名，验证双方的口令必须相同：

```
Router(config-if)#username name password [0|7] password
```

验证双方在接口上启用 CHAP 验证：

```
Router(config-if)#ppp authentication chap
```

（4）测试命令：

```
Router#show interface serial              !检查二层协议封装，显示 LCP 和 NCP 状态
Router#debug ppp negotiation              !查看 PPP 通信过程中协商信息
Router#degub ppp authentication           !查看 PPP 通信过程中验证信息
```

2. HDLC 协议

HDLC 协议是一个工作在数据链路层的点对点的数据传输协议，其帧结构有两种类型：一种是 ISO HDLC 帧结构，有物理层及 LLC 两个子层，采用 SDLC（Synchronous Data Link Control，同步数据链路控制协议）的帧格式，支持同步、全双工操作；另一种是 Cisco HDLC 帧结构，无 LLC 子层，只进行物理帧封装，没有应答、重传机制，所有的纠错处理由上层协议处理。因此 ISO HDLC 与 Cisco HDLC 是相互不兼容的协议。

HDLC 和 PPP 虽然都是点对点的广域网传输协议，但是在具体组网时，都有各自的应用环境。在 Cisco 路由器之间用专线连接时，采用 Cisco HDLC 协议，因为此时 Cisco HDLC 比使用 PPP 协议具有更高的效率；在 Cisco 路由器与非 Cisco 路由器之间用专线连接时，不能使用 Cisco HDLC，因为非 Cisco 路由器不支持 Cisco HDLC，此时就只能用 PPP 协议。

3. 帧中继

帧中继是一种高性能的广域网协议，它运行在 OSI 参考模型的物理层和数据链路层。该技术是由 X.25 分组交换技术演化而来的，舍去了 X.25 分组交换中的纠错功能，使帧中继的性能优于 X.25 分组交换的性能。

1）帧中继的工作原理

（1）帧中继虚电路。帧中继提供面向连接的数据链路层的通信，并且提供永久虚拟电路（Permanent Virtual Circuit，PVC）和交互式虚拟电路（Switched Virtual Circuit，SVC）连接。

（2）数据链路连接标识符（Data Link Connection Identifier，DLCI）。每个帧中继虚电路都以数据链路连接标识符 DLCI 来标识自己，在一接入线上，DLCI 仅对本地具有意义，也就是说，DLCI 在帧中继中不是唯一的。

（3）阻塞控制机制。帧中继是一种能高概率依序递交帧的业务，检验发现有错的帧只是被简单地丢弃，而不执行 X.25 中的出错管理和流量控制功能，只是采用简单的阻塞控制机制，因而末端系统必须实现这些出错管理和流量控制功能。

2）帧中继的特点

该协议是一种数据包交换技术，交换网络可以支持终端工作站动态地共享网络介质和宽带。可变长数据包使网络传输更灵活和高效。数据包在不同的网段间进行交换，直至到达目的地。

5.1.3 自我测试

一、填空题

1. 常用的广域网协议有________、________和________。
2. PPP 协议的验证方式有两种，它们分别是________和________。

二、选择题

1. 下列所述的协议中，________不是广域网协议。

A. PPP　　B. Frame Relay　　C. HDLC　　D. Ethernet II

2. 在 PPP 协议的验证方式中，________为两次握手协议，它通过在网络上以明文的方式传递用户名及口令来对用户进行验证。

A. PAP　　B. IPCP　　C. CHAP　　D. RADIUS

3. CHAP 是三次握手的验证协议，其中第一次握手是________。

A. 被验证方直接将用户名和口令传递给验证方

B. 验证方将一段随机报文和用户名传递到被验证方

C. 被验证方生成一段随机报文，用自己的口令对这段随机报文进行加密，然后与自己的用户名一起传递给验证方

D. 验证方根据收到的被验证方的用户名在本端查找口令字，返回验证结果。

5.2 Internet 接入

5.2.1 Internet 接入技术

目前国内常见的 Internet 接入技术有以下 9 种：

1. PSTN 拨号接入

PSTN（Public Switch Telephone Network）即公用电话交换网，即我们日常生活中常用的电话网络。PSTN 拨号接入就是指利用普通电话线路在 PSTN 的电话线上进行数据信号传送，当上网用户发送数据信号时，利用 Modem 将个人计算机的数字信号转化为模拟信息，通过公用电话网的电话线发送出去；当上网用户接收数据信号时，利用 Modem 将经电话线送来的模拟信号转化为数字信号提供给个人计算机。

在众多的 Internet 接入技术中，通过 PSTN 拨号接入所要求的通信费用最低，但其数据传输质量及传输速度也最差，网络资源利用率也较低。在中国互联网发展的早期（1998～2003年），这种方式是国内接入 Internet 的最主要实现方式。

2. ISDN 综合业务数字网

ISDN（Integrated Services Digital Network）即综合业务数字网，是另一种更高速率的拨号上网手段，能够在一对电话线上提供两个数字信道，每个信道可提供 64 Kbit/s 的语音或数据传输，可保证用户打电话和上网两不误。

传统的拨号接入不能同时提供语音业务和数据业务的连接通信，在拨号上网过程中，电话就处于占线状态，而 ISDN 接入通过一对电话线，就能为用户提供电话、数据、传真等多种业务，故俗称“一线通”。这种接入方式在中国的应用时间非常短，大致在 2003—2004 年间比较流行，随着宽带接入技术的出现，ISDN 迅速退出历史舞台。

3. DDN 专线

DDN（Digital Data Network）即数字数据网络，这是随着数据通信业务发展而迅速发展起来的一种网络。DDN 的主干网传输介质有光纤、数字微波、卫星信道等，用户端多使用普通

线缆和双绞线。DDN 将数字通信技术、计算机技术、光纤通信技术以及数字交叉技术有机地结合在一起，提供了高速度、高质量的通信环境，可以向用户提供点到点、点到多点透明传输的数据专线出租电路，为用户传输数据、图像、声音等信息。DDN 的通信速率可根据用户需要在 N*64 kbit/s（N=1～32）之间进行选择，当然速度越快租用费用也越高。

用户租用 DDN 业务需要申请开户。DDN 收费一般可以采用包月制和计流量制，DDN 的租用费较贵，普通用户负担不起，DDN 主要面向集团公司等需要综合运用的单位。DDN 按照不同的速率带宽收费也不同，例如在中国电信申请一条 128 kbit/s 的区内 DDN 专线，月租费大约为 1 000 元。因此它不适合社区住户的接入，只对社区商业用户有吸引力。

4. xDSL 技术

数字用户线（Digital Subscriber Line，DSL）技术是基于普通电话线的宽带接入技术，数据传输的距离通常为 300 m～7 km，数据传输的速率可达 1.5～52 Mbit/s。

xDSL 技术是对多种用户线高速接入技术的统称，包括 ADSL、HDSL、VDSL、RADSL 等。它们主要的区别体现在信息传输速率和距离不同，以及上、下行速率对称性的不同这两个方面。目前应用范围最广的 xDSL 技术是 ADSL 技术。

ASDL（Asymmetric Digital Subscriber Line）即非对称数字用户线，其工作原理如图 5-2-1 所示。上行方向上，计算机发送的数据信号是一路数字信号，普通电话机发送的语音信号是一路低频模拟信号；数据信号经过 ADSL Modem 调制转换成高频模拟信号，与语音信号经分路器、以频分复用的方式合成一路混合信号，再通过电话线向局端传输。到达局端后，局端分路器把混合信号重新分开，高频模拟信号送往 DSL 接入多路复用器，由 ADSL Modem 解调成数字信号，向 Internet 传送；低频信号送往电话程控交换机，经汇聚、交换后送往电话交换网。下行方向的过程是上行方向的逆过程。

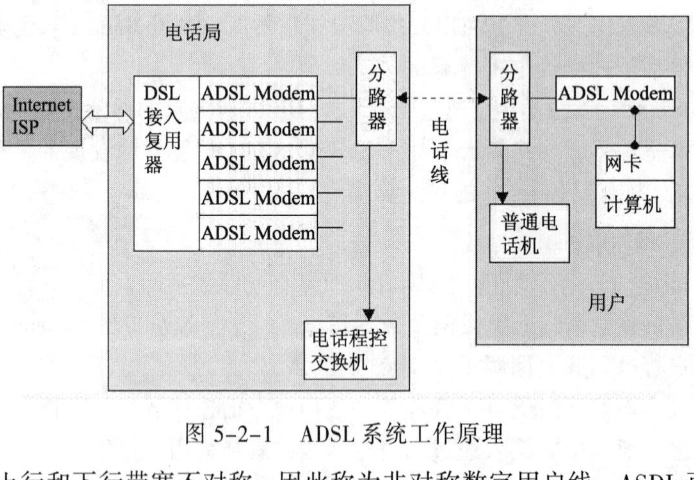

图 5-2-1　ADSL 系统工作原理

ADSL 因为上行和下行带宽不对称，因此称为非对称数字用户线。ASDL 可以在普通的电话铜缆上提供 1.5～8 Mbit/s 的下行和 10～64 kbit/s 的上行传输，可进行视频会议和影视节目传输，非常适合中小企业。

ADSL 为用户提供了灵活的接入方式，包括专线方式和虚拟拨号方式。所谓专线方式，是指用户 24 小时在线，用户具有静态的 IP 地址，用户开机就已经接入 Internet，主要适用于中小型企业用户。所谓虚拟拨号方式，是指根据用户名与口令认证接入相应的网络，适用于个人用户及小型公司等，由于虚拟拨号并没有真正的拨打电话，因此相关费用也与电话系统无关。

5. HFC 技术

HFC（Hybrid Fiber-Coaxial，混合光纤/同轴电缆接入技术）是把光缆敷设到用户小区，然后通过光电转换结点，利用有线电视（CATV）的同轴电缆连接到用户，提供综合电信业务的技术。它与早期有线电视同轴电缆网络的不同之处主要在于干线上用光纤传输光信号，在头端需完成电/光转换，进入用户区后要完成光/电转换。HFC 系统结构如图 5-2-2 所示，在下行方向上，有线电视台的电视信号、公用电话网的语音信号和数据网的数据信号通过光纤线路送至光纤结点，在光纤结点进行光/电转换和射频放大，再经过同轴电缆送至用户接口单元，并分别将信号送到电视机和电话，数据信号经 Cable Modem 送到计算机上。上行方向是下行方向的逆过程，只不过用户不回传 CATV 信号。

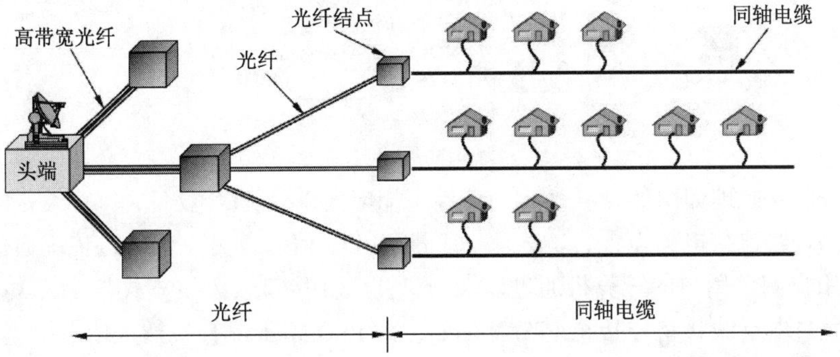

图 5-2-2　HFC 系统结构

和 xDSL 技术相比，HFC 网络系统具有接入速率较高、不占电话线路、无需拨号专线连接的优势。电缆调制解调器最大的特点是传输速率高。其下行速率一般在 3～10 Mbit/s 之间，最高可达 30 Mbit/s，而上行速率一般为 0.2～2 Mbit/s，最高可达 10 Mbit/s。

6. PON 接入技术

对于用户宽带多媒体业务流畅地接入的需要，无源光网络（PON，Passive Optical Network）应运而生。PON 接入技术是一种以光纤为主要传输介质的接入技术，主要技术包括 EPON（基于以太网的无源光网络）和 GPON（吉比特无源光网络）。

PON 由光线路终端（OLT）、光纤网络单元（ONU）和光分配网络（ODN）三部分组成，如图 5-2-3 所示。OLT 放在运营商的中心机房，ONU 放在用户端，ODN 包括光纤和光分路器。

按照 ONU 在 PON 中所处的具体位置不同，可以将 PON 网络分为 3 种基本的应用：光纤到楼（Fiber to the Building，FTTB）、光纤到路边（Fiber to the Curb，TTTC）、光纤到户/光纤到（Fiber to the Home，FTTH）和光纤到办公室（Fiber to the Office，FTTO）。

7. 电力线接入技术

电力线通信技术（Power Line Communication，PLC）是指利用配电网中低压线路传输高速数据、语音、图形等多媒体业务信号的一种通信方式。该技术是将载有信息的高频信号加载到电力线上，用电线进行数据传输，通过专用的 PLC Modem 将高频信号从电力线上分离出来，传送到终端设备。

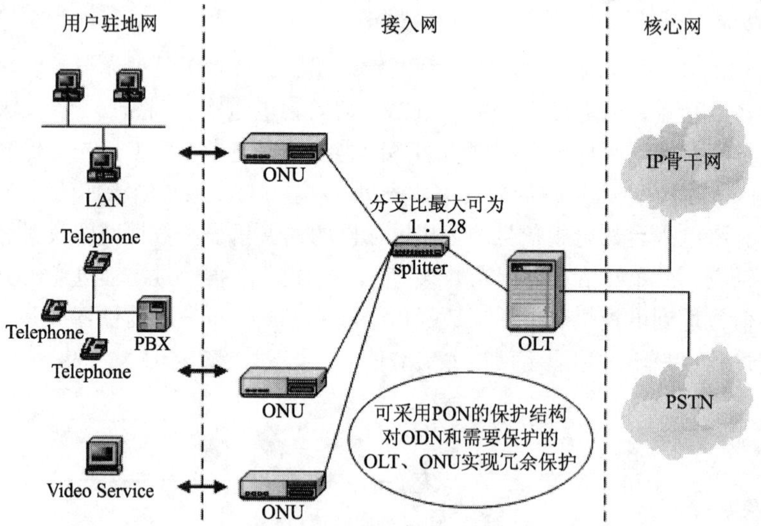

图 5-2-3　无源光网络 PON 的系统结构

PLC 网络接入原理如图 5-2-4 所示。在楼宇配电间安装 PLC 设备，PLC 设备的一侧通过电容或电感耦合器连接电力电缆，输入/输出高频 PLC 信号；另一侧通过传统通信方式接入 Internet。在用户侧，用户的计算机通过以太网口、USB 接口或无线方式与 PLC Modem 相连，普通电话机通过电话线接口连接至 PLC Modem，而 PLC Modem 直接插入墙上插座。

与其他接入技术相比，电力线宽带接入网络具有以下优势：

（1）充分利用现有的低压配电网络基础设施，无需任何布线。

（2）电力线是覆盖范围最广的网络，它的规模是其他任何网络所无法比拟的。

（3）PLC 属于“即插即用”，不用拨号过程，接入电源就等于接入网络。

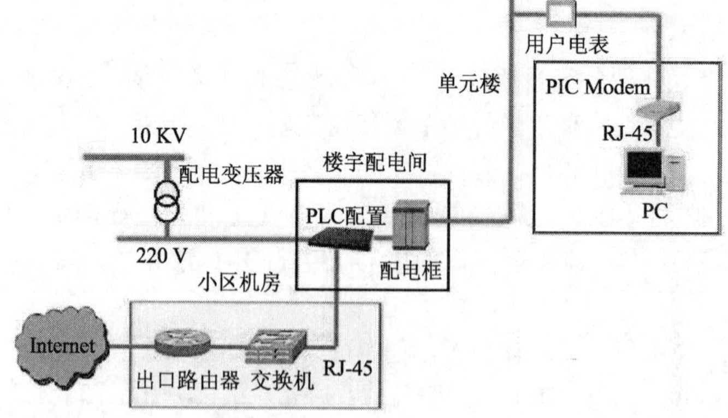

图 5-2-4　PLC 网络接入原理

8. 以太网接入技术

以太网是目前使用最广泛的局域网技术。由于其简单、成本低、可扩展性强，以太网技术在企业、校园和小区用户都得到了广泛应用。以太网接入是指将以太网技术与综合布线相结合，作为公用电信网的接入网，直接向用户提供基于 IP 的多种业务的传送通道。

以太网技术的实质是一种二层的媒质访问控制技术，可以在五类线上传送，也可以与其他接入介质相结合，形成多种宽带接入技术。

9. **无线接入技术**

无线接入是指从交换结点到用户终端之间的传输线路上，部分或全部采用无线传输方式。由于无线接入方式无需敷设有线传输介质，具有很大的灵活性，不断出现的新技术使其在接入网中的地位和作用日益加强，是有线接入技术不可或缺的补充。

常见的无线接入技术有卫星通信技术、蜂窝移动通信技术、无线局域网技术等。

5.2.2 网络地址转换

1. **NAT 的工作原理**

目前互联网的一个重要问题是 IP 地址空间的衰竭，网络地址转换（Network Address Translation，NAT）的使用可以缓解该问题。NAT 是指将网络地址从一个地址空间转换到另一个地址空间的行为，它可以让那些使用私有地址的内部网络连接到 Internet 或其他 IP 网络上。NAT 路由器在将内部网络的数据包发送到公用网络时，在 IP 数据包的报头把私有地址转换成合法的 IP 地址。这样一个组织就可以将内部私有的 IP 地址通过 NAT 之后，变为合法的全局可路由地址，实现了原有网络与互联网的连接，而不需要重新给每台主机分配 IP 地址。NAT 使得一个组织的 IP 网络呈现给外部网络的 IP 地址，可以与正在使用的 IP 地址空间完全不同。

NAT 将网络划分为内部网络（Inside）和外部网络（Outside）两部分。局域网主机利用 NAT 访问网络时，将局域网内部的本地地址转换成了全局地址（互联网合法的 IP 地址）后转发数据包。

当内部网络中的一台主机想传输数据到外部网络时，它先将数据包传输到 NAT 路由器上，路由器检查数据包的报头，获取该数据包的源 IP 信息，并从它的 NAT 映射表中找出与该 IP 匹配的转换条目，用所选用的内部全局地址（全球唯一的 IP 地址）来替换内部局部地址，并转发数据包。

当外部网络对内部主机进行应答时，数据包被送到 NAT 路由器上，路由器接收到目的地址为内部全局地址的数据包后，它将用内部全局地址通过 NAT 映射表查找出内部局部地址，然后将数据包的目的地址替换成内部局部地址，并将数据包转发到内部主机。

2. **NAT 的分类**

NAT 分为三种类型：静态网络地址转换（Static NAT）、动态网络地址转换（Pooled NAT）和网络地址端口转换（Network Address Port Translation，NAPT）。NAT 实现转换后一个本地 IP 地址对应一个全局地址。NAPT 实现转换后多个本地 IP 地址对应一个全局 IP 地址。目前网络中由于公网 IP 地址紧缺，而局域网主机数量较多，因此一般使用 NAPT 实现局域网多台主机公用一个或少数几个公网 IP 访问互联网。当内部网络要与外部网络通信时，需要配置 NAT 将内部私有 IP 地址转换成全局合法的 IP 地址，可以配置静态或动态的 NAT、NAPT 来实现互联互通的目的。

3. NAT 的配置方式

1）静态 NAT

静态 NAT 是建立内部本地地址和内部全局地址的一对一永久映射。当外部网络需要通过固定的全局可路由的地址访问内部主机，静态 NAT 就显得十分重要。

配置静态 NAT，在全局配置层中执行以下命令：

第一步，定义内部源地址静态转换：

```
Route(config)#ip nat inside source static 内部本地地址 内部全局地址
```

第二步，进入相应接口配置层：

```
Route(config)#interface 接口类型 接口号
```

第三步，定义该接口连接内部网络：

```
Route(config-if)#ip nat inside
```

第四步，进入相应接口配置层：

```
Route(config)#interface 接口类型 接口号
```

第五步，定义该接口连接外部网络：

```
Route(config-if)#ip nat outside
```


【例 5-2-1】某校已经组建本地局域网，向 Internet 服务提供商申请到 14 个公网 IP 地址，假设学校的 WWW 服务器在内网，如图 5-2-5 所示。要求发布 WWW 网站，将校园网内部的一台服务器 172.16.11.80 映射到全局 IP 地址 200.1.8.10。

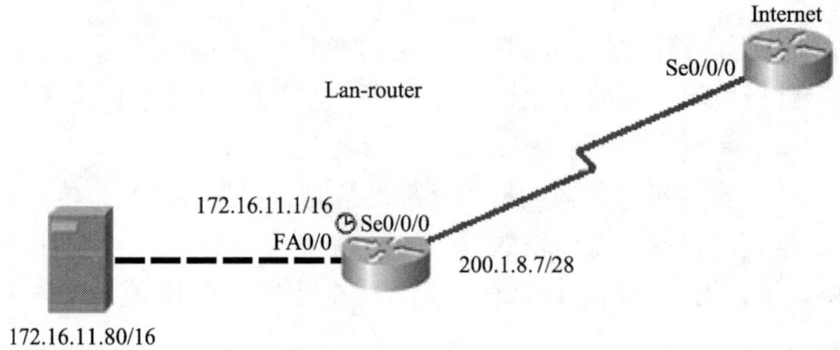

图 5-2-5　NAT 的配置拓扑示意图

Lan-router 上配置如下：

```
Router>enable
Router#config terminal
Router(config)#hostname Lan-router
Lan-router(config)#interface FastEthernet 0/0
Lan-router(config-if)#ip address 172.16.11.1 255.255.0.0
Lan-router(config-if)#no shutdown
Lan-router(config-if)#exit
Lan-router(config)#interface serial 0/0/0
Lan-router(config-if)#ip address 200.1.8.7 255.255.255.240
Lan-router(config-if)#clock rate 64000
Lan-router(config-if)#no shutdown
Lan-router(config-if)#exit
```

```
Lan-router(config)#ip route 0.0.0.0 0.0.0.0 serial 0/0/0    !配置默认路由
Lan-router(config)#interface FastEthernet 0/0
Lan-router(config-if)#ip nat inside            !定义 F0/0 为内网接口
Lan-router(config-if)#exit
Lan-router(config)#interface serial 0/0/0
Lan-router(config-if)#ip nat outside           !定义 S0/0/0 为外网接口
Lan-router(config-if)#exit
Lan-router(config)#ip nat inside source static 172.16.11.80 200.1.8.10
                                               !定义静态网络地址转换
```

2）动态 NAT

动态 NAT 是建立内部本地地址和内部全局地址池的临时映射关系，过一段时间没有用就会删除映射关系，直到下一次建立新的映射关系。

要配置动态 NAT，在全局配置层中执行以下命令：

第一步，定义全局 IP 地址池：

```
Route(config)#ip nat pool 地址池名称 起始地址 终止地址 netmask 子网掩码
```

第二步，定义访问列表，只有匹配该列表的地址才转换：

```
Route(config)#access-list 列表号 permit 源地址 子网通配符
```

第三步，定义内部源地址动态转换关系：

```
Route(config)#ip nat inside source list 列表号 pool 地址池名称
```

第四步，进入接口配置层：

```
Route(config)#interface 接口类型 接口号
```

第五步，定义该接口连接内部网络：

```
Route(config-if)#ip nat inside
```

第六步，进入接口配置层：

```
Route(config)#interface interface-type interface-number
```

第七步，定义该接口连接外部网络：

```
Route(config-if)#ip nat outside
```

注意：访问列表的定义，使得只在列表中许可的源地址才可以被转换，必须注意访问列表最后一个规则是否定全部。访问列表不能定义太宽，要尽量准确，否则将出现不可预知的结果。

【例 5-2-2】如图 5-2-5 所示，内部网络地址段为 172.16.0.0/16，本地全局地址从 NAT 地址池 net6 中分配，该地址池定义了地址范围为 200.1.8.1~ 200.1.8.6。只有内部源地址匹配访问列表 1 的数据包才会建立 NAT 转换记录。路由器 Lan-router 的 NAT 配置命令如下：

```
Lan-router(config)#interface FastEthernet 0/0
Lan-router(config-if)#ip nat inside              !定义 F0/0 为内网接口
Lan-router(config-if)#exit
Lan-router(config)#interface serial 0/0/0
Lan-router(config-if)#ip nat outside             !定义 S0/0/0 为外网接口
Lan-router(config-if)#exit
Lan-router(config)#ip   nat   pool   net6   200.1.8.1   200.1.8.6   netmask
255.255.255.240
                                   !定义内部全局地址池
Lan-router(config)#access-list 1 permit 172.16.0.0 0.0.255.255
                                   !定义允许转换的地址
```

```
Lan-router(config)#ip nat inside source list 1 pool net6
                                        !为内部本地地址调用转换地址池
```

3）NAPT

内部源地址动态 NAPT，允许内部所有主机可以访问外部网络，动态 NAPT 的内部全局地址可以是路由器外部（Outside）接口的 IP 地址，也可以是向 CNNIC 申请来的地址。要配置动态 NAPT，在全局配置层中执行以下命令：

第一步，定义全局 IP 地址池：

```
Route(config)#ip nat pool 地址池名称 起始地址 终止地址 netmask 子网掩码
```

第二步，定义访问列表，只有匹配该列表的地址才转换：

```
Route(config)#access-list 列表号 permit 源地址 子网通配符
```

第三步，定义内部源地址动态转换关系：

```
Route(config)#ip nat inside source list 列表号pool 地址池名称 overload
```

第四步，进入接口配置层：

```
Route(config)#interface 接口类型 接口号
```

第五步，定义该接口连接内部网络：

```
Route(config-if)#ip nat inside
```

第六步，进入接口配置层：

```
Route(config)#interface接口类型 接口号
```

第七步，定义该接口连接外部网络：

```
Route(config-if)#ip nat outside
```

【例 5-2-3】某学校的 WWW 服务器在内网，如图 5-2-5 所示。要求内网中所有的主机都能访问 Internet。内部网络地址段为 172.16.0.0/16，本地全局地址从 NAT 地址池 net9 中分配，该地址池只定义了一个地址 200.1.8.9。只有内部源地址匹配访问列表 2 的数据包才会建立该类型 NAT 转换记录。路由器 Lan-router 的 NAPT 配置命令如下：

```
Lan-router(config)#interface FastEthernet 0/0
Lan-router(config-if)#ip nat inside            !定义 F0/0 为内网接口
Lan-router(config-if)#exit
Lan-router(config)#interface serial 0/0/0
Lan-router(config-if)#ip nat outside           !定义 S0/0/0 为外网接口
Lan-router(config-if)#exit
Lan-router(config)#ip   nat   pool   net9   200.1.8.9   200.1.8.9   netmask
255.255.255.240
                                               !定义内部全局地址池
Lan-router(config)#access-list 2 permit 172.16.0.0 0.0.255.255
                                               !定义允许转换的地址
Lan-router(config)#ip nat inside source list 2 pool net9 overload
           或 ip nat inside source list 2 interface serial0/0/0 overload
                                               !为内部本地地址调用转换地址池
```

5.2.3 自我测试

一、填空题

1. ADSL 的“非对称”性是指______________________。

2. ________是用于将一个地址域（如企业内部网 Intranet）映射到另一个地址域（如国际互联网 Internet）的标准方法。

二、选择题

1. ADSL 通常使用________。

   A. 电话线路进行信号传输　　B. ATM 网进行信号传输

   C. DDN 网进行信号传输　　D. 有线电视网进行信号传输

2. 下列有关 NAT 叙述错误的是________。

   A. NAT 是英文“网络地址转换”的缩写

   B. 地址转换又称地址翻译，用来实现私有地址和公用网络地址之间的转换

   C. 当内部网络的主机访问外部网络时，一定不需要 NAT

   D. 地址转换的提出为解决 IP 地址紧张的问题提供了一个有效途径

3. 如果企业内部需要连接入 Internet 的用户一共有 400 个，但该企业只申请到一个 C 类的合法 IP 地址，则应该使用哪种 NAT 方式实现？________

   A. 静态 NAT　　B. 动态 NAT

   C. NAPT　　D. TCP 负载均衡

4. Jack 的公司申请到 5 个 IP 地址，要使公司的 20 台主机都能联到 Internet 上，需要防火墙的________功能。

   A. 假冒 IP 地址的侦测　　B. 网络地址转换技术

   C. 内容检查技术　　D. 基于地址的身份认证

5. 下列关于地址转换的描述，不正确的是________。

   A. 地址转换有效地解决了因特网地址短缺所面临的问题

   B. 地址转换实现了对用户透明的网络外部地址的分配

   C. 使用地址转换后，对 IP 包加密、快速转发不会造成影响

   D. 地址转换为内部主机提供了一定的“隐私”保护

5.3 本章实践

实践 1　广域网 PPP 协议的封装与验证配置

【实践目标】

掌握广域网 PPP 协议封装的配置方法；掌握 PAP 验证和 CHAP 验证的配置方法。

【实践环境】

装有 Cisco Packet Tracer 模拟软件的 PC 一台。网络拓扑结构如图 5-3-1 所示。在 PAP 验证的配置时，用户名和口令分别为 abc 和 123456；在 CHAP 验证的配置时，用户名按命令要求，口令为 654321。

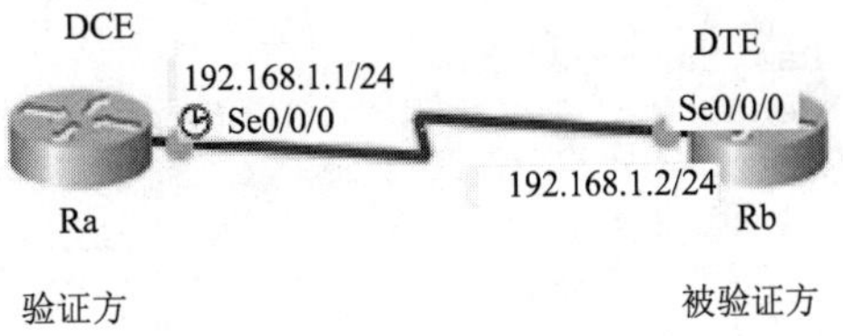

图 5-3-1　广域网协议 PPP 的封装与验证配置拓扑图

【实践步骤】

1. 路由器的基本配置

1）路由器 Ra

```
Router>enable
Router#config terminal
Router(config)#hostname Ra
Ra(config)#interface serial 0/0/0
```

```
Ra(config-if)#ip address 192.168.1.1 255.255.255.0
Ra(config-if)#clock rate 64000
Ra(config-if)#no shutdown
Ra(config-if)#exit
```

2）路由器 Rb

```
Router>enable
Router#config terminal
Router(config)#hostname Rb
Rb(config)#interface serial 0/0/0
Rb(config-if)#ip address 192.168.1.2 255.255.255.0
Rb(config-if)#no shutdown
Rb(config-if)#exit
```

2. 配置 PPP PAP 验证

1）被验证方 Rb 的配置

```
Rb(config)#interface serial 0/0/0
Rb(config-if)#encapsulation ppp              !接口下封装 PPP 协议
Rb(config-if)#ppp pap sent-username abc password 0 123456
                                             !PAP 验证的用户名、密码
```

2）验证方 Ra 的配置

```
Ra(config)#username abc password 0 123456   !验证方配置被验证方用户名、密码
Ra(config)#interface serial 0/0/0
Ra(config-if)#encapsulation ppp              !接口下封装 PPP 协议
Ra(config-if)#ppp authentication pap         !PPP 启用 PAP 验证方式
```

3）测试

```
Ra#ping 192.168.1.2
Sending 5,100-byte ICMP Echoes to 192.168.1.2,timeout is 2 seconds:
  <press Ctrl+C to break>
!!!!!
Success rate is 100 percent (5/5),round-trip min/avg/max=30/30/30 ms
```

3. 配置 PPP CHAP 验证

1）被验证方 Rb 的配置

```
Rb(config)#username Ra password 0 654321       !以对方的主机名作为用户名
Rb(config)#interface serial 0/0/0
Rb(config-if)#encapsulation ppp
```

2）验证方 Ra 的配置

```
Ra(config)#username Rb password 0 654321       !以对方的主机名作为用户名
Ra(config)#interface serial 0/0/0
Ra(config-if)#encapsulation ppp
Ra(config-if)#ppp authentication chap          !PPP 启用 CHAP 方式验证
```

3）测试

```
Ra#ping 192.168.1.2
Sending 5,100-byte ICMP Echoes to 192.168.1.2,timeout is 2 seconds:
<press Ctrl+C to break>
!!!!!
Success rate is 100 percent (5/5),round-trip min/avg/max=30/30/30 ms
```

实践 2　通过 ADSL Modem 接入 Internet

【实践目标】

掌握通过 ADSL 虚拟拨号接入 Internet 的方法。

【实践环境】

安装有 Cisco Packet Tracer 软件的 PC1 台。网络拓扑结构如图 5-3-2 所示。DSL-Modem-PT 有两个接口（port0 和 port1），port0 为 RJ-11 接口，port1 为 RJ-45 接口，用 phone 连接线将 DSL Modem0 的 port0 接口和 Cloud0 的 Modem4 接口相连，然后再用 Copper Cross-Over（交叉线）将 Cloud0 的 Ethernet6 接口与路由器 ISP 的 F0/0 接口相连。PC1 自动获取 IP 地址。

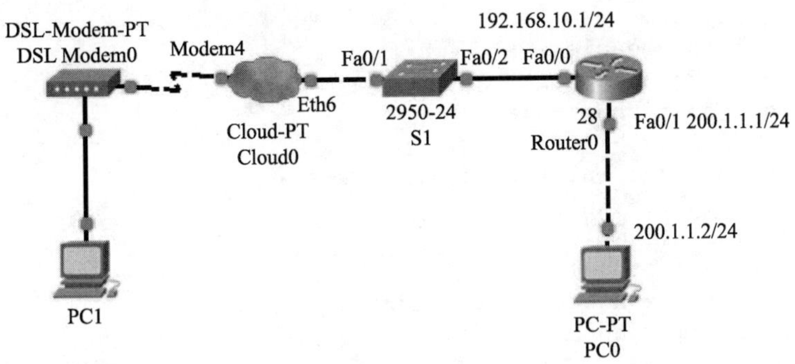

图 5-3-2　通过 ADSL Modem 虚拟拨号接入 Internet

【实践步骤】

1. DSL 的设置

单击云图 Cloud0，在出现的界面中选择“Config”（配置）选项卡，在左边栏中单击“DSL”按钮，设置“Modem4”和“Ethernet6”相连，单击“Add”按钮载入即可，如图 5-3-3 所示。

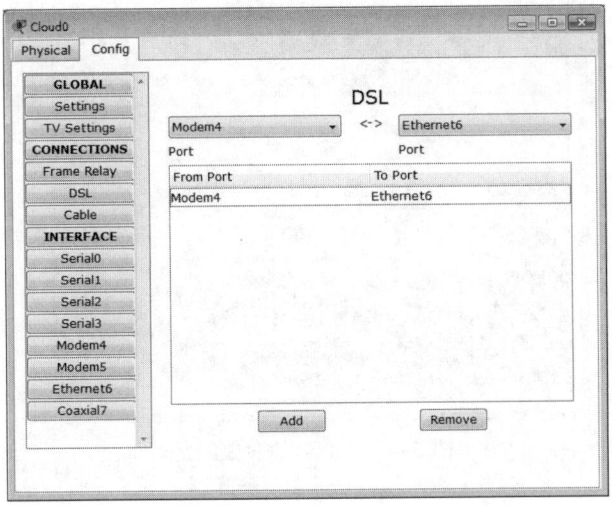

图 5-3-3　DSL 设置

2. 路由器 ISP 的配置

单击路由器 ISP，选择 CLI，在命令行中配置参数，如下所示：

```
Router>enable
Router#config terminal
Router(config)#hostname ISP
ISP(config)#username adsl password class
ISP(config)#ip local pool mypools 192.168.10.2 192.168.10.254
ISP(config)#interface f 0/0
ISP(config-if)#no shutdown
ISP(config-if)#ip address 192.168.10.1 255.255.255.0
ISP(config-if)#pppoe enable
ISP(config-if)#exit
ISP(config)#interface f0/1
ISP(config-if)#no shutdown
ISP(config-if)#ip address 200.1.1.1 255.255.255.0
ISP(config-if)#exit
ISP(config)#vpdn enable
ISP(config)#vpdn-group group1
ISP(config-vpdn)#accept-dialin
ISP(config-vpdn-acc-in)#protocol pppoe
ISP(config-vpdn-acc-in)#virtual-template 1
ISP(config-vpdn-acc-in)#exit
ISP(config-vpdn)#exit
ISP(config)#int virtual-Template 1
ISP(config-if)#peer default ip address pool mypools
ISP(config-if)#ip unnumbered f0/0
ISP(config-if)#exit
ISP(config)#
```


3. **测试连通性**

1）PC0 的配置

配置 PC0 的 IP 地址为 200.1.1.2，子网掩码为 255.255.255.0，默认网关为 200.1.1.1，如图 5-3-4 所示。

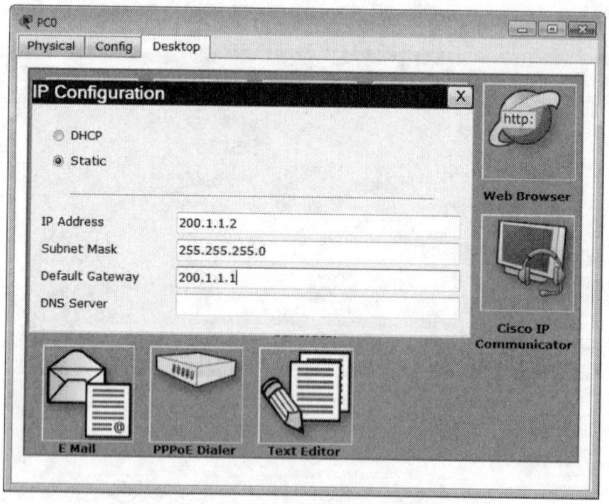

图 5-3-4　PC0 的参数配置

2）PC1 的配置

单击拓扑图上的 PC1 图标，在出现的界面中选择“Desktop”选项卡，单击“PPPoE Dialer”按钮，在弹出对话框的 User Name 处输入“adsl”、Password 处输入“class”，单击“Connect”按钮，如图 5-3-5 所示，即成功建立连接。

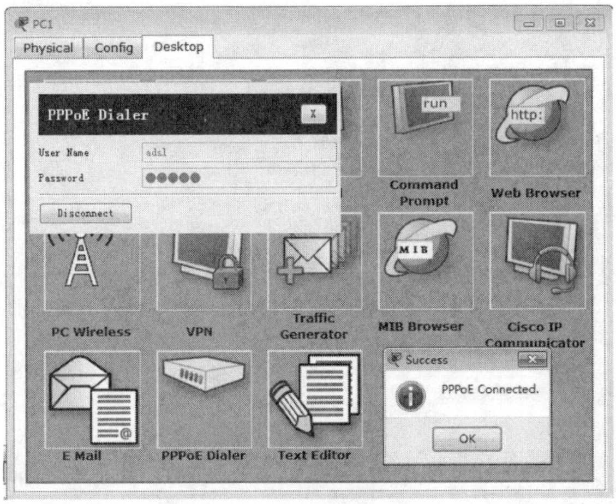

图 5-3-5　PPPoE 接入成功

3）在 PC1 上 ping PC0

在“PC1”对话框的“Desktop”选项卡中选择“Command Prompt”，进入命令提示符下，ping 主机 PC0 的 IP 地址 200.1.1.2，如图 5-3-6 所示，成功 ping 通。

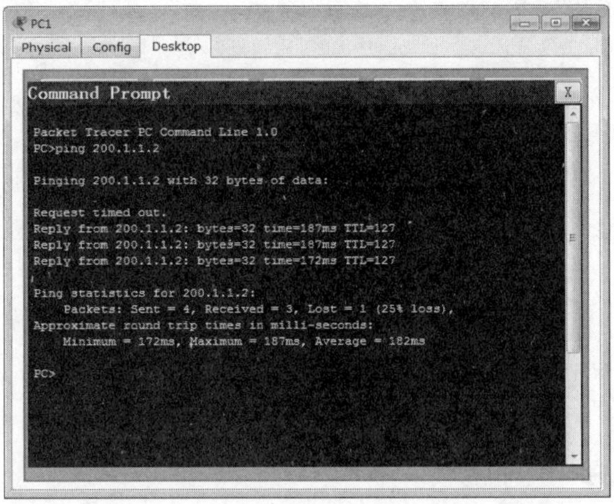

图 5-3-6　ping PC0

实践 3　NAT 的配置

【实践目标】

掌握动态 NAT 的配置方法，实现企业内部网络主机访问 Internet 上的服务器。

【实践环境】

安装有 Cisco Packet Tracer 软件的 PC1 台。

某集团内部网络拓扑图如图 4-6-1，集团内部网络的互联互通配置见 4.6 节。集团局域网要接入 Internet，总部路由器 Router0 和电信 ISP 的路由器相连，其中电信局分配给单位使用的外部 IP 地址为 210.96.100.2，电信局连接单位路由器的一端 IP 地址为 210.96.100.1。Internet 上有 1 台 WWW 服务器，其 IP 地址为 220.112.69.80，网关地址为 220.112.69.1，具体情况如图 5-3-7 所示。

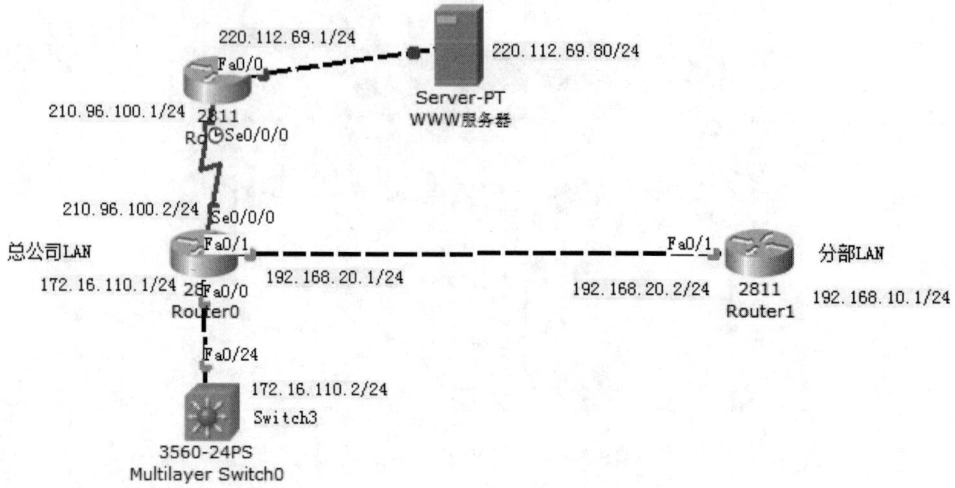

图 5-3-7 NAT 配置结构图

【实践步骤】

1. 电信路由器 ISP 的配置

```
Router>enable
Router#config terminal
Router(config)#hostname ISP
ISP(config)#interface s0/0/0
ISP(config-if)#clock rate 64000
ISP(config-if)#ip address 210.96.100.1 255.255.255.0
ISP(config-if)#no shutdown
ISP(config-if)#exit
ISP(config)#interface f 0/0
ISP(config-if)#ip address 220.112.69.1 255.255.255.0
ISP(config-if)#no shutdown
ISP(config-if)#exit
ISP(config)#
```

2. 总部路由器 Router0 的配置

```
Router0>en
Router0>enable
Router0#config terminal
Router0(config)#interface s0/0/0
Router0(config-if)#ip address 210.96.100.2 255.255.255.0
Router0(config-if)#no shutdown
Router0(config-if)#exit
Router0(config)#ip route 0.0.0.0 0.0.0.0 210.96.100.1
Router0(config)#router ospf 1
Router0(config-router)#network 210.96.100.0 0.0.0.255 area 0
Router0(config-router)#default-information originate
Router0(config-router)#exit
Router0(config)#interface f0/0
Router0(config-if)#ip nat inside
Router0(config-if)#exit
Router0(config)#int f 0/1
Router0(config-if)#ip nat inside
```

```
Router0(config-if)#exit
Router0(config)#int s0/0/0
Router0(config-if)#ip nat outside
Router0(config-if)#exit
Router0(config)#access-list 1 permit any
Router0(config)#ip nat inside source list 1 interface s0/0/0 overload
Router0(config)#
```

3. 测试

在内部主机 PC3 上 ping Internet 上的 WWW 服务器地址，可以 ping 通，NAT 转换结果如图 5-3-8 所示。

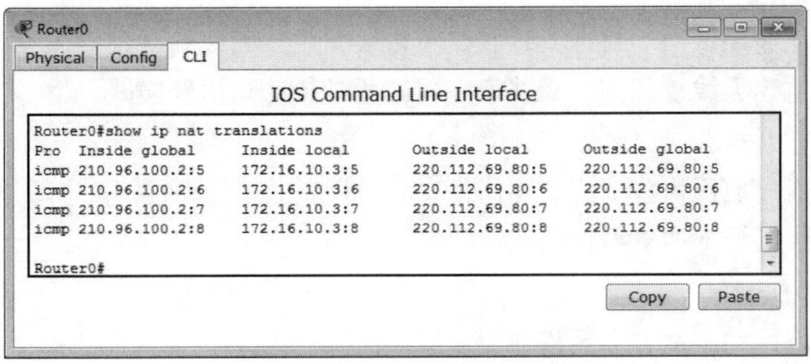

图 5-3-8　NAT 转换结果

第6章

构建无线局域网

【主要内容】

本章以组建无线局域网为目标，认知无线传输介质、无线局域网接入设备及无线局域网组网模式，掌握组建无线校园网、无线家庭网等所必备的知识及实践。

【知识目标】

（1）认知无线局域网协议标准、网络设备及组网模式。

（2）认知无线局域网的安全及防范。

【能力目标】

规划无线局域网的组网方案及搭建无线局域网。

6.1 无线局域网概述

6.1.1 无线局域网的概念

无线局域网（Wireless Local Area Networks，WLAN）是利用无线通信技术在一定的局部范围内建立的网络，是计算机网络与无线通信技术相结合的产物。无线局域网利用无线电波作为信息的传导，对于应用层来讲，它与有线局域网的用途完全相似，两者最大的不同在于传输介质的不同。除此之外，正因它是无线，因此无论是在硬件架设或使用的机动性等方面均比有线局域网要优越许多。

6.1.2 无线局域网的特点

1. 无线局域网的优点

无线局域网相比有线局域网，主要有以下四个优点：

1）安装便捷

在网络的组建过程中，对周边环境影响最大的是网络布线。而无线局域网的组建则几乎不用考虑它对环境带来的影响，一般只需在该区域安放一个或多个无线接入点（Access Point，AP）设备即可建立覆盖整个建筑或地区的局域网络。

2）使用灵活

在有线局域网中，网络设备的安放位置受网络信息点位置的限制。而无线局域网一旦建成，在无线网的信号覆盖区域内的任何一个位置都可以方便地接入网络，进行数据通信。

3）经济节约

由于有线网络灵活性的不足，设计者往往要尽可能地考虑到未来扩展的需要，在网络规划时要预设大量利用率较低的接入点，造成资源浪费。而且一旦网络的发展超出了预期的规划，整体的改造也将是一笔不小的开支。无线局域网的出现，彻底解决了这一规划上的难题，充分保护了已有的投资，而且改造和维护起来也十分简便。

4）易于扩展

同有线局域网一样，无线局域网有多种配置方式，能根据实际需要灵活选择、合理搭配。这样，无线局域网能胜任从只有几个用户的小型局域网到上千用户的大型网络。也就是说，无线局域网适合各种规模的企业环境，可以提供和已有网络的紧密结合、移动的访问。

目前，无线局域网的数据传输速率可达 54 Mbit/s，已经非常接近有线局域网的传输速率，而且其远至 20 km 的传输距离也是有线局域网所望尘莫及的。作为有线局域网的一种补充和扩展，无线局域网使计算机具有可移动性，能快速、方便地解决有线网络不易实现的网络连通问题。

2. **无线局域网的缺点**

无线局域网给网络用户带来便捷和实用的同时，也存在着一些缺陷。无线局域网的不足之处体现在以下几个方面：

1）性能

无线局域网是依靠无线电波进行传输的。这些电波通过无线发射装置进行发射，而建筑物、车辆、树木和其他障碍物都可能阻碍电磁波的传输，所以会影响网络的性能。

2）速率

无线信道的传输速率与有线信道相比要低得多。无线局域网的最大传输速率为 1 Gbit/s，只适合于个人终端和小规模网络应用。

3）安全性

本质上无线电波不要求建立物理的连接通道，无线信号是发散的。从理论上讲，很容易监听到无线电波广播范围内的任何信号，造成通信信息泄漏。

6.1.3 无线局域网的标准

由于无线局域网是计算机网络与无线通信技术相结合的产物，在计算机网络结构中，逻辑链路控制（LLC）层及其之上的应用层对不同的物理层的要求可以是相同的，也可以是不同的。因此，无线局域网标准主要是针对物理层和介质访问控制层（MAC），涉及所使用的无线频率范围、空中接口通信协议等技术规范与技术标准。

1. **IEEE 802.11X 系列标准**

1）IEEE 802.11

1990 年 IEEE 802 标准化委员会成立 IEEE802.11 无线局域网标准工作组。IEEE 802.11，即 Wi-Fi（Wireless Fidelity，无线保真），是在 1997 年 6 月由大量的局域网以及计算机专家审定通过的标准，该标准定义物理层和介质访问控制（MAC）规范。物理层定义了数据传输的信号特征和调制，定义了三种传输技术：红外线、跳频扩频、直接序列扩频，工作在 2.4 GHz 频段。

IEEE 802.11 是 IEEE 最初制定的一个无线局域网标准，主要用于解决办公室局域网和校园网中用户与用户终端的无线接入，业务主要限于数据访问，速率最高只能达到 2 Mbit/s。由于它在速率和传输距离上都不能满足人们的需要，所以 IEEE 802.11 标准被 IEEE 802.11b 所取代。

2）IEEE 802.11b

1999年9月，IEEE 802.11b被正式批准，该标准规定无线局域网工作频段在2.4GHz，数据传输速率达到11 Mbit/s,传输距离控制在100～300 m。该标准是对IEEE 802.11的一个补充，采用补偿编码键控调制方式，采用点对点模式和基本模式两种运作模式，在数据传输速率方面可以根据实际情况在11 Mbit/s、5.5 Mbit/s、2 Mbit/s、1 Mbit/s的不同速率间自动切换，它改变了无线局域网设计状况，扩大了无线局域网的应用领域。

IEEE 802.11b已成为当前主流的无线局域网标准，被多数厂商所采用，所推出的产品广泛应用于办公室、家庭、宾馆、车站、机场等众多场合，但是由于许多无线局域网的新标准的出现，IEEE 802.11a和IEEE 802.11g更是倍受业界关注。

3）IEEE 802.11a

1999年，IEEE 802.11a标准制定完成，该标准规定无线局域网工作频段在5 GHz，数据传输速率达到54 Mbit/s，传输距离控制在10～100 m。该标准也是IEEE 802.11的一个补充，扩充了标准的物理层，采用正交频分复用的独特扩频技术，采用正交键控频分调制方式，可提供25 Mbit/s的无线ATM接口和10 Mbit/s的以太网无线帧结构接口,支持多种业务如话音、数据和图像等，一个扇区可以接入多个用户，每个用户可带多个用户终端。

IEEE 802.11a标准是IEEE 802.11b的后续标准，其设计初衷是取代802.11b标准，然而，工作于2.4 GHz频带不需要执照，该频段属于工业、教育、医疗等专用频段，是公开的，工作于5 GHz频带需要执照。一些公司仍没有表示对802.11a标准的支持，一些公司更加看好最新混合标准——802.11g。

4）IEEE 802.11g

目前，IEEE推出最新版本IEEE 802.11g认证标准，该标准提出拥有IEEE 802.11a的传输速率，安全性较IEEE 802.11b好，采用两种调制方式，含802.11a中采用的正交频分复用技术与IEEE802.11b中采用的补偿编码键控调制方式，做到与IEEE 802.11a和IEEE 802.11b兼容。

虽然IEEE 802.11a较适用于企业，但无线局域网运营商为了兼顾已有802.11b设备投资，选用802.11g的可能性极大。

5）IEEE 802.11n

IEEE 802.11n标准将多入多出技术与正交频分复用技术相结合，提高了无线传输质量，也使传输速率得到极大提升。IEEE 802.11n可以将无线局域网的传输速率由目前IEEE 802.11a及802.11g提供的54 Mbit/s提高到300 Mbit/s甚至600 Mbit/s。

和以往的IEEE 802.11标准不同，IEEE 802.11n协议为双频工作模式（包含2.4 GHz和5 GHz两个工作频段），这样IEEE 802.11n保障了与以往的IEEE 802.11b、IEEE 802.11a、IEEE 802.11g标准的兼容。

6）IEEE 802.11i

2004年6月，IEEE批准了802.11i作为无线局域网安全标准。IEEE 802.11i标准是结合IEEE802.11x中的用户端口身份验证和设备验证，对无线局域网MAC层进行修改与整合，定义了严格的加密格式和鉴定机制，以改善无线局域网的安全性。

IEEE 802.11i新修订标准主要包括两项内容："Wi-Fi保护访问"（Wi-Fi Protected Access，WPA）技术和"强健安全网络"（Robust Security Network，RSN）。Wi-Fi联盟计划采用802.11i标准作为WPA的第二个版本。

IEEE 802.11i 标准在无线局域网建设中是相当重要的，数据的安全性是无线局域网设备制造商和无线局域网网络运营商应该首先考虑的头等工作。

2. **其他无线局域网标准**

除了现阶段主流的 IEEE 802.11x 无线局域网技术之外，还存在其他无线局域网技术。

1）蓝牙技术

蓝牙技术（Bluetooth Technology）是一种短距离、低成本的无线通信技术，主要用于近距离的语言和数据传输业务。蓝牙设备的工作频段选用 2.4 GHz，其数据传输速率为 1 Mbit/s，蓝牙系统具有足够高的抗干扰能力，设备简单，性能优越。蓝牙设备之间的有效通信距离大约为 10 m。

2）UWB 技术

UWB（Ultra Wideband，超宽带）是一种新兴的高速短距离通信技术，在短距离（10 m 左右内有很大优势，最高传输速率可达 1 Gbit/s。UWB 技术覆盖的频谱范围很宽，是实现个人通信和无线局域网的一种理想调制技术，可以满足短距离家庭娱乐应用需求，可直接传输宽带视频数码流。

3）HomeRF 技术

HomeRF 工作组是由美国家用射频委员会领导于 1997 年成立的，其主要工作任务是为家庭用户建立具有互操作性的话音和数据通信网。作为无线技术方案，它代替了需要铺设昂贵传输线的有线家庭网络，为网络中的设备，如笔记本电脑和 Internet 应用提供了漫游功能。

4）红外技术

红外通信一般采用红外波段内的近红外线，波长在 0.75～25 μm。由于波长短，对障碍物的衍射能力差，所以更适合应用在需要短距离无线点对点场合。红外通信以其低价和兼容性，得到了广泛应用。

5）Zigbee 技术

Zigbee 是基于 IEEE802.15.4 标准的低功耗无线局域网协议，Zigbee 技术是一种新兴的短距离、低功率、低速率无线通信技术，工作在 2.4 GHz 频段，传输速率为 250 kbit/s~10 Mbit/s，传输距离为 10～75 m。Zigbee 采用基本的主从结构配合静态的星状网络，因此更适合于使用频率低、传输速率低的设备。由于它具有激活时延短（仅 15 ms）、低功耗等特点，因此成为自动监控、遥控领域的新技术。

6）WiMAX 技术

WiMAX（Worldwide Interoperability for Microwave Access，全球微波互联接入）是一项新兴的宽带无线通信技术，能提供面向互联网的高速连接，数据传输距离最远可达 50 km。

3. **移动无线通信模块**

目前主要使用的移动无线通信技术有属于 2G 系统的 GSM、GPRS、EDGE，属于 3G 系统的 CDMA2000、TD-SCDMA、WCDMA，以及 4G 的 LTE。

1）GSM 模块

GSM 模块解决了手机设计中复杂的射频发送和基带处理问题，并提供了标准的通信接口。GSM 模块将 GSM 射频芯片、基带处理芯片、存储器、功放器件等集成在一块线路板上，具有独立的操作系统、GSM 射频处理、基带处理并提供标准接口的功能模块。因此，GSM 模块具有发送 SMS 短信，语音通话，GPRS 数据传输等基于 GSM 网络进行通信的所有基本功能。简单来讲，GSM 模块加上键盘、显示屏和电池，就是一部手机。

开发人员使用 ARM 或者单片机通过 RS-232 串口与 GSM 模块通信，使用标准的 AT 命令来控制 GSM 模块实现各种无线通信功能，例如发送短信、拨打电话、GPRS 拨号上网等。基于 GSM 模块产品的开发往往都是基于 ARM 平台，使用嵌入式系统进行开发。有些 GSM 模块具有“开放内置平台”功能，可以让客户将自己的程序嵌入到模块内的软件平台中。

2）GPRS 模块

GPRS 模块是 GSM 的延续，集成 GSM 通信的主要功能于一块电路板上，具有发送短消息、通话、数据传输等功能。它经常被描述成“2.5G”，也就是说这项技术位于第二代（2G）和第三代（3G）移动通信技术之间。GPRS 的传输速率从 56 kbit/s 到 114 kbit/s 不等，理论速度最高达 171 kbit/s。相对于 GSM 的 9.6 kbit/s 的访问速度而言，GPRS 拥有更快的访问数据通信速度，GPRS 技术还具有在任何时间、任何地点都能实现连接，永远在线、按流量计费等特点。

普通计算机或者单片机可以通过 RS-232 串口与 GPRS 模块相连，通过 AT 指令控制 GPRS 模块实现各种基于 GSM 的通信功能。

3）EDGE 模块

EDGE 是一种基于 GSM/GPRS 网络的数据增强型移动通信技术，通常又被人们称为 2.75 代技术。从技术角度来说，EDGE 提供了一种新的无线调制模式，提供了三倍于普通 GSM 空中传输速率。另一方面 EDGE 继承了 GSM 制式标准，载频可以基于时隙动态地在 GSM 和 EDGE 之间进行转换，支持传统的 GSM 手机，从而保护了现有网络的投资。EDGE 网络可灵活地逐步扩容，为运营商实现价值最大化提供了有利的支持。EDGE 是一个更快的全球移动通信系统（GSM）无线服务版本，其被设计为可以每秒 384 比特的速度传输数据，并可以传输多媒体以及其他宽带应用程序到移动电话和个人电脑上。

4）CDMA 模块

CDMA 模块是基于 CDMA 平台的通信模块，它将通信芯片、存储芯片等集成在一块电路板上，使其具有发送通过 CDMA 平台收发短消息、语音通话、数据传输等功能。CDMA 模块可以实现普通 CDMA 手机的主要通信功能。计算机、单片机、ARM 可以通过 RS-232 串口与 CDMA 模块相连，通过 AT 指令控制模块实现各种语音和数据通信功能。

CDMA 技术相对于 GSM 是一种更先进的移动通信技术，除 CDMA 辐射小外，在数据传输方面，CDMA2000 也与 GPRS 在技术上有明显不同，在传输速率上 CDMA2000 几乎是 GPRS 速度的 3～4 倍。

5）TD-SCDMA 模块

TD-SCDMA 标准是中国制定的 3G 标准。1999 年 6 月 29 日，中国原邮电部电信科学技术研究院（现大唐电信科技股份有限公司）向 ITU 提出了该标准。该标准将智能天线、同步 CDMA 和软件无线电（Software Defined Radio，SDR）等技术融于其中。另外，由于中国庞大的通信市场，该标准受到各大主要电信设备制造厂商的重视，全球一半以上的设备厂商都宣布可以生产支持 TD-SCDMA 标准的电信设备。

TD-SCDMA 在频谱利用率、对业务支持具有灵活性、频率灵活性及成本等方面有独特优势。TD-SCDMA 由于采用时分双工，上行和下行信道特性基本一致，因此，基站根据接收信号估计上行和下行信道特性比较容易。此外，TD-SCDMA 使用智能天线技术有先天的优势，而智能天线技术的使用又引入了 SDMA 的优点，可以减少用户间干扰，从而提高频谱利用率。TD-SCDMA 还具有 TDMA 的优点，可以灵活设置上行和下行时隙的比例而调整上行和下行的数据速率的比例，特别适合因特网业务中上行数据少而下行数据多的场合。但是这种上行下行转换点的可变性给同频组网增加了一定的复杂性。TD-SCDMA 是时分双工，不需要成对的频带。因此，在频率资源的划分上更加灵活。

6）WCDMA 模块

W-CDMA（宽带码分多址）是从码分多址（CDMA）演变来的，与现在市场上通常提供的技术相比，它能够为移动和手提无线设备提供更高的数据速率。

WCDMA 采用直接序列扩频码分多址（DS-CDMA）、频分双工（FDD）方式，码片速率为 3.84 Mcps，载波带宽为 5 MHz，提供最高 384 kbit/s 的用户数据传输速率。W-CDMA 能够支持移动/手提设备之间的语音、图像、数据以及视频通信，速率可达 2 Mbit/s（对于局域网而言）或者 384 Kbit/s（对于宽带网而言）。输入信号先被数字化，然后在一个较宽的频谱范围内以编码的扩频模式进行传输。

7）LTE 模块

LTE 即我们所熟知的 4G 通信，它是由 3GPP 组织制定的一种标准。LTE 是对 GSM 技术的演进，通信能力和数据速率都得到了很大的提升。LTE 引入了 OFDM（正交频分复用）和 MIMO（多输入多输出）等技术，从而使得下行速率可达 100 Mbit/s。LTE 除了支持当前主流 2G/3G 频段外，还新增了一些频段，因而频谱分配更加灵活。

目前，根据双工方式不同 LTE 系统分为频分双工（FDD-LTE）和时分双工（TDD-LTE）。LTE 标准中的 FDD 和 TDD 两个模式实质上是相同的，相互之间只存在较小的差异，相似度达 90%。当前国内 4G 技术采用的是 TDD 版本下的 TD-LTE。

6.1.4 无线局域网的应用场合

作为有线网络无线延伸，无线局域网可以广泛应用在生活社区、游乐园、旅馆、机场车站等游玩区域实现旅游休闲上网；可以应用在历史建筑、工厂车间、大型的仓库等不能布线或者难于布线的环境；可以应用在政府办公大楼、校园、企事业等单位实现移动办公，方便开会及上课等；可以应用在医疗、金融证券、野外勘测等方面，实现医生在路途中对病人在网上诊断，实现金融证券室外网上交易。

6.1.5 自我测试

一、填空题

1. 2004 年 6 月，IEEE 批准了________作为 WLAN 安全标准。

2. Zigbee 属于的标准是________。

3. IEEE802.11 标准按出现的时间分别是 IEEE802.11b、IEEE802.11a、IEEE802.11g、________。

4. IEEE 802.11a 标准定义的传输介质是在________ GHz 频段的射频，最高可达 54 Mbit/s 的传输速率。

5. 第三代移动通信采用的标准体系包括________、________、________三种。

二、选择题

1. WLAN 技术使用了________介质。

A. 红外线　　B. 双绞线　　C. 光纤　　D. 同轴电缆

2. 蓝牙设备工作在________RF 频段。

A. 900 MHz　　B. 2.4 GHz　　C. 5.8 GHz　　D. 5.2 GHz

6.2 无线局域网的设备与组网模式

6.2.1 无线局域网的设备

1. 无线网卡

无线网卡是采用无线信号进行网络连接的网卡，其作用和以太网中的网卡的作用基本相同。无线网卡作为无线局域网的接口，能够实现无线局域网各客户机间的连接与通信。无线网卡在使用过程中通过内置或外置的天线进行联系，完成无线网络的互联，两个设备的天线之间形成了一根看不见的“网线”。图 6-2-1 所示为各种无线网卡。

图 6-2-1　各种无线网卡

2. 无线天线

无线天线的作用实现将传输线中的电磁能转化为自由空间的电磁波，或将空间电磁波转化为传输线中的电磁能。图 6-2-2 所示为各种无线天线。

3. 无线 AP

AP 是 Access Point 的简称，无线 AP 就是无线局域网的接入点。无线 AP 的作用类似于有线以太网中的集线器，与集线器不同的是，无线 AP 与计算机之间的连接是通过无线信号方式实现。

无线 AP 是无线网和有线网之间沟通的桥梁，在无线 AP 覆盖范围内的无线工作站，通过无线 AP 进行相互之间的通信。图 6-2-3 所示是一种无线 AP。

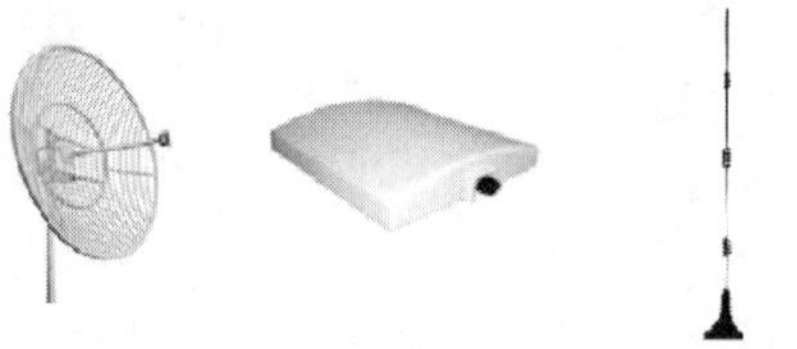

图 6-2-2　各种无线天线

图 6-2-3　无线 AP

4. 无线路由器

无线路由器（Wireless Router）就是无线 AP、路由功能和集线器的集合体，支持有线无线组成同一子网。无线路由器不仅具备单纯性无线 AP 所有功能，如支持 DHCP 客户端、支持 VPN、防火墙、支持 WEP 加密等，而且还包括网络地址转换（NAT）功能，可支持局域网用户的网络连接共享。可实现家庭无线网络中的 Internet 连接共享，实现 ADSL 和小区宽带的无线共享接入。

图 6-2-4 所示是一种无线路由器，一个 WAN 口用于上联上级网络设备，四个 LAN 口可以用于连接处于内网中的带有线网卡的计算机。

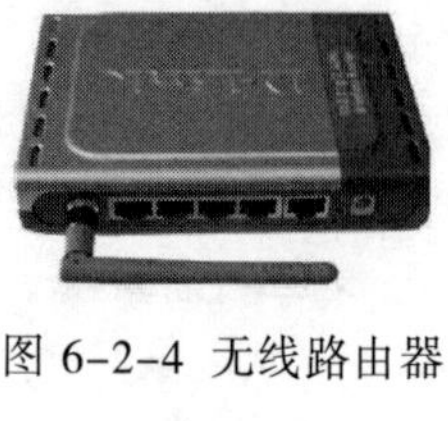

图 6-2-4 无线路由器

5. **无线控制器**

无线网控制器（Access Control，AC）是一个无线局域网络的核心，通过有线网络与无线AP相连，负责管理无线局域网络中的AP，集中管理控制WLAN中的无线AP设备，对AP管理包括配置下发、修改相关配置参数、射频智能管理、接入安全控制，如图6-2-5所示。

图6-2-5 无线控制器

6.2.2 无线局域网的组网模式

无线局域网的组网模式有两种，一种是无基站的Ad-hoc（自组网络）模式，一种是有固定基站的Infrastructure（基础结构网络）模式。

1. **点对点Ad-hoc对等结构**

点对点Ad-hoc对等结构相当于有线网络中的多机直接通过无线网卡互联，信号直接在两个通信端点对点传输，如图6-2-6所示，由一组有无线接口卡的计算机组成。这种网络中结点自主对等工作，对于小型的无线网络来说，是一种方便的连接方式。由于省去了无线AP，Ad-hoc无线局域网的网络架设过程十分简单，不过一般的无线网卡在室内环境下传输距离通常为40 m左右，当超过有效传输距离时，就不能实现彼此之间的通信。因此，这种模式非常适合一些简单甚至临时性的无线互联需求。

2. **Infrastructure基础结构**

Infrastructure基础结构与有线网络中的星形交换模式差不多，数据为集中式结构类型，需要无线AP的支持。其中无线AP相当于有线网络中的交换机，起集中连接和数据交换的作用，如图6-2-7所示。AP负责监管一个小区，并作为移动终端和主干网之间的桥接设备。这种网络结构模式的优势主要表现在网络易于扩展、便于集中管理、能提供用户分身验证等，另外数据传输性能也明显高于Ad-hoc对等结构。基础结构的无线局域网不仅可以应用于独立的无线局域网中，如小型办公室网络、SOHO家庭无线网络，也可以它为基本网络结构单元组建成庞大的无线局域网系统，如ISP在“热点”位置为各移动办公用户提供的无线上网服务，在宾馆、酒店、机场为用户提供的无线上网区等。

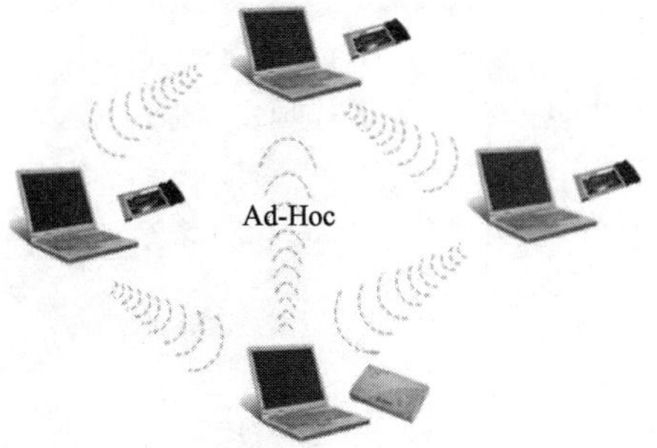

图6-2-6 点对点Ad-hoc结构组网模式示意图

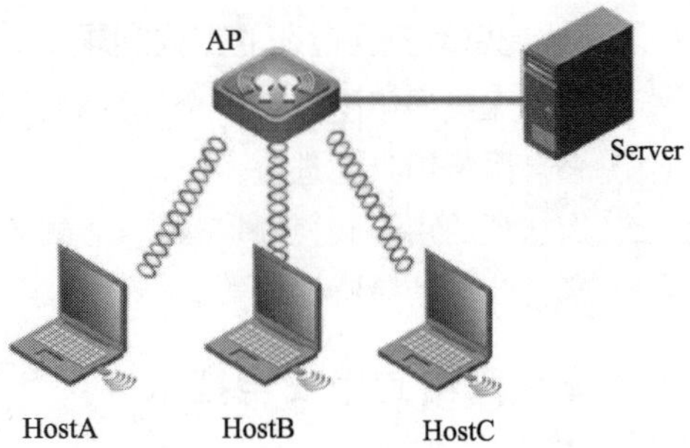

图6-2-7 Infrastructure基础结构组网模式示意图

6.2.3 自我测试

一、填空题

1. ________是一种提供到无线工作站通信支持的 WLAN 设备，并且在某些情况下，也提供到有线网络的接口。

2. ________是一种集无线 AP 与有线宽带路由器于一体的高整合性产品。

3. IEEE 802.11 的网络拓扑结构可分为________和________。

二、选择题

1. 一个学生在自习室里使用无线连接到他的实验合作者的笔记本电脑，他正在使用的是________无线网络。

A. ad-hoc 模式　B. 基础结构模式　C. 固定基站模式　D. 漫游模式

2. ________被安装在计算机内或者附加到计算机上，提供到无线网络的接口。

A. 接入点　B. 天线　C. 无线网卡　D. 中继器

3. 无线天线主要工作在 OSI 参考模型的________。

A. 第 1 层　B. 第 2 层　C. 第 3 层　D. 第 4 层

6.3 无线局域网的安全

6.3.1 无线网络的安全问题

1. 无线局域网安全状况

由于无线局域网通过无线电波在空中传输数据，所以在数据发射机覆盖区域内的几乎任何一个无线局域网用户都能接触到这些数据。无论接触数据者是在另外一个房间、另一层楼或是在本建筑之外，无线就意味着会让人接触到数据。与此同时，要将无线局域网发射的数据仅仅传送给一名目标接收者是不可能的。而防火墙对通过无线电波进行的网络通信不能作用，任何人在视距范围之内都可以截获和插入数据。

因此，虽然无线局域网的应用扩展了网络用户的自由，它安装时间短，增加用户或更改网络结构时灵活、经济，可提供无线覆盖范围内的全功能漫游服务。然而，这种自由也同时带来了新的挑战，这些挑战中就包括安全性。无线局域网的安全性主要包括访问控制和保密性两大部分。访问控制保证只有授权用户能访问敏感数据，加密保证只有正确的接收者才能理解数据。

2. 无线局域网安全存在的主要问题

事实上，无线网络受大量安全风险和安全问题的困扰，其中主要包括：

（1）来自网络用户的进攻。

（2）未认证的用户获得存取权。

（3）来自公司的窃听泄密等。

6.3.2 无线网络常用安全技术

无线局域网的安全措施主要体现在信息过滤、用户访问控制和数据加密三个方面，常用的安全技术有 SSID（Service Set ID，服务集标识符）、MAC 地址过滤、WEP（Wired Equivalent

Protection，连线对等保密）和端口访问控制技术（802.1x）。

1. SSID

通过对多个无线接入点 AP 设置不同的 SSID,并要求无线工作站出示正确的 SSID 才能访问 AP，这样就可以允许不同群组的用户接入，并对资源访问的权限进行区别限制。但是这只是一个简单的口令，所有使用该网络的人都知道该 SSID，很容易泄漏，只能提供较低级别的安全；而且如果配置 AP 向外广播其 SSID，那么安全程度还将下降，因为任何人都可以通过工具得到这个 SSID。

2. MAC 地址过滤

由于每个无线工作站的网卡都有唯一的物理地址，因此可以在 AP 中手工维护一组允许访问的 MAC 地址列表，实现物理地址过滤。这个方案要求 AP 中的 MAC 地址列表必需随时更新，可扩展性差，无法实现机器在不同 AP 之间的漫游；而且 MAC 地址在理论上可以伪造，因此这也是较低级别的授权认证。

3. WEP

在链路层采用 RC4 对称加密技术，用户的加密密钥必须与 AP 的密钥相同时才能获准存取网络的资源，从而防止非授权用户的监听以及非法用户的访问。WEP 提供 64 位和 128 位长度的密钥机制，但是它仍然存在许多缺陷，例如一个服务区内的所有用户都共享同一个密钥，一个用户丢失或者泄漏密钥将使整个网络不安全。而且由于 WEP 加密被发现有安全缺陷，可以在几个小时内被破解。

WEP 安全性较差，为了进一步提高安全性，可选择 WPA/WPA2 或 WPA-PSK/WPA2-PSK 无线加密协议。

4. 端口访问控制技术

该技术也是用于无线局域网的一种增强性网络安全解决方案。当无线工作站与 AP 关联后，是否可以使用 AP 的服务要取决于 802.1x 的认证结果。如果认证通过，则 AP 为用户打开这个逻辑端口，否则不允许用户上网。802.1x 除提供端口访问控制能力之外，还提供基于用户的认证系统及计费，特别适合于无线接入解决方案。

6.3.3 自我测试

一、填空题

1. 无线局域网的安全措施主要体现在信息过滤、________和________三个方面。

2. 为提高无线局域网接入的安全性，一般采用________和________两者结合的技术方式。

二、选择题

1. WEP 采用的加密算法是________。

A. AES　　B. DES　　C. RC4　　D. CRC

2. 当一台无线设备想要与另一台无线设备关联时，必须在这两台设备之间使用相同的________。

A. BSS　　B. ESS　　C. IBSS　　D. SSID

6.4 本章实践

实践 构建基于无线路由器的无线网络

【实践目标】

熟悉无线路由器的设置方法，构建基于无线路由器的无线网络。

【实践环境】

安装有 Cisco Packet Tracer 软件的 PC 一台。拓扑结构如图 6-4-1 所示，2 台 Cisco 2811 路由器分别代表 ISP 和公司内部路由器，Internet 上连接 1 台 WWW 服务器，1 台 Linksys-WRT300N 无线路由器，下连 4 台 PC，分别为 1 台台式机和 3 台笔记本电脑。给笔记本电脑添加无线网卡，自动获取 IP 地址，并能通过公司的内部路由器访问 Internet 上的 WWW 服务器。

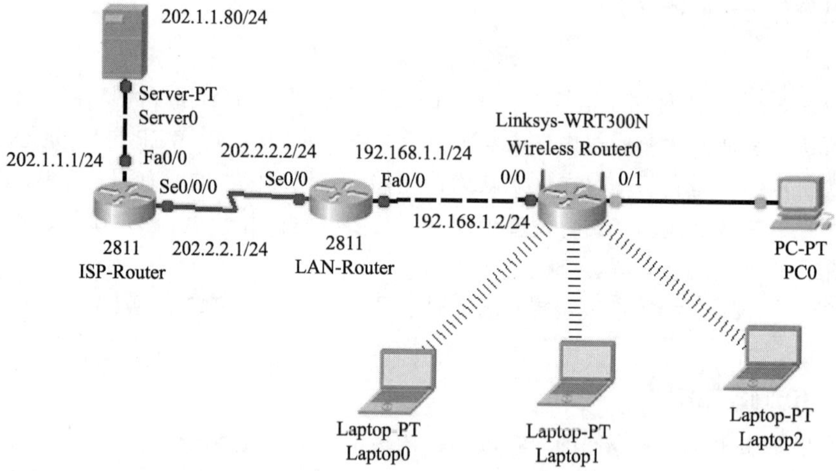

图 6-4-1 基于无线路由器的无线网络

【实践步骤】

1. ISP 路由器 ISP-Router 的配置

```
Router>enable
Router#config terminal
Router(config)#hostname ISP-Router
ISP-Router(config)#interface S0/0/0
ISP-Router(config-if)#ip address 202.2.2.1 255.255.255.0
ISP-Router(config-if)#no shutdown
ISP-Router(config-if)#clock rate 64000
ISP-Router(config-if)#exit
ISP-Router(config)#interface F0/0
ISP-Router(config-if)#ip address 202.1.1.1 255.255.255.0
ISP-Router(config-if)#no shutdown
ISP-Router(config-if)#exit
ISP-Router(config)#
```

2. 公司内部路由器 LAN-Router 的配置

```
Router>enable
Router#config terminal
Router(config)#hostname LAN-Router
LAN-Router(config)#interface S0/0/0
```

```
LAN-Router(config-if)#ip addres 202.2.2.2 255.255.255.0
LAN-Router(config-if)#ip nat outside
LAN-Router(config-if)#no shutdown
LAN-Router(config-if)#exit
LAN-Router(config)#interface F0/0
LAN-Router(config-if)#ip address 192.168.1.1 255.255.255.0
LAN-Router(config-if)#ip nat inside
LAN-Router(config-if)#no shutdown
LAN-Router(config-if)#exit
LAN-Router(config)#access-list 1 permit 192.168.1.0 0.0.0.255
LAN-Router(config)#ip nat inside source list 1 interface S0/0/0 overload
LAN-Router(config)#ip route 0.0.0.0 0.0.0.0 S0/0/0
LAN-Router(config)#
```

3. 无线路由器的设置

（1）无线路由器 Internet 口设置固定 IP 地址 192.168.1.2，如图 6-4-2 所示，配置完成后保存配置。

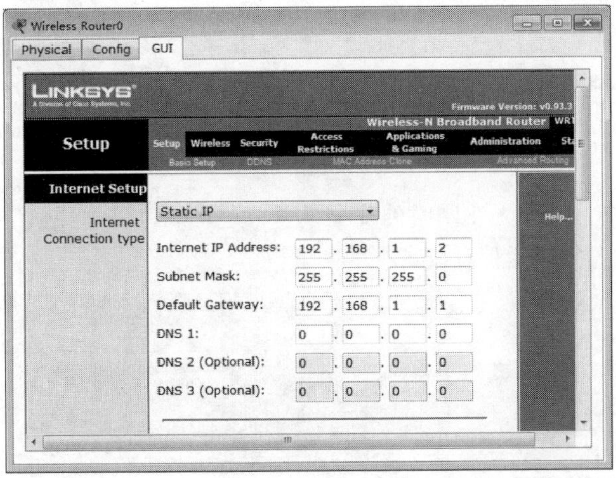

图 6-4-2　无线路由器 Internet 口静态 IP 地址设置

（2）开启无线路由器 DHCP 功能，配置 DHCP 地址池，给通过无线或者优先接入进来的用户自动分配 IP 地址，如图 6-4-3 所示，配置完成后保存配置。

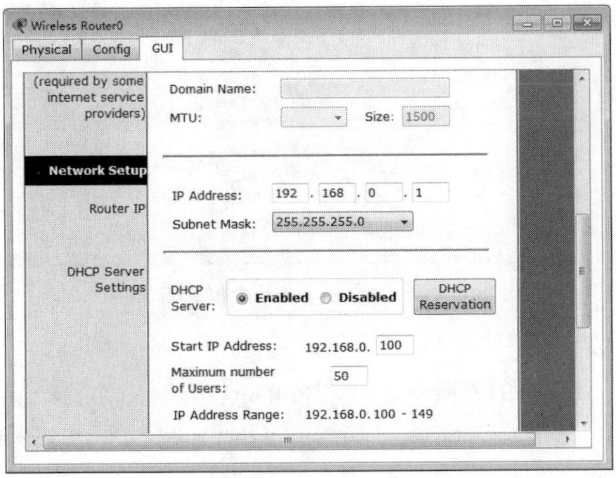

图 6-4-3　无线路由器 LAN 口 DHCP 设置

（3）设置无线网络 SSID 为 wlan-1，如图 6-4-4 所示，配置完成后保存配置。

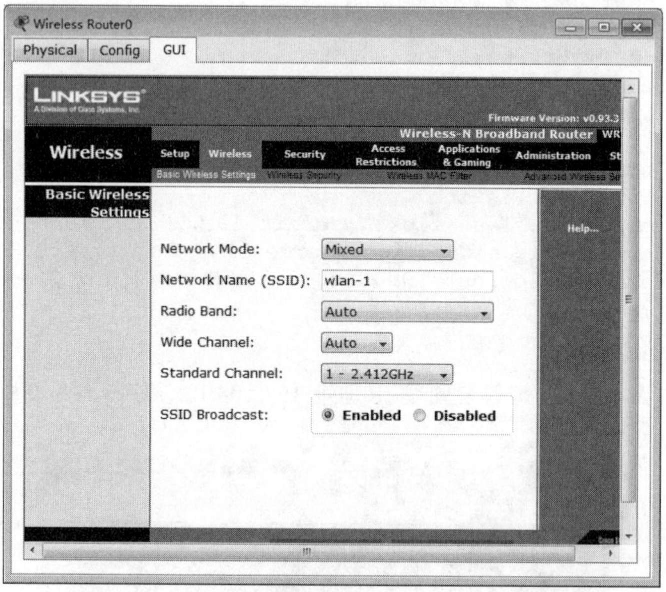

图 6-4-4　无线网络 SSID 设置

（4）在无线路由器上进行无线网络的安全设置，设置 WEP 安全模式，密钥为 1234567890，如图 6-4-5 所示，配置完成后保存配置。

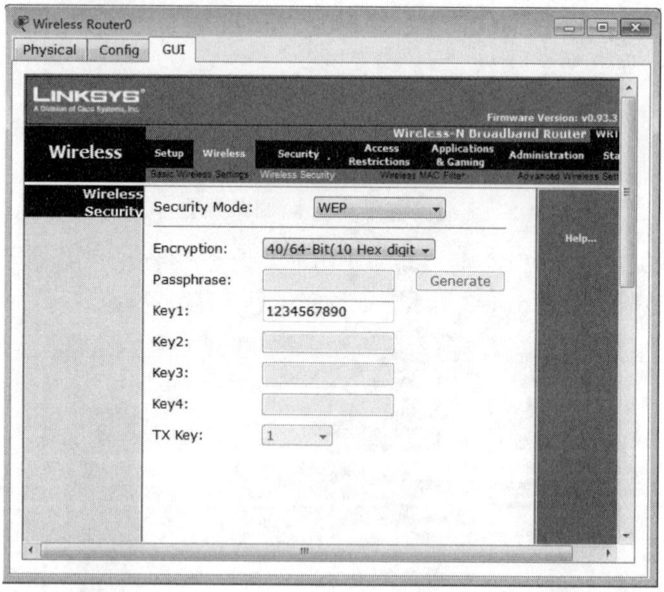

图 6-4-5　无线网络安全模式设置

4. 笔记本电脑无线接入

单击“Lapton0”，在弹出的界面中选择“Desktop”选项卡，选择“PC Wireless”设置，如图 6-4-6（a）所示；选择“Connect”，如图 6-4-6（b）所示；单击 wlan-1 网络，输入无线安全密码 1234567890，单击“Connect”按钮，如图 6-4-6（c）所示。

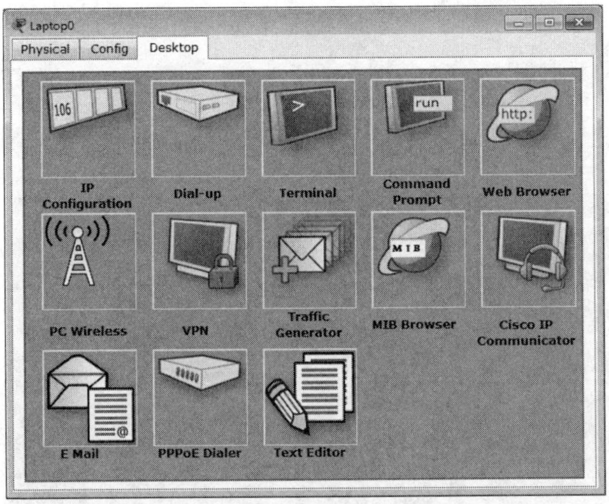

（a）

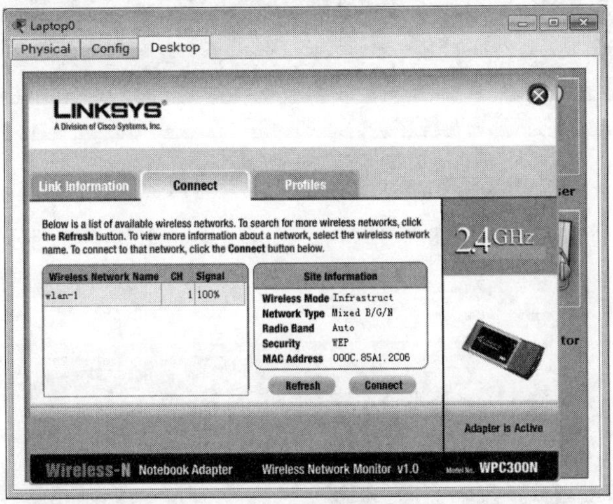

（b）

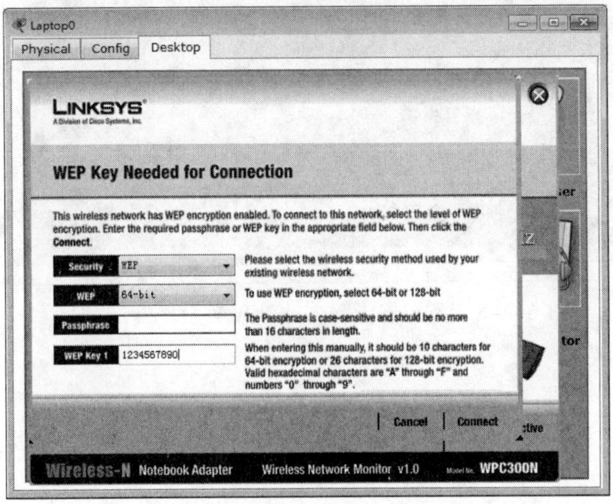

（c）

图 6-4-6　笔记本电脑无线接入

5. 测试验证

（1）Lapton0 自动获取 IP 参数，如图 6-4-7 所示。

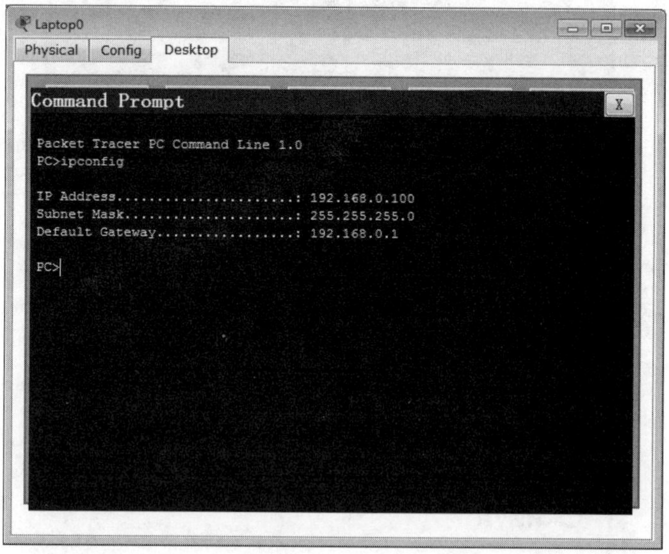

图 6-4-7　笔记本电脑自动获得网络参数

（2）在 Lapton0 上 ping 202.1.1.80，能 ping 通，结果如图 6-4-8 所示。

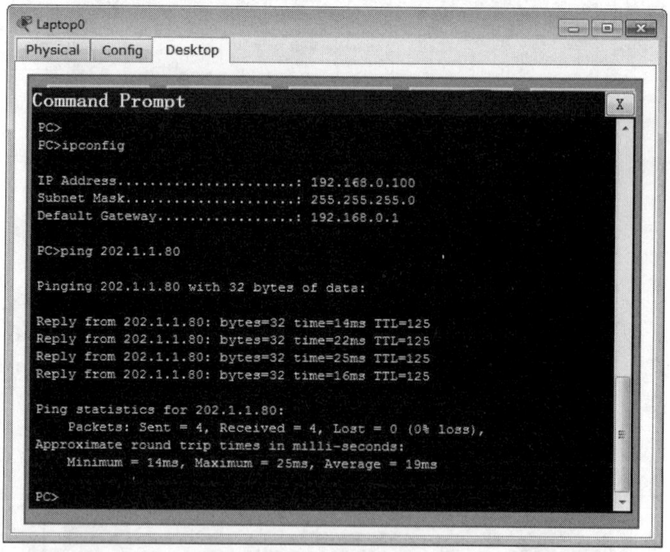

图 6-4-8　笔记本电脑 ping WWW 服务器的结果

第7章

Socket 通信

【主要内容】

本章以实现 Socket 通信为目标，要求学生了解端到端服务的概念、UDP 协议和 TCP 协议的特点和应用、Socket 编程基础，能够实现简单的 Socket 编程，如制作局域网聊天工具。

【知识目标】

（1）掌握传输层在网络系统的作用，了解端到端服务的概念。

（2）了解 UDP 协议的工作特点和应用。

（3）了解 TCP 协议的工作特点和应用。

（4）了解 Socket 的作用。

【能力目标】

（1）能够查看操作系统正在用的协议及端口。

（2）熟悉 C/S 工作模型，掌握 Socket 函数的使用，能进行简单的 Socket 编程。

7.1 端到端服务

网络连接最终要实现端到端的连接，不管中间有多少设备，都必须在两端（源和目的）间建立连接，这条线路可能经过很复杂的物理路线，但两端主机认为是只有两端的连接，即端到端是逻辑链路。只要建立连接，两端主机就能发送和接收数据。当通信完成，该连接就被释放，相应物理连接也被释放。

端到端之间的服务是由传输层来完成的，比如要将数据从结点 A 传送到结点 E，中间可能经过 A→B→C→D→E，对于传输层来说并不知道结点 B、结点 C 和结点 D 的存在，只认为报文数据是从结点 A 直接到结点 E。总而言之，端到端之间的连接可以由无数的点到点组成。

传输层为应用进程之间提供端到端的逻辑通信，还要对收到的报文进行差错检测。在 TCP/IP 系统中有两种不同的传输层协议，即面向连接的 TCP 协议和无连接的 UDP 协议。TCP 和 UDP 协议都是用于建立端到端连接的具体协议。

传输层要达到两个主要目的：第一，提供可靠的端到端的通信；第二，向应用层提供独立于网络的传输服务。传输层提供通用的传输端口。传输层的功能主要有以下五点：

（1）把传输地址映射为网络地址。

（2）把端到端的传输连接复用到网络连接上。

（3）传输连接的建立、释放和监控。

（4）端点到端点传输时的差错检验及对服务质量的监督。

（5）完成传输服务数据单元的传送。

7.1.1 网络中进程与进程的通信

进程是一个具有一定独立功能的程序关于某个数据集合的一次运行活动，是操作系统动态执行的基本单元。在传统的操作系统中，进程既是基本的分配单元，也是基本的执行单元。

在应用程序中，网络端到端的通信实际上就是进程与进程的通信。网络间的进程通信要解决的是不同主机进程间的相互通信问题。为此，首先要解决的是网络间进程标识问题。同一主机上，不同进程可以用不同的进程号（process ID）为唯一标识。但在网络环境下，各主机独立分配的进程号不能成为网络中对该进程的唯一标识。例如，主机 A 赋于某一进程号为 1008，在网络中的 B 机中也可能存在 1008 进程号，因此用“1008 进程号”作为唯一标识就没有意义。其次，操作系统支持的网络协议众多，不同协议的工作方式不同，地址格式也不同。因此，网络间进程通信还要解决多重协议的识别问题。

TCP/IP 协议族已经解决了这个问题。在网络层的“IP 地址”可以唯一标识网络中的主机，而传输层的“协议+端口”可以唯一标识主机中的应用程序中的进程。这样，利用 IP 地址、协议、端口就可以标识网络中的进程，网络中的进程通信就可以利用这个标识与其他进程进行交互。

1．端口号

互联网上的计算机通信是采用客户/服务器方式。客户在发起通信请求时，必须先知道对方服务器的 IP 地址和端口号。传输层的端口号分为以下两大类：

1）服务器端使用的端口号

服务器端使用的端口号又分为两类，最重要的一类称为熟知端口号或系统端口号，数值为 0～1023。这些数值可以在网站 www.iana.org 查到。IANA 把这些端口号指派给了 TCP/IP 最重要的一些应用程序，让所有用户都知道。当一些新的应用程序出现后，IANA 必须为它指派一个熟知端口，否则互联网上的其他应用进程就无法和它进行通信。表 7-1-1 给出了一些常用的熟知端口号。

表 7-1-1　常用的熟知端口号

应用程序	FTP	TELNET	SMTP	DNS	TFTP	HTTP	SNMP	SNMP（trap）	HTTPs
传输层协议	TCP	TCP	TCP	UDP	UDP	TCP	UDP	UDP	TCP
熟知端口号	21	23	25	53	69	80	161	162	443

另一类称为登记端口号，数值为 1024～49151。这类端口号是为没有熟知端口号的应用程序使用的。使用这类端口号必须在 IANA 按照规定的手续登记，以防止重复。

2）客户端使用的端口号

客户端使用的端口号的数值为 41592～65535，由于这类端口号仅在客户进程运行时才动态选择，因此又称短暂端口号。这类端口号留给客户进行选择暂时使用。当服务器进程收到客户进程的报文时，就知道了客户进程所使用的端口号，因而可以把数据发送给客户进程。通信结束后，刚才已使用过的客户端口号就不复存在，这个端口号就可以供其他客户进程使用。

【例 7-1-1】应用 netstat 了解 TCP 连接、对 TCP 和 UDP 监听及获得进程内存管理的相关报告。

netstat 是一个监控 TCP/IP 网络非常有用的工具、可以显示路由表和网络连接以及每一个网络接口设备的状态信息。netstat 可以显示与 IP、TCP、UDP 和 ICMP 协议相关的统计数据，一般用于检验本机各端口的网络连接情况。

使用格式为：

```
netstat [-a] [-b] [-e] [-f] [-n] [-o] [-p proto] [-r] [-s] [-x] [-t]
[interval]
```

参数含义：

-a：用来显示在本地机上的外部连接，也显示远程所连接的系统，本地和远程系统连接时使用和开放的端口，以及本地和远程系统连接的状态。

-b：显示在创建每个连接或侦听端口时涉及的可执行程序。

-e：显示静态太网统计，该参数可以与 -s 选项结合使用。

-f：显示外部地址的完全限定域名 (FQDN) 。

-o：显示拥有的与每个连接关联的进程 ID。

-n：这个参数基本上是-a 参数的数字形式，是用数字的形式显示以上信息。

-p protocol：用来显示特定的协议配置信息。

-r：用来显示路由分配表。

-s：显示机器的默认情况下每个协议的配置统计。

-x：显示 NetworkDirect 连接、侦听器和共享端点。

-y：显示所有连接的 TCP 连接模板。无法与其他选项结合使用。

interval：每隔“interval”秒重复显示所选协议的配置情况，直到按 Ctrl+C 组合键中断。

以下是 netstat 命令的一些应用：

（1）按照各个协议分别显示其统计数据：netstat –s。

（2）显示关于以太网的统计数据：netstat –e。

（3）显示关于路由表的信息：netstat –r。

（4）显示所有已建立的有效连接：netstat –n。

2. 进程之间的通信

图 7-1-1 说明了传输层为相互通信的应用进程提供了逻辑通信。主机 A 与主机 B 之间的通信，真正进行通信的实体是主机中的进程，是主机 A 中的一个进程和主机 B 中的一个进程在交换数据(即通信)。也就是说两个主机的通信就是两个主机中的应用进程相互通信。在图 7-1-1 中，主机 A 的应用进程 AP1 与主机 B 中的应用进程 AP3 进行通信，而同时 AP2 也在同 AP4 进行通信。这表明传输层有一个很重要的功能：复用（multiplexing）和分用（demultiplexing）。这里的“复用”是发送方不同的应用进程都可以使用同一个传输层协议传送数据，而“分用”是接收方的传输层在除去数据包的首部后能够把数据正确交付到目的进程。

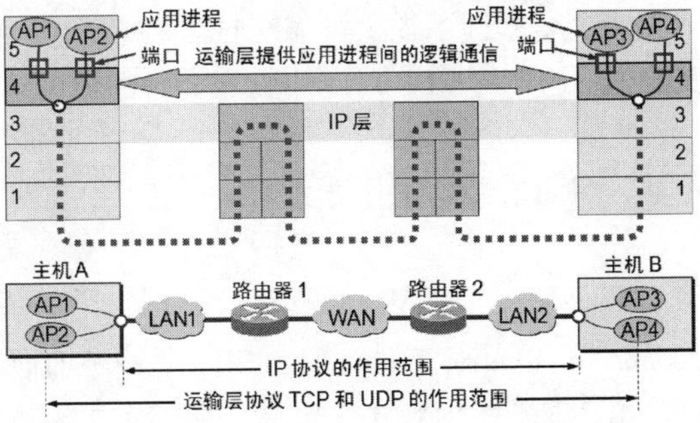

图 7-1-1　传输层为应用进程提供的逻辑通信

7.1.2　用户数据报协议

用户数据报协议（User Datagram Protocol，UDP）是一个简单的面向无连接的、不可靠的数据报的传输层（Transport Layer）协议，IETF RFC 768 是 UDP 的正式规范。 在 TCP/IP 模型中，UDP 为网络层（Network Layer）以上和应用层（Application Layer）以下提供了一个简单的接口。UDP 只提供数据的不可靠交付，一旦把应用程序发给网络层的数据发送出去，就不保留数据备份（所以 UDP 有时也被认为是不可靠的数据报协议）。UDP 在 IP 数据报的头部仅仅加入了复用和数据校验（字段）。由于缺乏可靠性，UDP 应用一般必须允许一定量的丢包、出错和复制。

1. UDP 首部

图 7-1-2 是 UDP 报文的格式，由首部和数据两部分构成。首部各字段意义如下：

（1）端口号：表示发送进程和接收进程。

（2）UDP 长度：指 UDP 首部和数据的总长度。

（3）校验和：检测 UDP 报文在传输中是否有错。

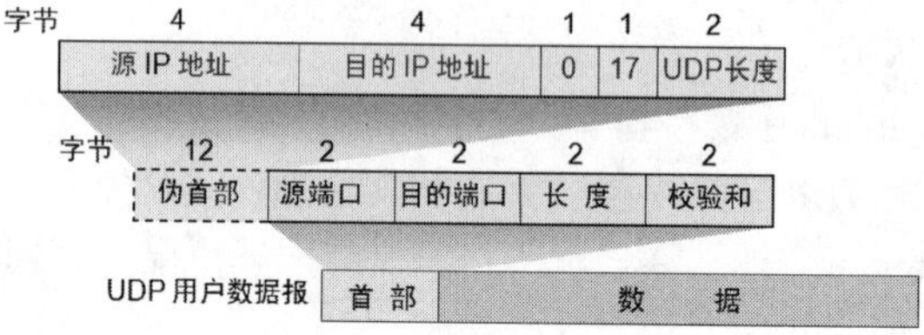

图 7-1-2　UDP 报文格式

UDP 校验和包含 UDP 伪首部、UDP 首部和数据，UDP 伪首部包含了 IP 首部的一些字段，只在计算 UDP 校验和时使用，并不实际存在。当接收端检查到校验和有误时，直接丢弃 UDP 报文，而不产生差错报文。

UDP 是面向报文的传输方式，应用层交给 UDP 多长的报文，UDP 就照样发送，即一次发送一个报文，所以 UDP 发送的报文长度是应用进程给出的。应用程序必须选择合适大小的报文。若报文太长，则 IP 层需要分片，降低效率。若太短，会使 IP 太小。UDP 对应用层交下来的报文既不合并，也不拆分，而是保留这些报文的边界。

2. UDP 特点

UDP 协议的主要特点有以下三点：

（1）UDP 在传送数据之前不需要先建立连接。对方的传输层在收到 UDP 报文后，不需要给出任何确认。

（2）UDP 使用尽最大努力交付，即不提供可靠交付。

（3）UDP 是面向报文的，发送方的 UDP 对应用程序交付的数据包，在添加首部后就向下交付给网络层。

在某些情况下，UDP 是一种最有效的工作方式。

7.1.3　传输控制协议

传输控制协议（Transmission Control Protocol，TCP）是一种面向连接的、可靠的、基于字节流的传输层通信协议，由 IETF 的 RFC 793 定义，能够完成传输层所指定的功能。用户数据报协议（UDP）是同一层内另一个重要的传输协议。在 TCP/IP 协议族中，TCP 协议工作在是位于网络层（IP 层）之上、应用层之下的传输层。不同主机的应用层之间需要可靠的连接，但是链路层不提供这样的流机制，而是提供不可靠的数据包交换。应用层向传输层发送用于网络之间传输的以 8 位字节表示的数据流，TCP 就把数据流分成适当长度的报文段（通常受该计算机连接的网络的数据链路层的最大传输单元 MTU 的限制），然后把分成的适当长度的报文段传给链路层，到了接收方由链路层通过网络将数据包传送给接收端实体的传输层。TCP 为了保证不发生丢失数据包，就给每个数据包一个序号，同时序号也保证了传送到接收端实体的数据包的接收顺序。然后接收端实体对已成功收到的数据包发回一个相应的确认（ACK）；如果发送端实体在合理的往返时延（RTT）内未收到确认，那么对应的数据包就被假设为已丢失将会被进行重传。TCP 用一个校验和函数来检验数据传递中是否有错误；在发送和接收时都要计算校验和。

1. TCP 特点

TCP 协议具有以下特点：

（1）面向连接的传输。应用程序在使用 TCP 协议之前，必须先建立 TCP 连接。传送数据结束，必须释放已经建立的 TCP 连接。

（2）端到端的通信。每一条 TCP 连接只能有两个端点。

（3）高可靠性，确保传输数据的正确性，不出现丢失或乱序。换一句话说，通过 TCP 连接传送的数据，无差错、不丢失、不重复、按序抵达。

（4）全双工方式传输。TCP 允许通信双方的应用进程在任何时候都能发送和接收数据。

（5）采用字节流方式，即以字节为单位传输字节序列。

图 7-1-3 展示了一个方向的 TCP 数据流。图中的 TCP 连接发送方与接收方是一条虚连接而不是一条真正的物理连接，TCP 报文段先要传到 IP 层，加上 IP 首部后，再传送到数据链路层。再添加上链路层的首部和尾部后，才离开主机发送到物理链路。

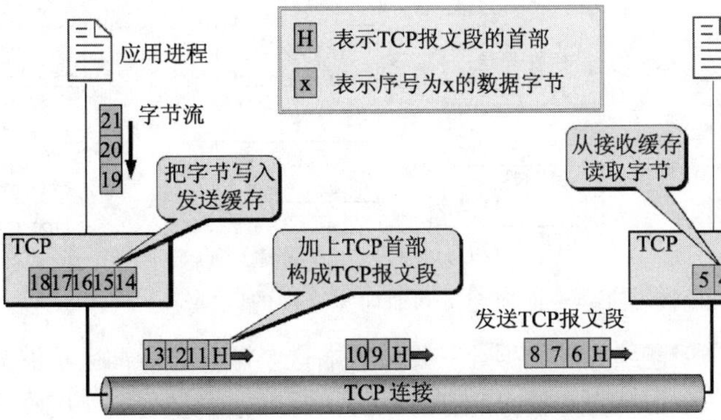

图 7-1-3　TCP 的面向流

TCP 和 UDP 在发送报文时所采用的方法是不一样的。TCP 把应用程序看成是一连串的无结构的字节流。TCP 有一个缓冲，对应用进程一次把多长的报文发送到 TCP 的缓存中是不关心的，当应用程序传送的数据块太长，TCP 就可以把它划分短一些再传送，TCP 根据对方给出的窗口值和当前网络拥塞的程度来决定一个报文段应包含多少字节。如果应用程序一次只发送一个字节，TCP 也可以等待积累有足够多的字节后再构成报文段发送出去。

TCP 把连接作为最基本的抽象。每一条 TCP 连接有两个端点。连接的端点不是主机，不是主机的 IP 地址，不是应用进程，也不是传输层的协议端口。TCP 连接的端点称为套接字（Socket）或插口。根据 RFC 793 的定义：端口号拼接到 IP 地址即构成了套接字。套接字等于（IP 地址：端口号）。比如 IP 地址是 172.16.8.200，端口号是 8080，得到的套接字就是（172.16.8.200：8080）。

每一条 TCP 连接唯一地被通信两端的两个端点（即两个套接字）所确定。即：

TCP 连接 ::= {Socket1, Socket2} = {(IP1: Port1), (IP2: Port2)}

这里 IP1 和 Port1 构成套接字 Socket1，IP2 和 Port2 构成套接字 Socket2，TCP 连接的两个套接字就是 Socket1 和 Socket2。

这里再详细说一下面向连接和面向无连接的区别。从程序实现的角度来看，可以用图 7-1-4 进行描述。TCP 通信需要服务器端侦听（listen）、接受客户端连接请求（accept），等待客户端建立连接后才能进行数据包的收发（recv/send）工作。而 UDP 在服务器和客户端的概念不明显，服务器端即接收端需要绑定端口，等待客户端数据的到来，后续便可以进行数据的收发（recvfrom/sendto）工作。

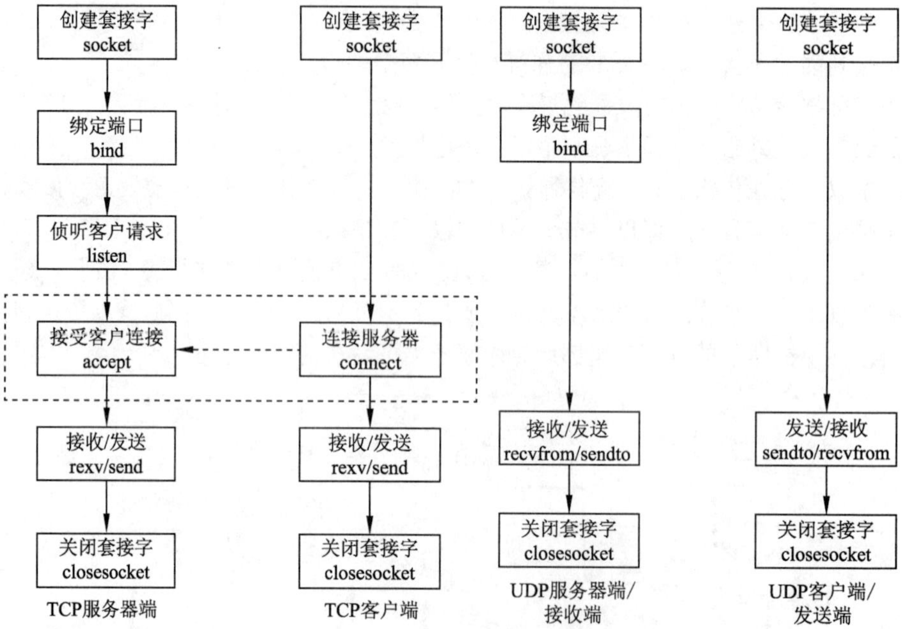

图 7-1-4　面向连接和面向无连接的区别

对于 TCP 协议，客户端连续发送数据，只要服务端这个函数的缓冲区足够大，会一次性接收过来，即客户端是分好几次发过来，是有边界的，而服务端却一次性接收过来，所以说明 TCP 是无边界的。

对于 UDP 协议，客户端连续发送数据，即使服务端的这个函数的缓冲区足够大，也只会一次一次的接收，发送多少次接收多少次，即客户端分几次发送过来，服务端就必须按几次接收，从而说明，UDP 的通讯模式是有边界的。

2. TCP 首部

TCP 虽然是面向字节流的，但 TCP 传送的数据单元却是报文段。一个 TCP 报文段分为首部和数据两部分，如图 7-1-5 所示。TCP 的功能都体现在首部，整个首部前 20 个字节是固定的，选项的字节是根据需要增加。

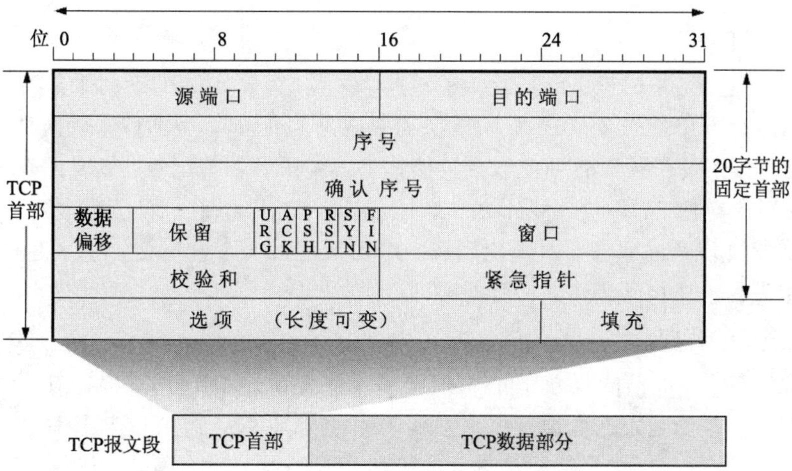

图 7-1-5　TCP 报文格式

TCP 首部字段说明如下：

（1）源端口和目的端口：各占 16 位，2^{16} 等于 65536，TCP 的分用功能也是通过端口实现的。

（2）序号（Sequence Number）：在一个 TCP 连接中传送的字节流中的每一个字节都按顺序编号。整个要传送的字节流的起始号必须在连接建立时设置。

（3）确认序号：也称为应答号（Acknowledgment Number），是期望收到对方下一个报文段的第一个数据字节的序号。在握手阶段，确认序号将发送方的序号加 1 作为回答。

（4）6 位标志字段：

① URG：置 1 表明紧急指针字段有效，告诉接收 TCP 有紧急指针指着紧急数据需要传送。一般不使用。

② ACK：置 1 时表示确认号为有效，为 0 时表示数据段不包含确认信息，确认号为无效。

③ PSH：置 1 时请求的数据段在接收方得到后就可直接送到应用程序，而不必等到缓冲区满时才传送。一般不使用。

④ RST：置 1 时表明 TCP 连接中出现严重错误，必须释放连接，重建连接。RST 置 1 也用于拒绝一个非法报文段或拒绝打开一个连接。

⑤ SYN：置 1 而 ACK 置 0 时，用来发起一个连接。对方同意连接，设置响应报文段为 SYN 为 1 和 ACK 为 1。

⑥ FIN：置 1 时表示发端完成发送任务。用来释放连接，表明发送方已经没有数据发送了。

（5）16 位校验和是覆盖了整个的 TCP 报文段： TCP 首部和 TCP 数据。这是一个强制性的字段，一定是由发端计算和存储，并由收端进行验证。

（6）16 位紧急指针一般不使用。只有当 URG 标志置 1 时紧急指针才有效。紧急指针是一个正的偏移量，和序号字段中的值相加表示紧急数据最后一个字节的序号。

（7）选项：选项字段通常为空，可根据首部长度推算。用于发送方与接收方协商最大报文段长度（MSS），或在高速网络环境下做窗口调节因子时使用。首部字段还定义了一个时间戳选项。

3. TCP 连接的建立

TCP 连接的建立是采用三次握手，如图 7-1-6 所示。客户 A 的 TCP 向服务器 B 发出连接请求报文段，其首部中的同步位 SYN = 1，并选择序号 seq = x，表明传送数据时的第一个数据字节的序号是 x。服务器 B 的 TCP 收到连接请求报文段后，若同意，则发回确认。服务器 B 在确认报文段中应使 SYN = 1，使 ACK = 1，其确认号 ack = x+1，自己选择的序号 seq = y。客户 A 收到此报文段后向服务器 B 给出确认，其 ACK = 1，确认号 ack = y+1。客户 A 的 TCP 通知上层应用进程，连接已经建立，数据即可传送。

4. TCP 连接的释放

数据传输结束后，通信的双方都可释放连接。现在客户 A 的应用进程先向其 TCP 发出连接释放报文段，并停止再发送数据，主动关闭 TCP 连接。服务器 A 把连接释放报文段首部的 FIN = 1，其序号 seq = u，等待服务器 B 的确认。服务器 B 发出确认，确认号 ack = u+1，而这个报文段自己的序号 seq = v。TCP 服务器进程通知高层应用进程。从客户 A 到服务器 B 这个方向的连接就释放了，TCP 连接处于半关闭状态。服务器 B 若发送数据，客户 A 仍要接收。若服务器 B 已经不向客户 A 发送的数据，其应用进程就通知 TCP 释放连接。在确认报文段中 ACK = 1，确认号 ack = w+1，自己的序号 seq = u + 1。TCP 连接的释放如图 7-1-7 所示。

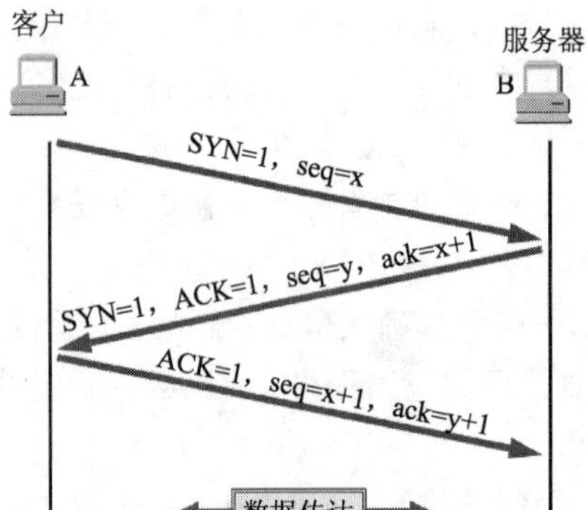

图 7-1-6　TCP 三次握手

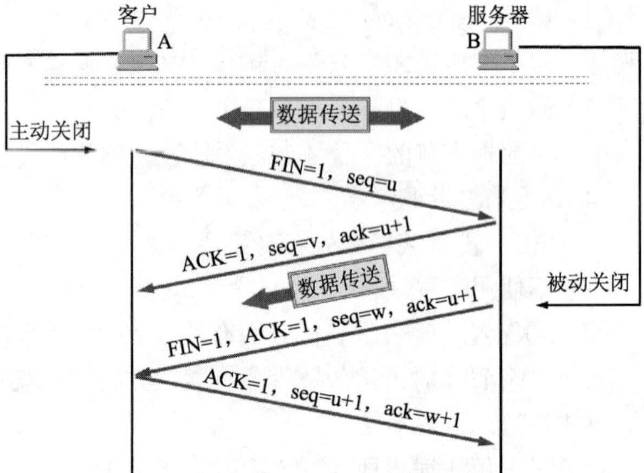

图 7-1-7　TCP 连接释放

5. TCP 的流量控制

如果发送方把数据发送得太快，接收方可能会来不及接收数据，这就会造成数据的丢失。流量控制就是让发送方的发送数据速率不要太快，要让接收方来得及接收数据。

利用滑动窗口机制可以很方便地在 TCP 连接上实现对发送方的流量控制。

1）滑动窗口实现流量控制

图 7-1-8 是一个说明 TCP 流量控制的例子。设 A 向 B 发送数据，在连接建立时，B 告诉了 A：“我的接收窗口是 rwnd = 400 ”（rwnd 表示 receiver window）。因此，发送方的发送窗

口不能超过接收方给出的接收窗口的数值。请注意，TCP 的窗口单位是字节，不是报文段。TCP 连接建立时的窗口协商过程在图中没有显示出来。再设每一个报文段为 100 字节长，而数据报文段序号的初始值设为 1。大写 ACK 表示首部中的确认位 ACK，小写 ack 表示确认字段的值 ack。

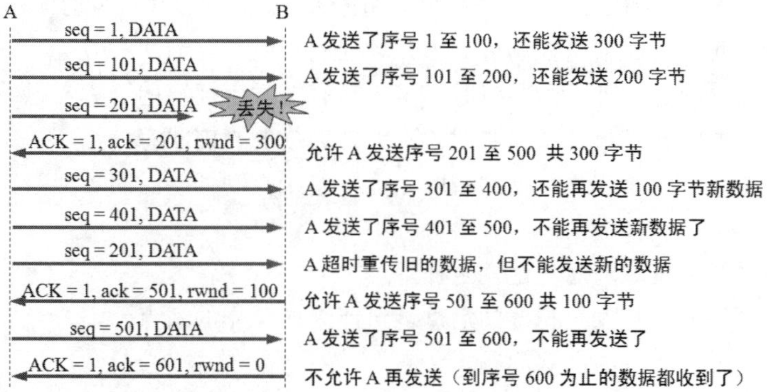

图 7-1-8　TCP 的流量控制

从图中可以看出，B 进行了三次流量控制。第一次把窗口减少到 rwnd = 300 ，第二次又减到了 rwnd = 100 ，最后减到 rwnd = 0 ，即不允许发送方再发送数据。这种使发送方暂停发送的状态将持续到主机 B 重新发出一个新的窗口值为止。B 向 A 发送的三个报文段都设置了 ACK = 1，只有在 ACK = 1 时确认号字段才有意义。

TCP 为每一个连接设有一个持续计时器（Persistence Timer）。只要 TCP 连接的一方收到对方的零窗口通知，就启动持续计时器。若持续计时器设置的时间到期，就发送一个零窗口控测报文段（携 1 字节的数据），那么收到这个报文段的一方就重新设置持续计时器。

2）考虑传输速率

用不同的机制来控制 TCP 报文段的发送时机。例如：

（1）TCP 维持一个变量，它等于最大报文段长度 MSS。只要缓存中存放的数据达到 MSS 字节时，就组装成一个 TCP 报文段发送出去。

（2）由发送方的应用进程指明要求发送报文段，即 TCP 支持的推送（push）操作。

（3）发送方的一个计时器期限到了，这时就把已有的缓存数据装入报文段（但长度不能超过 MSS）发送出去。

6. TCP 的拥塞控制

拥塞：对网络中某一资源的需求超过了可用的资源。网络中许多资源同时供应不足，网络的性能就要明显变坏，整个网络的吞吐量随之负荷的增大而下降。

拥塞控制：防止过多的数据注入到网络中，这样可以使网络中的路由器或链路不致过载。拥塞控制所要做的都有一个前提，就是网络能够承受现有的网络负荷。拥塞控制是一个全局性的过程，涉及所有的主机、路由器，以及与降低网络传输性能有关的所有因素。

流量控制：指点对点通信量的控制，是端到端的问题。流量控制所要做的就是抑制发送端发送数据的速率，以便使接收端来得及接收。

拥塞控制代价：需要获得网络内部流量分布的信息。在实施拥塞控制之前，还需要在结点之间交换信息和各种命令，以便选择控制的策略和实施控制。这样就产生了额外的开销。拥塞控制还需要将一些资源分配给各个用户单独使用，使得网络资源不能更好地实现共享。

拥塞控制是很难设计的，因为它是一个动态的问题。当前网络正朝着高速化的方向发展，这很容易出现缓存不够大而造成分组的丢失。但分组的丢失是网络发生拥塞的征兆而不是原因。

从控制理论的角度看，拥塞控制可分为开环控制和闭环控制两种方法。

开环控制方法是通过设计一个网络时，事先将有关发生拥塞的因素考虑周到，力求网络在工作时不产生拥塞。在进行拥塞控制时，不考虑网络的当前状态。

闭环控制是给予反馈机制，根据网络的当前状态来控制拥塞。闭环拥塞控制的工作过程如下：

（1）由监控系统来发现何时何地发生拥塞。

（2）当发生拥塞时，将发生拥塞的消息传给能采取动作的站点。

（3）调整系统操作，解决拥塞问题。

拥塞控制方法有：慢开始（slow- s tart）、拥塞避免（Congestion Avoidance）、快重传（Fast Retransmit）和快恢复（Fast Recovery）。

1）慢开始和拥塞避免

发送方维持一个拥塞窗口（cwnd）的状态变量。拥塞窗口的大小取决于网络的拥塞程度，并且动态地在变化。发送方让自己的发送窗口等于拥塞。

发送方控制拥塞窗口的原则是：只要网络没有出现拥塞，拥塞窗口就再增大一些，以便把更多的分组发送出去。但只要网络出现拥塞，拥塞窗口就减小一些，以减少注入到网络中的分组数。

慢开始算法：当主机开始发送数据时，如果立即把大量数据字节注入网络，就有可能引起网络拥塞，因为现在并不清楚网络的负荷情况。因此，较好的方法是先探测一下，即由小到大逐渐增大发送窗口，也就是说，由小到大逐渐增大拥塞窗口数值。通常在刚刚开始发送报文段时，先把拥塞窗口设置为一个最大报文段 MSS 的数值。而在每收到一个对新的报文段的确认后，把拥塞窗口增加至多一个 MSS 的数值。用这样的方法逐步增大发送方的拥塞窗口，可以使分组注入到网络的速率更加合理。

每从图 7-1-9 看，经过一个传输轮次，拥塞窗口就加倍。一个传输轮次所经历的时间其实就是往返时间 RTT。不过“传输轮次”更加强调：把拥塞窗所允许发送的报文段都连续发送出去，并收到了对已发送的最后一个字节的确认。

慢开始的“慢”并不是指 cwnd 的增长速率慢，而是指在 TCP 开始发送报文段时先设置 cwnd = 1，使得发送方在开始时只发送一个报文段（目的是试探一下网络的拥塞情况），然后再逐渐增大 cwnd。

为了防止拥塞窗口增长过大引起网络拥塞，还需要设置一个慢开始门限 ssthresh 状态变量（如何设置 ssthresh）。慢开始门限 ssthresh 的用法如下：

当 cwnd < ssthresh 时，使用上述的慢开始算法。

当 cwnd > ssthresh 时，停止使用慢开始算法而改用拥塞避免算法。

当 cwnd = ssthresh 时，既可使用慢开始算法，也可使用拥塞控制避免算法。

拥塞避免算法：让拥塞窗口缓慢地增大，即每经过一个往返时间 RTT 就把发送方的拥塞窗口加 1，而不是加倍。这样拥塞窗口按线性规律缓慢增长，比慢开始算法的拥塞窗口增长速率缓慢得多。

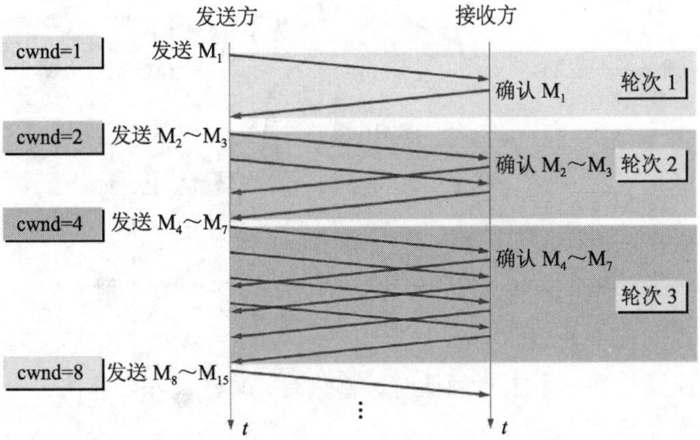

图 7-1-9　发送方每收到一个对新报文段的确认就使 cwnd 加 1

无论在慢开始阶段还是在拥塞避免阶段，只要发送方判断网络出现拥塞（其根据就是没有收到确认），就要把慢开始门限 ssthresh 设置为出现拥塞时的发送方窗口值的一半（但不能小于 2）。然后把拥塞窗口重新设置为 1，执行慢开始算法。这样做的目的就是要迅速减少主机发送到网络中的分组数，使得发生拥塞的路由器有足够时间把队列中积压的分组处理完毕。

当 TCP 连接进行初始化时，把拥塞窗口置为 1。前面已说过，为了便于理解，图中的窗口单位不使用字节而使用报文段的个数。慢开始门限的初始值设置为 16 个报文段，即 SSthresh= 16 。

在执行慢开始算法时，拥塞窗口的初始值为 1。以后发送方每收到一个对新报文段的确认 ACK，就把拥塞窗口值另 1，然后开始下一轮的传输（图中横坐标为传输轮次）。因此拥塞窗口 cwnd 随着传输轮次按指数规律增长。当拥塞窗口增长到慢开始门限值 ssthresh 时（即当 cwnd=16 时），就改为执行拥塞控制算法，拥塞窗口按线性规律增长。

假定拥塞窗口的数值增长到 24 时，网络出现超时（这很可能就是网络发生拥塞了）。更新后的 ssthresh 值变为 12（即变为出现超时时的拥塞窗口数值 24 的一半），拥塞窗口再重新设置为 1，并执行慢开始算法。当 cwnd=ssthresh=12 时改为执行拥塞避免算法，拥塞窗口按线性规律增长，每经过一个往返时间增加一个 MSS 的大小。

强调："拥塞避免"并非指完全能够避免了拥塞。利用以上的措施要完全避免网络拥塞还是不可能的。"拥塞避免"是说在拥塞避免阶段将拥塞窗口控制为按线性规律增长，使网络不容易出现拥塞。

2）快重传和快恢复

一条 TCP 连接有时会因等待重传计时器的超时而空闲较长的时间，慢开始和拥塞避免无法很好地解决这类问题，因此提出了快重传和快恢复的拥塞控制方法。

快重传算法并非取消了重传机制，只是在某些情况下更早地重传丢失的报文段（如果当发送端接收到三个重复的确认 ACK 时，则断定分组丢失，立即重传丢失的报文段，而不必等待重传计时器超时）。慢开始算法只是在 TCP 建立时才使用。

慢开始和拥塞避免算法的实现举例如图 7-1-10 所示。

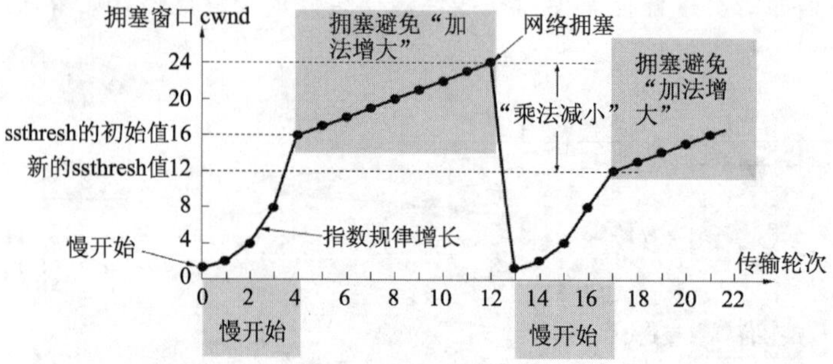

图 7-1-10　慢开始和拥塞避免算法的实现举例

快恢复算法有以下两个要点：

（1）当发送方连续收到三个重复确认时，就执行“乘法减小”算法，把慢开始门限减半，这是为了预防网络发生拥塞。

（2）由于发送方现在认为网络很可能没有发生拥塞，因此现在不执行慢开始算法，而是把 cwnd 值设置为慢开始门限减半后的值，然后开始执行拥塞避免算法，使拥塞窗口的线性增大。

7.1.4　自我测试

一、选择题

1. 用户数据报（UDP）协议是互联网传输层的协议之一，下面的应用层协议或应用软件使用 UDP 协议的是________。

A. SMTP　　B. WWW　　C. DNS　　D. FTP

2. 下列协议中属于面向连接的是________。

A. IP　　B. UDP　　C. DHCP　　D. TCP

3. 在 TCP/IP 协议簇中，UDP 协议工作在________。

A. 应用层　　B. 传输层

C. 网际层　　D. 网络接口层

4. 下面属于 TCP/IP 传输层协议的是________。

A. TCP　　B. IP　　C. HTTP　　D. FTP

5. TCP／IP 参考模型中负责应用进程之间端—端通信的层次是________。

A. 应用层　　B. 传输层

C. 互联层　　D. 主机—网络层

6. 为了进行流量控制，TCP 通常采用________。

A. 三次握手法　　B. 滑动窗口机制　　C. 自动重发机制　　D. 端口机制

二、填空题

1. TCP 是基于________的，可靠性________；UDP 基于________，可靠性________。

2. 每一条________连接只能是点到点的；________支持一对一，一对多，多对一和多对多的交互通信。

3. TCP 连接的端点称为________，套接字是由________和________构成，TCP 的连接就是________之间的连接。

7.2 Socket 通信

20 世纪 70 年代中期，加利福尼亚大学 Berkeley 分校把 TCP/IP 集成到 UNIX 中，同时出现了许多成熟的 TCP/IP 应用程序接口（API），这个 API 称为 Socket 接口。今天，Socket 接口是 TCP/IP 网络最为通用的 API，也是在 Internet 上进行应用开发最为通用的 API。虽然 Socket 起源于 UNIX，在 90 年代初，由 Microsoft 联合了其他几家公司共同制定了一套开放的、支持多种协议的、Windows 下的网络编程接口，即 Windows Sockets 规范。它是 Berkeley Sockets 的重要扩充，主要是增加了一些异步函数，并增加了符合 Windows 消息驱动特性的网络事件异步选择机制。目前，在实际应用中的 Windows Sockets 规范主要有 1.1 版和 2.0 版。两者的最重要区别是 1.1 版只支持 TCP/IP 协议，而 2.0 版可以支持多协议，2.0 版有良好的向后兼容性，目前，Windows 下的 Internet 软件都是基于 WinSock 开发的。

Socket 在计算机中提供了一个通信端口，可以通过这个端口与任何一个具有 Socket 接口的计算机通信。应用程序在网络上传输，接收的信息都通过这个 Socket 接口来实现。在应用开发中就像使用文件句柄一样，可以对 Socket 句柄进行读、写操作。Socket 可以理解为是一种特殊的文件，一些 Socket 函数就是对其进行的操作（读/写、打开、关闭）。

Socket 经常被称为套接字，它是网络的基本构件，使用中的每一个套接字都有其类型和一个与之相连的进程。套接字存在通信区域（通信区域又称地址簇）中。套接字只与同一区域中的套接字交换数据（跨区域时，需要执行和转换进程才能实现）。Windows 中的套接字只支持一个域——网际域。套接字分为以下三种类型：

（1）字节流套接字（Stream Socket）是最常用的套接字类型，TCP/IP 协议族中的 TCP 协议使用此类接口。字节流套接字提供面向连接的（建立虚电路）、无差错的、发送先后顺序一致的、无记录边界和非重复的网络信包传输。

（2）数据报套接字（Datagram Socket）是 TCP/IP 协议族中的 UDP 协议使用此类接口，它是无连接的服务，它以独立的信包进行网络传输，信包最大长度为小于 64 KB，传输不保证顺序性、可靠性和无重复性，它通常用于单个报文传输或可靠性不重要的场合。数据报套接字的一个重要特点是保留了记录边界。对于这一特点。数据报套接字采用了与现在许多包交换网络（如以太网）非常类似的模型。

（3）原始数据报套接字（Raw Socket）提供对网络下层通讯协议（如 IP 协议）的直接访问，它一般不提供给普通用户，主要用于开发新的协议或用于提取协议较隐蔽的功能。

7.2.1 Socket 通信简介

网络中的进程是通过 Socket 来通信的。Socket 是介于应用层和传输层之间的一个软件抽象层，它是一组接口，如图 7-2-1 所示。

通过 Socket，TCP/IP 协议才能被使用。实际上，Socket 与 TCP/IP 协议没有必然的联系。Socket 编程接口在设计时，就希望也能适应其他的网络协议。所以 Socket 的出现只是使得程序员更方便地使用 TCP/IP 协议而已，是对 TCP/IP 协议的抽象，从而形成了一些最基本的函数接口，比如 socket()、listen()、connect()、accept()、send()、read()和 write()等。

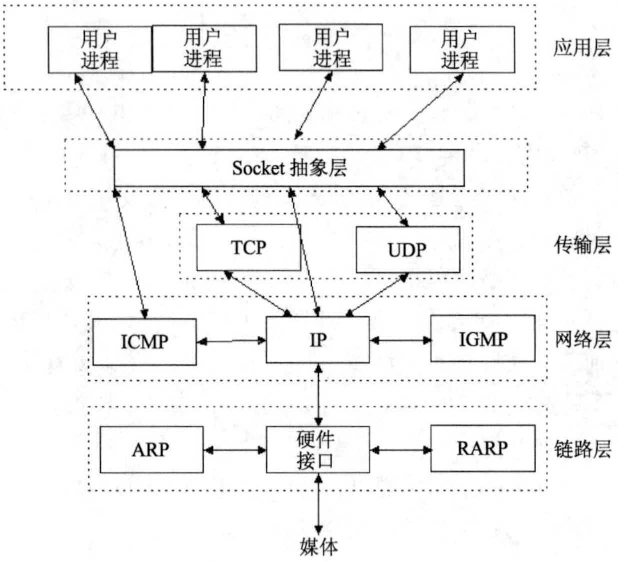

图 7-2-1　Socket 在 TCP/IP 系统中的位置

7.2.2　Socket 的编程

图 7-2-2 给出了在 TCP 在处理连接和处理数据的流程。服务器调用 socket()、bind()、listen()完成初始化后，调用 accept()阻塞等待，处于监听端口的状态，客户端调用 socket()初始化后，调用 connect()，发出 SYN 段并阻塞等待服务器应答，服务器应答一个 SYN-ACK 段，客户端收到后从 connect()返回，同时应答一个 ACK 段，服务器收到后从 accept()返回。

数据传输的过程：

建立连接后，TCP 协议提供全双工的通信服务，一般的客户端(Client)/服务器(Server)程序的流程是由客户端主动发起请求，而服务器被动处理请求的方式。因此，服务器从 accept()返回后立刻调用 read()，如果没有数据到达就阻塞等待。这时客户端调用 write()发送请求给服务器，服务器收到后从 read()返回，对客户端的请求进行处理，在此期间客户端调用 read()阻塞等待服务器的应答，服务器调用 write()将处理结果发回给客户端，再次调用 read()阻塞等待下一条请求，客户端收到后从 read()返回，发送下一条请求，如此循环下去。

如果客户端没有更多的请求，就调用 close()关闭连接，服务器的 read()返回 0，这样服务器就知道客户端关闭了连接，也调用 close()关闭连接。任何一方调用 close()后，连接的两个传输方向都关闭，不能再发送数据。

下面介绍 Socket 通信中所涉及的一些函数。

1. socket()函数

```
int socket(int domain,int type,int protocol);
```

（1）domain：需要被设置为“AF_INET”。

（2）type：为套接字类型。

（3）protocol：为协议，一般设置为 0。

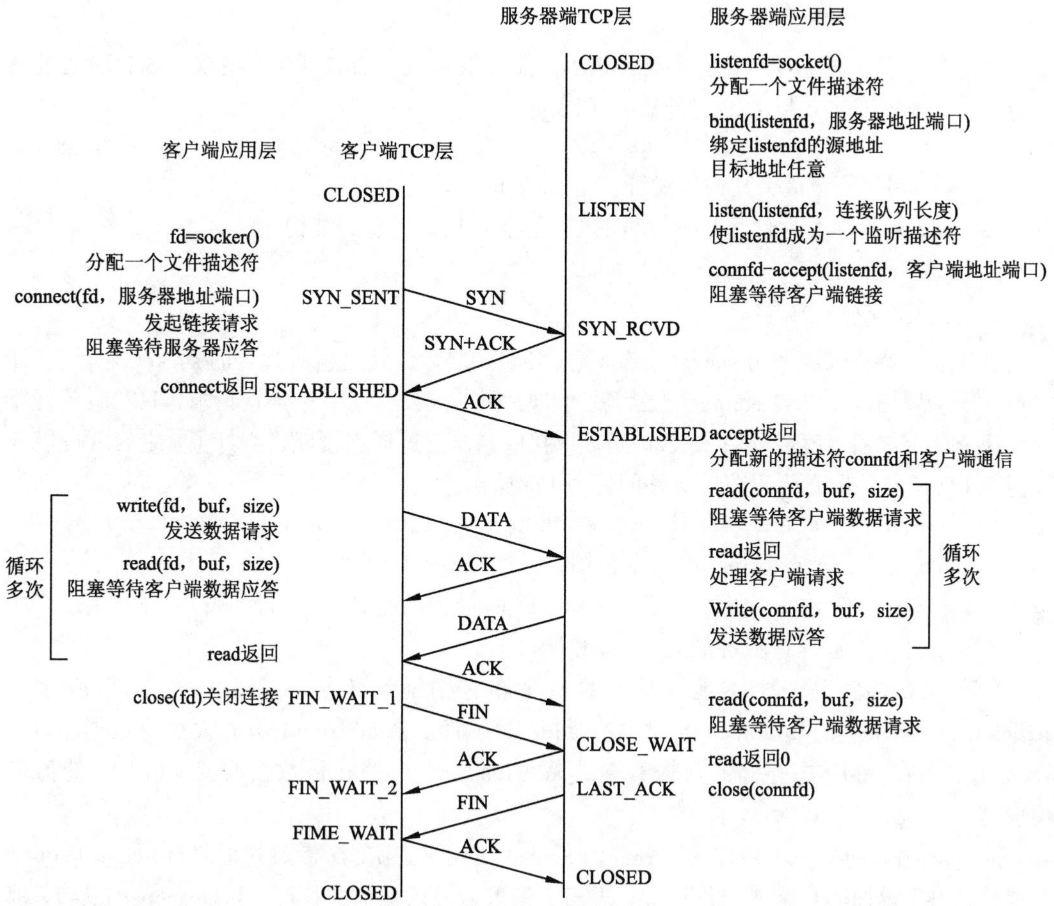

图 7-2-2　TCP 的通信

socket()用于创建一个 Socket 描述符（socket descriptor），唯一标识一个 Socket，后续的操作都有用到它，作为参数，通过 Socket 进行一些读写操作。

2. bind()函数

```
int bind(int sockfd,const struct sockaddr *addr,socklen_t addrlen);
```

（1）sockfd：是由 socket()函数返回的套接字描述符；

（2）addr：是一个指向 struct sockaddr 的指针，包含有关地址的信息，如名称、端口和 IP 地址，可以将 struct sockaddr_in 结构体强制类型转换传入。

（3）addrlen：可以设置为 sizeof(struct sockaddr)。

bind()函数把一个地址族中的特定地址赋给 Socket。

3. listen()函数

如果作为一个服务器，在调用 socket()、bind()之后就会调用 listen()来监听这个 Socket。

```
int listen(int sockfd,int backlog);
```

（1）sockfd：是一个套接字描述符，由 socket()系统调用获得。

（2）backlog：是未经过处理的连接请求队列可以容纳的最大数目。

socket()函数创建的 Socket 默认是一个主动类型的，listen()函数将 Socket 变为被动类型的，等待客户的连接请求。

4. connect()函数

如果客户端调用 connect()发出连接请求，服务器端就会接收到这个请求。客户端通过调用 connect()函数来建立与 TCP 服务器的连接。

```
int connect(int sockfd,const struct sockaddr *addr,socklen_t addrlen);
```

（1）sockfd：是套接字文件描述符，由 socket()函数返回的。

（2）addr：是一个存储远程计算机的 IP 地址和端口信息的结构。

（3）addrlen：是 sizeof(struct sockaddr)。

5. accept()函数

TCP 服务器端依次调用 socket()、bind()、listen()之后，就会监听指定的 socket 地址。TCP 客户端依次调用 socket()、connect()之后就向 TCP 服务器发送了一个连接请求。TCP 服务器监听到这个请求之后，就会调用 accept()函数取接收请求，这样连接就建立好了。之后就可以开始网络 I/O 操作，即类同于普通文件的读写 I/O 操作。

```
int accept(int sockfd,struct sockaddr *addr,socklen_t *addrlen);
```

（1）sockfd：是正在 listen()的一个套接字描述符。

（2）addr：一般是一个指向 struct sockaddr_in 结构的指针，里面存储着远程连接过来的计算机的信息（如远程计算机的 IP 地址和端口）。

（3）addrlen：是一个本地的整型数值，在它的地址传给 accept()前它的值应该是 sizeof(struct sockaddr_in)，accept()不会在 addr 中存储多余 addrlen bytes 大小的数据。如果 accept()函数在 addr 中存储的数据量不足 addrlen，则 accept()函数会改变 addrlen 的值来反应这个情况。

accept()函数的第一个参数为服务器的 Socket 描述字，第二个参数为指向 struct sockaddr * 的指针，用于返回客户端的协议地址，第三个参数为协议地址的长度。如果 accpet()成功，那么其返回值是由内核自动生成的一个全新的描述字，代表与返回客户的 TCP 连接。

6. read()、write()等函数

至此服务器与客户已经建立了连接。可以调用网络 I/O 进行读写操作，即实现了网络中不同进程之间的通信。网络 I/O 操作有 read()/write()、recv()/send()、readv()/writev()、recvmsg()/sendmsg()和 recvfrom()/sendto()等函数。

```
ssize_t read(int sockfd, void *buf, size_t count);
```

read()函数是负责从 sockfd 中读取内容。当读成功时，read 返回实际所读的字节数，如果返回的值是 0 表示已经读到文件的结束，小于 0 表示出现了错误。如果错误为 EINTR 说明读取时是由中断引起的，如果是 ECONNREST 表示网络连接出了问题。

```
ssize_t write(int sockfd,const void *buf,size_t count);
```

write()函数将 buf 中的 nbytes 字节内容写入文件描述符 sockfd。成功时返回写的字节数，失败时返回-1，并设置 errno 变量。write 的返回值大于 0，表示写了部分或者是全部的数据。返回的值小于 0，此时出现了错误。如果错误为 EINTR 表示在写入时出现了中断错误。如果为 EPIPE 表示网络连接出现了问题（对方已经关闭了连接）。

```
int recv(int sockfd,void *buf,int len, unsigned int flags);
```

（1）sockfd：是要读取数据的套接字描述符。

（2）buf：是一个指针，指向能存储数据的内存缓存区域。

（3）len：是缓存区的最大尺寸。

（4）flags：是 recv()函数的一个标志，一般都为 0。

```
int send(int sockfd,const void *msg,int len, int flags);
```

（1）sockfd：是代表与远程程序连接的套接字描述符。

（2）msg：是一个指针，指向想发送的信息的地址。

（3）len：是你想发送信息的长度。

（4）flags：发送标记，一般都设为 0。

7. close()函数

在服务器与客户端建立连接之后，会进行一些读写操作，完成了读写操作就要关闭相应的 Socket 描述字。

```
int close(int sockfd);
```

关闭一个 TCP Socket 的默认行为时把该 Socket 标记为以关闭，然后立即返回调用进程。该描述字不能再由调用进程使用，也就是说不能再作为 read 或 write 的第一个参数。

8. 基于 TCP 协议的通信流程

基于 TCP（面向连接）的 Socket 编程，分为客户端和服务器端，其通信流程如图 7-2-3 所示。

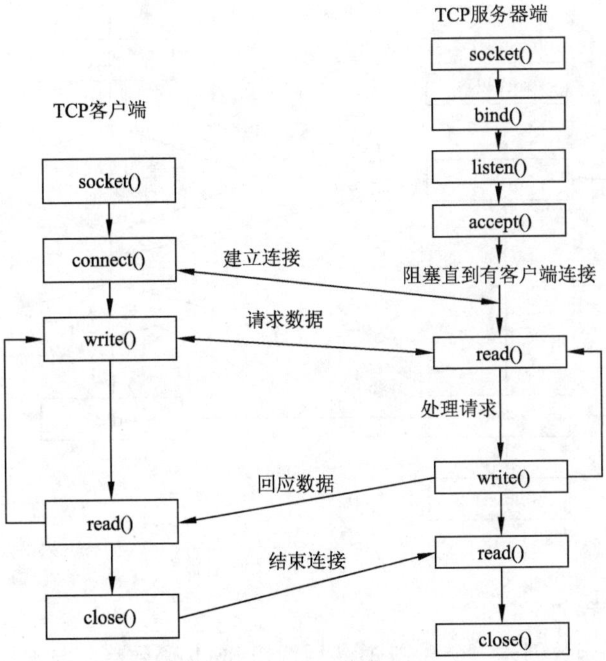

图 7-2-3　TCP 协议通信流程

客户端的流程如下：

（1）创建套接字（socket）。

（2）向服务器发出连接请求（connect）。

（3）和服务器端进行通信（write/read）。

（4）关闭套接字。

服务器端的流程如下：

（1）创建套接字（socket）。

（2）将套接字绑定到一个本地地址和端口上（bind）。

（3）将套接字设为监听模式，准备接收客户端请求（listen）。

（4）等待客户请求到来，当请求到来后，接受连接请求，返回一个新的对应于此次连接的套接字（accept）。

（5）用返回的套接字和客户端进行通信（write/read）。

（6）返回，等待另一个客户请求。

（7）关闭套接字。

9. 基于 UDP 协议的通信流程

基于 UDP（无连接）的 Socket 编程，分为客户端和服务器端，其通信流程如图 7-2-4 所示。

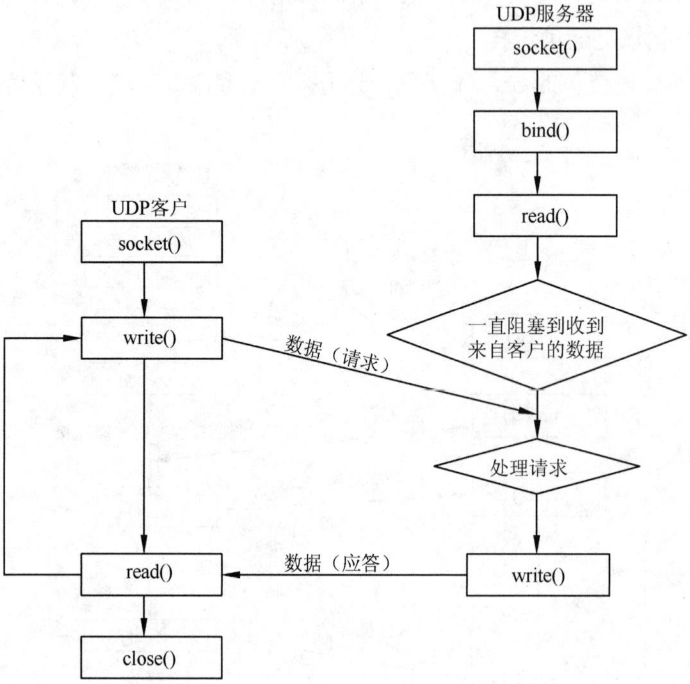

图 7-2-4　UDP 协议通信流程

服务器的工作流程如下：

首先调用 socket 函数创建一个 Socket，然后调用 bind()函数将其与本机地址以及一个本地端口号绑定，接收到一个客户端时，服务器显示该客户端的 IP 地址，并将字串返回给客户端。这里没有请求连接。

客户端的工作流程如下：

首先调用 socket()函数创建一个 Socket，填写服务器地址及端口号，从标准输入设备中取得字符串，将字符串传送给服务器端，并接收服务器端返回的字符串。最后关闭该 socket。

在网络编程中许多计算机语言都可以被应用来编写，像C、C#和Java等。其在通信上基本方法都是一致的。服务器使用Socket监听指定的端口，端口可以随意指定（建议使用大于1024的端口），等待客户端连接请求，客户端连接后，会话产生；在完成会话后，关闭连接。客户端使用Socket对网络上某一个服务器的某一个端口发出连接请求，一旦连接成功，打开会话；会话完成后，关闭Socket。客户端不需要指定打开的端口，通常临时的、动态的分配一个1024以上的端口。

Socket接口是TCP/IP网络的API，Socket接口定义了许多函数或例程，程序员可以用它们来开发TCP/IP网络上的应用程序。要学Internet上的TCP/IP网络编程，必须理解Socket接口。网络的Socket数据传输是一种特殊的I/O，Socket也是一种文件描述符。Socket也具有一个类似于打开文件的函数调用Socket()，该函数返回一个整型的Socket描述符，随后的连接建立、数据传输等操作都是通过该Socket实现的。

7.2.3 自我测试

一、选择题

1. 利用Socket进行网络通信编程的一般步骤是：建立Socket侦听、________、利用Socket接收和发送数据。

A. 建立Socket连接　　B. 获得端口号
C. 获得IP地址　　D. 获得主机名

2. 在________命令行中，按协议的种类显示统计数据。

A. ipconfig　　B. netstat –s
C. netstat –a　　D. netstat–e

3. 使用________命令查看本地机器的连接和监听端口。

A. ping 本地IP　　B. netstat
C. net start　　D. ipconfig

4. 下面________命令用于在Windows环境下查看正在使用的端口。

A. ipconfig /all　　B. netstat –e
C. netstat–a　　D. netstat–r

5. ________命令的功能与route print命令相同。

A. ping　　B. netstat –s
C. ipconfig　　D. netstat–r

二、填空题

1. 常用的Socket类型有两种：流式Socket（SOCK_STREAM）和数据报式Socket（SOCK_DGRAM）。流式是一种________的Socket，针对于________服务应用；数据报式Socket是一种________的Socket，对应于________服务应用。

2. Windows Sockets API（WSA），简短记为________，是Windows的________网络编程接口（API）。

3. Netstat用于显示与________、________、________和________协议相关的________，一般用于检验本机各端口的________情况。

7.3 本章实践

实践 局域网聊天工具的制作

前面已经对 TCP 和 UDP 进行论述，也对 Socket 的概念及通信流程进行了阐述，下面通过实践一下，对传输层的 TCP 协议和 UDP 协议以及 Socket，进一步了解。并通过编程来体会传输层协议。读者可以用计算机语言来实现，如 C/C++、Java、VB 或 Python。可以从相关网站上下载或根据本章论述的流程进行编程。

【实践目标】

（1）了解 Socket 的功能与作用；

（2）编写一个简单的服务器、客户端（使用 TCP）——服务器端一直监听本机的 9050 号端口，如果收到连接请求，将接收请求并接收客户端发来的消息；客户端与服务器端建立连接并发送一条消息。

【实践环境】

安装 Visual Studio 2010 的 PC。

【实践步骤】

1. 选择通信要用的协议

仔细阅读本章内容，选择将要用的通信协议（TCP 或 UDP）。

2. 安装 Visual Studio 2010

在 Windows 7 上安装 Visual Studio 2010，安装向导如图 7-3-1 所示。

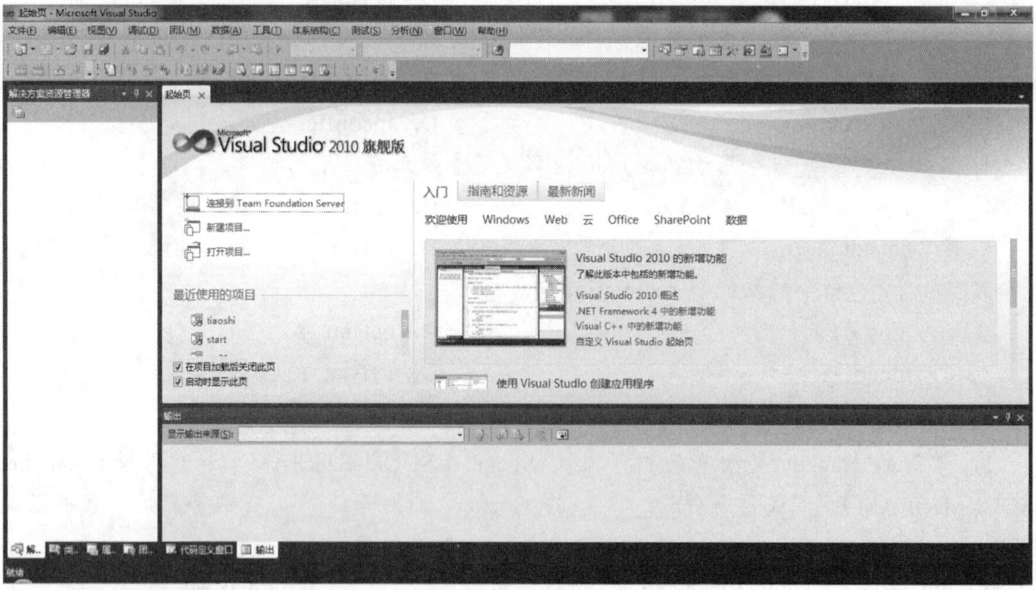

图 7-3-1 Visual Studio 2010 安装向导

3. 新建项目

新建一个项目，如图 7-3-2 所示。

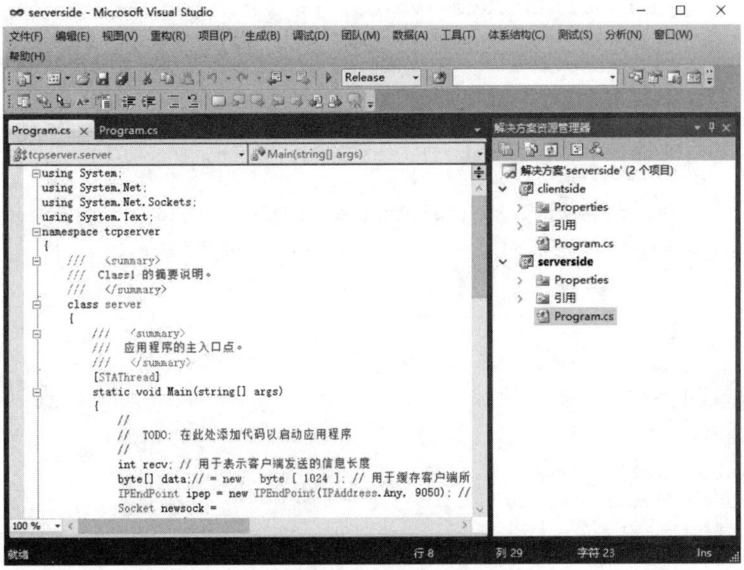

图 7-3-2 新建一个项目

4. 服务器端编码

```
using System;
using System.Net;
using System.Net.Sockets;
using System.Text;
namespace tcpserver
{
  class server
   {
       static void Main(string[] args)
       {
                                   //在此处添加代码以启动应用程序
          int recv;                //用于表示客户端发送的信息长度
          byte[] data;             //=new byte [ 1024 ];
//用于缓存客户端所发送的信息,通过 socket 传递的信息必须为字节数组
IPEndPoint ipep = new IPEndPoint(IPAddress.Any, 9050); // 本机预使用的 IP
和端口
          Socket newsock =new Socket(AddressFamily.InterNetwork,Socket
Type.Stream,ProtocolType.Tcp);
          newsock.Bind(ipep);  //绑定
          newsock.Listen(10);  //监听
          Console.WriteLine(" waiting for a client  ");
          Socket client = newsock.Accept();
          //当有可用的客户端连接尝试时执行，并返回一个新的 socket,用于与客户端之间
的通信
          IPEndPoint clientip=(IPEndPoint)client.RemoteEndPoint;
          Console.WriteLine(" connect with client: "+clientip.Address+
"at port: " + clientip.Port);
          string welcome=" welcome here! ";
          data=Encoding.ASCII.GetBytes(welcome);
          client.Send(data, data.Length, SocketFlags.None); // 发送信息
          while (true)  {           //用死循环来不断的从客户端获取信息
             data=new byte[1024];
```

```
                recv=client.Receive(data);
                Console.WriteLine(" recv= " + recv);
                if (recv==0)        //当信息长度为 0，说明客户端连接断开
                    break;
                Console.WriteLine(Encoding.ASCII.GetString(data, 0, recv));
client.Send(data, recv, SocketFlags.None);
            }
            Console.WriteLine("Disconnected from"+clientip.Address);client.
Close();
            newsock.Close();
        }
    }
}
```

5. 客户端编码

```
using System;
using System.Net;
using System.Net.Sockets;
using System.Text;
namespace tcpclient
{
    class client
    {
        static void Main(string[] args)
        {
            //TODO: 在此处添加代码以启动应用程序
            byte[] data=new byte[1024];
            Socket newclient=new Socket(AddressFamily.InterNetwork,Socket
Type.Stream,ProtocolType.Tcp);
            newclient.Bind(new IPEndPoint(IPAddress.Any,905));
            Console.Write(" please input the server ip: ");
            string ipadd=Console.ReadLine();
            Console.WriteLine();
            Console.Write(" please input the server port: ");
            int port=Convert.ToInt32(Console.ReadLine());
            IPEndPoint ie=new IPEndPoint(IPAddress.Parse(ipadd), port);
// 服务器的 IP 和端口
            try
            {
                //因为客户端只是用来向特定的服务器发送信息，所以不需要绑定本机的 IP
和端口。不需要监听。
                newclient.Connect(ie);
            }
            catch (SocketException e)
            {
                Console.WriteLine(" unable to connect to server ");
                Console.WriteLine(e.ToString());
                return;
            }
            int receivedDataLength=newclient.Receive(data);
            string stringdata=Encoding.ASCII.GetString(data, 0,
            receivedDataLength);
            Console.WriteLine(stringdata);
            while (true)
            {
```

```
                string input = Console.ReadLine();
                if (input == " exit ")
                    break;
                newclient.Send(Encoding.ASCII.GetBytes(input));
                data = new byte[1024];
                receivedDataLength=newclient.Receive(data);
                stringdata=Encoding.ASCII.GetString(data,0, receivedData
Length);Console.WriteLine(stringdata);
            }
            Console.WriteLine(" disconnect from sercer ");
            newclient.Shutdown(SocketShutdown.Both);
            newclient.Close();
        }
    }
}
```

6. 对编码进行理解、修改、编译和生成

请自行操作。

7. 测试

在 cmd 环境下，首先运行程序 serverside.exe，然后运行 clientside.exe，测试程序，在客户端和服务器端传输需要沟通的内容。

第 8 章

构建网络中的服务器

【主要内容】

本章以构建中小型网络服务器为目标，要求学生了解网络服务器，理解各种协议使用的端口，理解常用服务器的工作原理。

【知识目标】

（1）掌握应用层在网络系统的作用。

（2）了解 DNS 协议和应用。

（3）了解 HTTP 协议和应用。

（4）了解 FTP 协议和应用。

（5）了解 DHCP 协议和应用。

（6）了解 SMTP 协议和应用。

【能力目标】

（1）构建 WWW 和 DNS 服务器并测试。

（2）构建 DHCP 服务器并测试。

8.1 域名系统 DNS

TCP/IP 互联网中，用户与互联网上某台主机进行通信时，必须知道对方的 IP 地址。但是对一般用户而言，IP 地址非常抽象，不是十分直观，用户希望使用记忆和书写较为方便的主机名字，这要求必须有一种机制进行主机名字与 IP 地址之间的映射。域名系统是互联网使用的命名系统，用来把便于人们使用的主机名转换为 IP 地址。域名系统其实就是名字系统，因为在互联网的命名系统中使用了许多的“域”（domain），因此就出现了“域名”这个词。

8.1.1 域名系统概述

域名系统（Domain Name System，DNS）是因特网的一项主要服务，它作为可以将域名和 IP 地址相互映射的一个分布式数据库，能使人们更方便地访问因特网，而不用去记住能够被机器直接读取的 IP 地址。例如，360 教育 Web 服务器的域名是 edu.360.cn，其对应 IP 地址是 220.181.150.152，可以用 ping 命令来检验域名其对应的 IP 地址，也可以用 nslookup 命令获得域名和 IP 信息。

用户与因特网上的某个主机通信时，必须知道对方的 IP 地址，应用层为了便于用户记忆各种网络应用，更多的是使用服务器名字。可以理解为服务器名字就是一个能够容易记忆的地址，但在因特网上是用 IP 地址作为唯一标识，并且通过 IP 地址被访问，因此域名系统(DNS)被设计成为一个在因特网上联机分布式数据库系统，采用客户-服务器方式，用于解析域名和 IP 地址，方便人们对因特网的应用或访问。

DNS 系统工作在应用层，用户采用 53 端口向 DNS 服务器发送 UDP 报文，DNS 服务器收到后进行处理，并把查询结果以 UDP 报文的形式返回给用户。

8.1.2 因特网域名结构

1. 域名结构

因特网域名系统采用层次树状结构的命名方法，如图 8-1-1 所示。任何一个连接在 Internet 上的主机或路由器，都有一个唯一的层次结构名字，即域名(Domain Name)。所谓的"域"，是名字空间中一个可被管理的划分，域可以划分为子域，子域还可以继续划分为子域的子域，这样就形成了顶级域、二级域、三级域等。

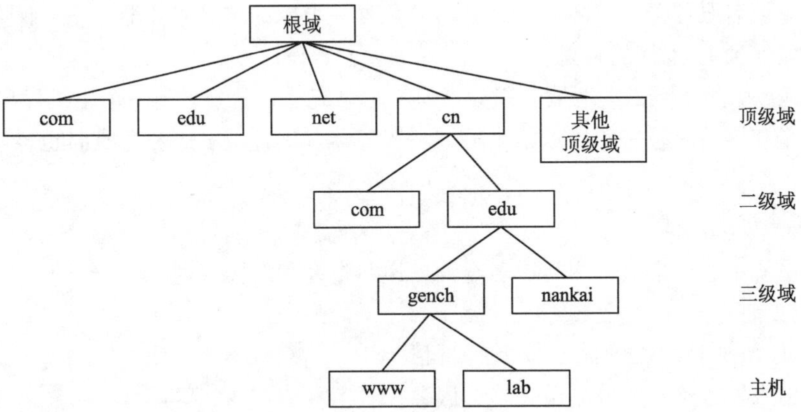

图 8-1-1　DNS 域名结构

每个域名都是由标号序列组成，各标号之间用点(.)隔开，如 www.gench.edu.cn。DNS 规定，域名中的标号都是由英文字母和数字组成的，每个标号不超过 63 个字符(为了便于记忆，最好不超过 12 个字符)，不区分大小写，完整域名不超过 255 个字符。各级域名由其上一级域名管理机构管理，而顶级域名由 ICANN (Internet Corporation for Assigned Names and Numbers，互联网名称与数字地址分配机构) 进行管理，从而保证在整个 Internet 中域名的唯一性。

2. 域名的分类

域名按照不同的划分原则，有不同的分类：

(1) 按语种分：英文域名、中文域名、日文域名和其他语种的域名。

(2) 按地域分：按照国家或地区划分，几乎都是两个字符的国家或代码，如 cn (中国)、jp (日本)、de (德国) 等。

(3) 按机构分：按照组织机构划分，如 com (盈利的商业实体)、edu (教育机构或设施)、gov (非军事性政府或组织)、int (国际性机构)、mil (军事机构或设施)、net (网络资源或组织)、org (非营利性组织或机构)、firm (商业或公司)、store (商场)、web (和 WWWW 有关的实体)、arts (文化娱乐)、arc (消遣性娱乐)、infu (信息服务) 和 nom (个人) 等。

（4）按应用范围分：顶级域名、二级域名和三级域名。

8.1.3 域名服务器

在因特网中，向主机提供域名解析的机器被称为域名服务器或名字服务器。域名服务器的工作就是把字符域名转换为主机的 IP 地址，没有 DNS，人们无法在因特网上使用域名和访问网站，域名服务器实现域名到 IP 地址的解析。

1. 域名服务器的分类

域名服务器分为四种：根域名服务器、顶级域名服务器、权限域名服务器和本地域名服务器。

（1）根域名服务器。根域名服务器最重要，处于最顶层，存储着所有顶级域名服务器的域名和 IP 地址。

（2）顶级域名服务器。顶级域名服务器负责管理自己的所有二级域名。

（3）权限域名服务器。权限域名服务器是负责一个区的域名服务器，用来保存该区中的所有主机的域名到 IP 地址的映射。

（4）本地域名服务器。本地域名服务器对域名系统非常重要。当一个主机发出 DNS 查询请求时，这个查询请求报文就发送给本地域名服务器。这种域名服务器有时也称默认域名服务器。

2. 域名查询的方式

在域名系统中，通常执行两类域名查询，递归查询和迭代查询。

1）递归查询

递归查询方式下，主机提出域名解析请求，并将该请求发送给本地域名服务器，服务器必须回复主机一个准确的查询结果。该服务器提供查询所需结果或是求助其他 DNS 服务器，被求助的服务器也可以再向其他服务器求助，这样就形成一个服务器链。在这个服务器链中，每个结点向相邻的结点寻求解析帮助，直到找到所需结果，如图 8-1-2 所示。具体过程如下。

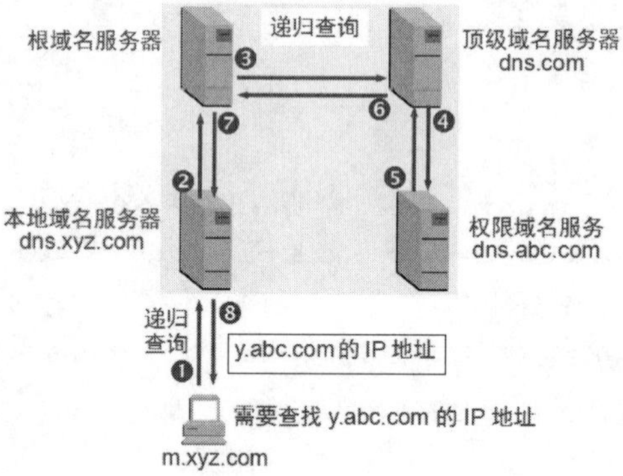

图 8-1-2 递归查询

（1）主机所询问的本地域名服务器不知道被查询域名的 IP 地址，那么本地域名服务器就以 DNS 客户的身份，向根域名服务器继续发出查询请求报文。

（2）如果没有记录，就向其他域名服务器进行查询。

（3）获得结果时，其结果通过递归方法将查询结果返回到主机。

2）迭代查询

迭代查询方式下，主机提出域名解析请求，并将该请求发送给本地的域名服务器，服务器会向主机提供其他能够解析查询请求的域名服务器的地址。本地域名服务器向根域名服务器询问，每个被询问的根域名服务器回应，如图 8-1-3 所示。具体过程如下：

（1）当根域名服务器收到本地域名服务器的迭代查询请求报文时，给出所要查询的 IP 地址。

（2）如果没有记录，就告诉本地域名服务器,下一步应当向哪一个域名服务器进行查询。

（3)然后让本地域名服务器进行后续的查询。

（4）本地域名服务器把返回的结果保存到数据库，以备下一次使用，同时将结果返回给客户机。

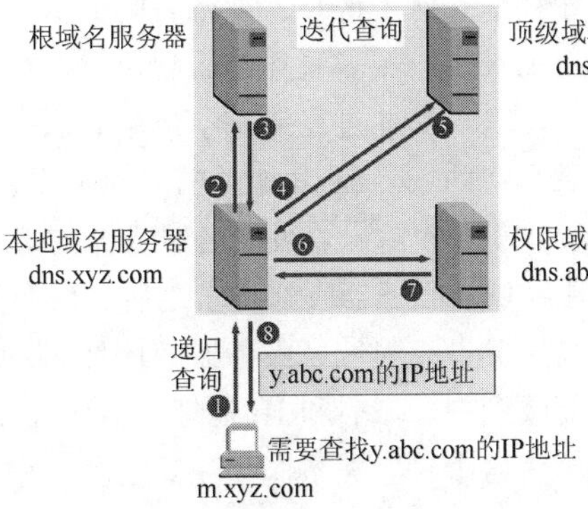

图 8-1-3　迭代查询

主机向本地域名服务器的查询一般都是采用递归查询。如果主机所询问的是本地域名服务器不知道的域名，那么本地域名服务器就以 DNS 客户的身份，向其他根域名服务器继续发出查询请求报文。

本地域名服务器向根域名服务器的查询通常是采用迭代查询。当根域名服务器收到本地域名服务器的迭代查询请求报文时，要么给出所要查询的 IP 地址，要么告诉本地域名服务器:“你下一步应当向哪一个域名服务器进行查询”。然后让本地域名服务器进行后续的查询。

3. 域名解析的完整工作过程

DNS 的作用是进行域名解析，域名解析就是将用户提出的名字变换成网络地址的方法和过程。域名到 IP 地址的映射即正向域名解析，是指解析程序将一个域名交给域名服务器，请它查询出相应的 IP 地址的过程。IP 地址到域名的映射即反向域名解析，是指客户端将 IP 地址发送到服务器要求查询出对应域名的过程。域名解析采用客户/服务器模式，其完整工作过程如图 8-1-4 所示。

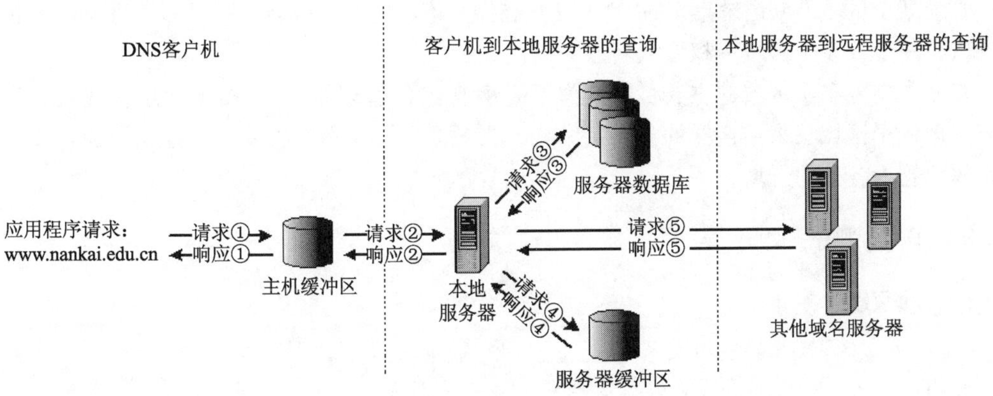

图 8-1-4　域名解析的完整工作过程

（1）查看客户机本地缓冲区有没有“www.nankai.edu.cn”对应的记录，有记录则直接调用该结果。

（2）若客户机本地缓冲区没有记录，客户机向本地域名服务器提出域名解析请求。

（3）域名解析请求到达本地域名服务器之后，本地域名服务器会首先查询它的数据库，如果本地域名服务器数据库中有此记录，则域名服务器把查询结果直接返回给客户机。

（4）若本地域名服务器数据库中没有此记录，则查看本地域名服务器高速缓存记录，如果高速缓存中有此条记录，则域名服务器把查询结果直接返回给客户机。

（5）如果本地域名服务器的高速缓存没有该记录，则本地域名服务器向其他域名服务器进行查询请求。具体过程是：本地域名服务器首先向根域名服务器进行查询。根域名服务器没有记录具体的域名和IP地址的对应关系，而是告诉本地域名服务器可以到顶级域名服务器上去继续查询，并给出顶级域名服务器的地址。本地DNS服务器继续向顶级域名服务器发出请求，顶级域名服务器收到请求之后，也不会直接返回域名和IP地址的对应关系，而是告诉本地域名服务器权限域名服务器的地址。最后，本地域名服务器向权限域名服务器发出请求，这时就能收到一个域名和IP地址的对应关系。本地域名服务器不仅要把IP地址返回给客户机，同时将这个对应关系保存在高速缓存中，以备别的客户机查询时，可以直接返回结果，加快网络访问。

4. 资源记录

在域名服务器上，每条域名与其 IP 地址的映射关系都以资源记录的方式存放在数据库中。资源记录通常由域名、有效期、类别、类型和具体值组成。

常用的资源记录类型有A记录、CNAME记录、MX记录、NS记录。

（1）A记录。此记录列出特定主机名的IP地址，是域名解析的重要记录。

（2）CNAME记录。此记录指定标准主机名的别名。

（3）MX记录。此记录列出了负责接收发到域中的电子邮件的主机。

（4）NS。此记录指定负责给定区域的域名服务器。

5. DNS区域

通常，DNS数据库可分成不同的相关资源记录集，其中的每个记录集称为区域。区域可以包含整个域、部分域或只是一个或几个子域的资源记录。

管理某个区域（或记录集）的DNS服务器称为该区域的权威域名服务器。每个域名服务器可以是一个或多个区域的权威域名服务器。

在域中划分多个区域的主要目的是为了简化DNS的管理任务，即委派一组权威域名服务器来管理每个区域。采用这样的分布式结构，当域名称空间不断扩展时，各个域的管理员可以有效地管理各自的子域。

8.1.4 自我测试

一、填空题

1. 域名系统DNS的作用是实现________和________之间的解析。

2. TCP/IP互联网上的域名解析有两种方式，一种是________，另一种是________。

3. 某校园网通过一台路由器连接到Internet，并申请了一个固定IP地址：219.133.46.1，网络结构如图8-1-5所示，该局域网内部有DNS服务器一台、WWW服务器一台。回答问题1～问题3。

问题1：若在WWW服务器上建立了一个Web站点，对应的域名是www.jianqiao.com.cn，要管理该域名，在DNS服务器上应创建一个正向查找区域，区域名为____①____。在该区域上添加主机记录，主机记录的名称为____②____，其对应的IP地址为____③____；

问题2：若主机A要通过域名www.jianqiao.com.cn来访问本校的Web站点，那主机

A 要在“Internet 协议属性”窗口中的“使用下面的 DNS 服务器地址”中输入的 IP 地址为____④____。

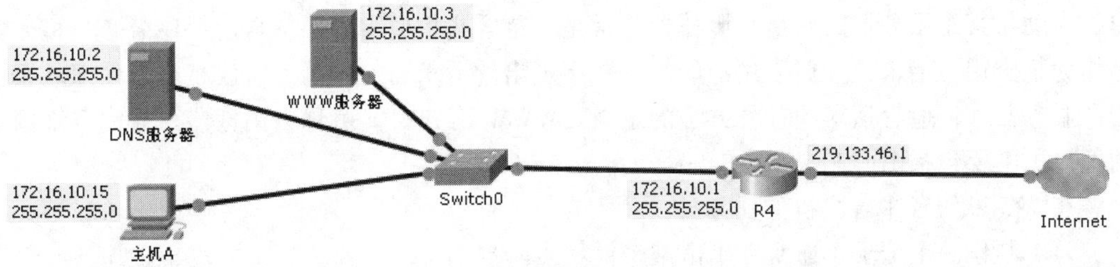

图 8-1-5 第 3 题网络结构

问题 3：该校园网中的计算机 A 要通过路由 R4 访问 Internet，主机 A 的默认网关应设置为____⑤____。

二、选择题

1. 为了实现域名解析，客户机________。
   A. 必须知道根域名服务器的 IP 地址
   B. 必须知道本地域名服务器的 IP 地址
   C. 必须知道本地域名服务器的 IP 地址和根域名服务器的 IP 地址
   D. 知道互联网上任意一个域名服务器的 IP 地址即可
2. 下列选项中，________不符合 TCP/IP 域名系统的要求。
   A. www-gench-edu-cn   B. www.gench.edu.cn
   C. netlab.gench.edu.cn   D. www.netlab.gench.edu.cn

8.2 万维网 WWW

万维网 WWW（World Wide Web）并不是某种特殊的计算机网络，而是一个大规模的、联机式的信息储藏所，简称 Web。万维网只是互联网所能提供的服务之一，是依靠互联网运行的一项服务，分为 Web 客户机和 Web 服务器程序。WWW 通过 HTTP 协议可以让 Web 客户机（常用浏览器）访问浏览 Web 服务器上的页面，一般采用 80 端口，是一个由许多互相链接的超文本组成的系统，通过互联网访问。在这个系统中，每个有用的事物，称为“资源”；并且由一个全局“统一资源标识符”（Uniform Resource Identifier，URI）标识；这些资源通过超文本传输协议（Hyper Text Transfer Protocol，HTTP）传送给用户，而后者通过单击链接来获得资源。

8.2.1 万维网概述

万维网是无数个网络站点和网页的集合，是构成因特网上服务的最主要部分，是多媒体的集合，是由超链接连接而成的集合。万维网采用客户机/服务器工作模式，客户机即浏览器，服务器即 Web 服务器，它以超文本置标语言（HTML）与超文本传输协议（HTTP）为基础，为用户提供界面一致的信息浏览系统。

1. 客户机

客户机是一个需要信息的程序，而服务器则是提供信息的程序。一个客户机可以向许多不同的服务器请求。一个服务器也可以为多个不同的客户机提供服务。通常情况下，一个客户机启动与某个服务器的对话。服务器通常是等待客户机请求的一个自动程序。客户机通常是作为某个用户请求或类似于用户的每个程序提出的请求而运行的。协议是客户机请求服务器和服务器如何应答请求的各种方法的定义。WWW 客户机又可称为浏览器。通常万维网上的客户机主要包括 IE、Firefox、Safari、Opera、Chrome 等。

在 WWW 服务中客户机的任务是：

（1）制作一个请求（通常在单击某个链接点时启动）。

（2）将请求发送给某个服务器。

（3）通过对直接图像适当解码，呈交 HTML 文档和传递各种文件给相应的"观察器"，把请求所得的结果发还。

一个观察器是一个可被 WWW 客户机调用而呈现特定类型文件的程序。当一个声音文件被 WWW 客户机查阅并下载时，只能用某些程序（例如 Windows 下的"媒体播放器"）来"观察"。通常，WWW 客户机不仅限于向 Web 服务器发出请求，还可以向其他服务器（如 Gopher、FTP、news、mail）发出请求。

2. 服务器

WWW 服务器具有以下功能：

（1）接受请求。

（2）请求的合法性检查，包括安全性屏蔽。

（3）针对请求获取并制作数据，包括 Java 脚本和程序、CGI 脚本和程序、为文件设置适当的 MIME 类型来对数据进行前期处理和后期处理。

（4）审核信息的有效性。

（5）把信息发送给提出请求的客户机。

客户机与服务器之间通过 URL 链接，基于应用层的 HTTP 协议和传输层的 TCP 协议进行信息交流。

8.2.2 统一资源定位器

统一资源定位器（Uniform Resource Locator，URL）是对可以从 Internet 上得到的资源的位置和访问方法的一种简洁表示，是互联网上标准资源的地址。URL 给资源的位置提供了一种抽象的识别方法，并利用这种方法给资源定位。所谓的"资源"，是指在 Internet 上可以被访问的任何对象，以及与 Internet 相连的任何形式的数据。只要能够对资源定位，系统就可以对资源进行各种操作，如存取、更新、替换和查找其属性。URL 相当于一个文件名在网络范围的扩展，是与因特网相连的机器上的任何可访问对象的一个指针。

URL 由以冒号隔开的两大部分组成，即协议部分和网站部分。其一般格式为：

<协议>://<主机>:<端口>/<路径>/<文件名>

1. 协议部分

由于访问不同对象所使用的协议不同，所以 URL 需要指出读取某个对象时所使用的协议。在“协议”后面的是一个冒号和两个斜线，这是规定的格式。协议最常见的有四种：

（1）HTTP：超文本传输协议。

（2）FTP：文件传输协议。

（3）NEWS：USENET 新闻。

（4）HTTPS：用安全套接字层传送的超文本传输协议。

2. 网站部分

网站部分的“主机”是必须的，而后面的“端口”“路径”和“文件”有时可以省略。

（1）主机。主机用于存放资源，可以使用因特网中的域名，也可以使用 IP 地址。

（2）端口。不同协议不同端口，如果采用默认端口，可以省略。HTTP 的默认端口号是 80，FTP 的默认端口号是 21，NEWS 新闻组传输协议的默认端口号是 119，HTTPS 的默认端口号是 443，等等。

（3）路径。路径部分包含等级结构的路径定义，一般来说不同部分之间以斜线（/）分隔。若路径部分省略，则 URL 就指到因特网上的某个主页主路径。

（4）文件名。文件名指明可以在服务器运行的文件或在客户机显示的文件。当文件名省略时，URL 引用路径中最后一个目录中的默认文件（通常对应于主页），这个文件常常被称为 index.html 或 default.htm。

URL 一般是分大小写的，不过服务器管理员可以确定在回复询问时大小写是否被区分。有些服务器在收到不同大小写的询问时的回复是相同的。

8.2.3 超文本传输协议

超文本传输协议（HyperText Transfer Protocol，HTTP）是客户机和 Web 服务器交互所必须遵循的格式和规则，是万维网上能够可靠地交换文件（包括文本、声音、图像等各种多媒体文件）的重要基础。HTTP 协议依靠面向连接的 TCP 向上提供服务。HTTP 由请求和响应构成，是一个标准的客户/服务器模型。HTTP 默认的端口号为 80，HTTPS 默认的端口号为 443。

HTTP 协议允许将超文本标记语言（HTML）文档从 Web 服务器传送到 Web 浏览器。HTML 是一种用于创建文档的标记语言，这些文档包含到相关信息的链接。用户可以单击一个链接来访问其他文档、图像或多媒体对象，并获得关于链接项的附加信息，工作在 TCP/IP 协议体系中的 TCP 协议上。客户机和服务器都必须支持 HTTP，才能在万维网上发送和接收 HTML 文档并进行交互。

1. HTTP 协议的主要特点

HTTP 协议具有以下特点：

（1）支持客户/服务器模式，支持基本认证和安全认证。

（2）简单快速。客户向服务器请求服务时，只需传送请求方法和路径。请求方法常用的有 GET、HEAD、POST。每种方法规定了客户与服务器联系的类型不同。由于 HTTP 协议简单，使得 HTTP 服务器的程序规模小，因而通信速度很快。

（3）灵活。HTTP 允许传输任意类型的数据对象。正在传输的类型由 Content-Type 加以标记。

（4）HTTP 0.9 和 1.0 使用非持续连接，限制每次连接只处理一个请求，服务器处理完客户机的请求，并收到客户的应答后，即断开连接。而 HTTP 1.1 使用持续连接，不必为每个Web 对象创建一个新的连接，一个连接可以传送多个对象，采用这种方式可以节省传输时间。

（5）无状态：HTTP 协议是无状态协议。无状态是指协议对于事务处理没有记忆能力。缺少状态意味着如果后续处理需要前面的信息，则必须重传，这样可能导致每次连接传送的数据量增大。

2. HTTP 协议的工作过程

万维网使用 HTTP 的工作过程如图 8-2-1 所示。用户浏览页面有两种方法。一种是在浏览器的地址栏输入所要找的页面的 URL。另一种方法是在某一个页面中单击一个可选部分，这时浏览器自动在 Internet 上找到所要链接的页面。

假定图 8-2-1 中的用户在浏览器的地址栏中输入 www.gench.edu.cn,其 URL 是 http://www.gench. edu.cn

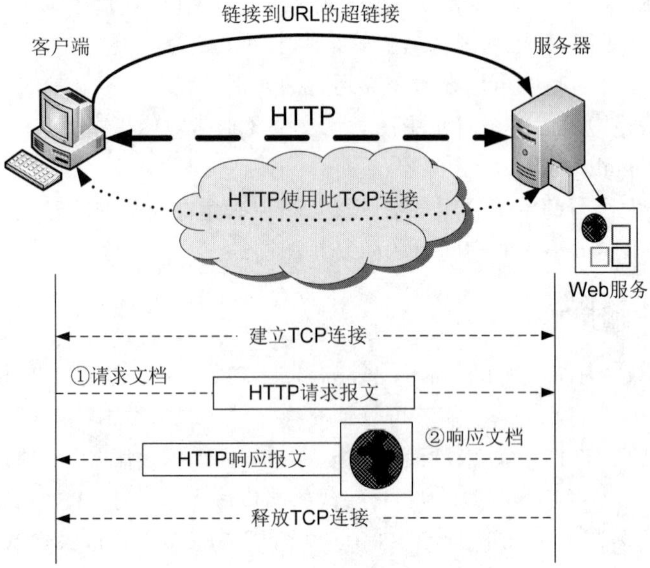

图 8-2-1　万维网的工作过程

下面具体说明用户单击鼠标后发生的几个事件：

（1）浏览器分析链接指向页面的 URL。

（2）浏览器分离域名 www.gench.edu.cn，向 DNS 请求解析域名的 IP 地址。

（3）DNS 解析出上海建桥学院 WWW 服务器的 IP 地址为 211.80.112.223。

（4）浏览器与服务器建立 TCP 连接。

（5）浏览器发出取文件命令。

（6）服务端根据请求 ID，到数据库中将相应页面信息取出并传送给浏览器。

（7）浏览器将信息组装成页面呈现给用户。

（8）释放 TCP 连接。

3. HTTP 协议的报文类型

（1）请求报文：从客户向服务器发送请求报文。

（2）响应报文：从服务器到客户的回答。

由于 HTTP 是面向正文的，因此在报文中的每一个字段都是一些 ASCII 码串，因而每个字段的长度都是不确定的。

HTTP 请求报文有多种方法来完成客户机和服务器之间通信，表 8-2-1 显示了一些常用的 HTTP 请求报文的方法。

表 8-2-1　HTTP 请求报文的一些方法

方法（操作）	意　义	方法（操作）	意　义
OPTION	请求一些选项的信息	PUT	在指明的 URL 下存储一个文档
GET	请求读取由 URL 所标志的信息	DELETE	删除指明的 URL 所标志的资源
HEAD	请求读取由 URL 所标志的信息的首部	TRACE	用来进行环回测试的请求报文
POST	给服务器添加信息（如注释）	CONNECT	用于代理服务器

4. HTTP 状态码

HTTP 状态码是用以表示网页服务器 HTTP 响应状态的 3 位数字代码。

1xx：表示通知信息的，如请求收到了或正在进行处理。

2xx：表示成功，如接受或知道。

3xx：表示重定向，表示要完成请求还必须采取进一步的行动。

4xx：表示客户的差错，如请求中有错误的语法或不能完成。

5xx：表示服务器的差错，如服务器失效无法完成请求。

万维网站点可以使用 Cookie 来跟踪用户。Cookie 表示在 HTTP 服务器和客户之间传递的状态信息。使用 Cookie 的网站服务器为用户产生一个唯一的识别码。利用此识别码，网站就能够跟踪该用户在该网站的活动。

8.2.4　万维网的文档

1. 万维网文档的分类

万维网的文档可分为三类：静态文档、动态文档和活动文档。

1）静态文档和动态文档

静态文档和动态文档都是标准的 HTML 语言编写的文档，唯一不同的是文档内容的生成方式不同。静态文档的内容是提前编写到文档中的，浏览器每次访问时，里面的内容都不改变，如 HTML 文件。动态文档是通过服务器上运行自己编写的应用程序动态地产生的，文档中的内容是每次访问一更新的，如 PHP 应用程序。

动态文档的万维网服务器功能必须具备两个条件才能产生动态文档：

（1）服务器端应增加一个应用程序，用来处理浏览器发过来的数据，并创建动态文档。

（2）服务器端应增加一个机制，用来使万维网服务器将浏览器发来的数据传送给这个应用程序，然后万维网服务器能够解释这个应用程序的输出，并向浏览器返回 HTML 文档。

产生动态文档的万维网服务器要增加一个 CGI 机制，该机制就是为了实现上面的两个条件，程序员可以通过编写脚本等应用程序，然后，服务器通过执行应用程序产生静态的 HTML，然后再返回给浏览器。

随着科技和需求的发展，动态万维网文档的缺点表现得越来越明显，首先，动态文档一旦建立，其包含的信息内容也就固定下来而无法及时刷新屏幕，另外，像动画之类的显示效果，动态文档也无法提供，要提供动态的效果，也是服务器不断运行相应的应用程序向浏览器产生静态的 HTML。动态万维网文档时代，只有服务器端才可以运行脚本等编写的程序，浏览器仍只能解析 HTML 的客户端程序，如图 8-2-2 所示。

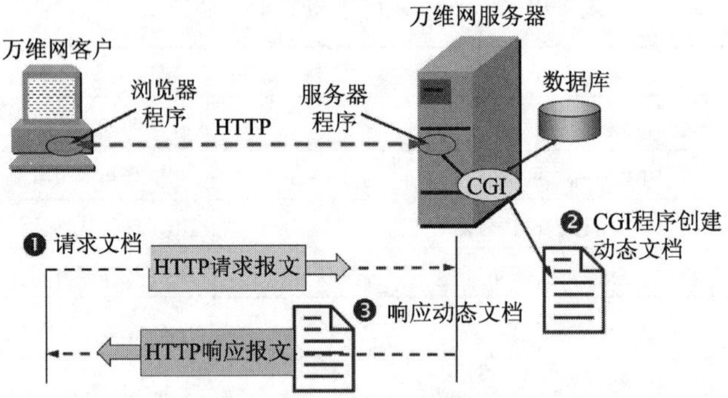

图 8-2-2　动态文档

2）活动文档

活动文档（Active Document）技术把所有的工作都转移给浏览器端。活动文档就是在静态的文档中添加了一些编程，并且浏览器也可以执行这些文档，当然，此时的浏览器必须有相应的解释程序，如图 8-2-3 所示。

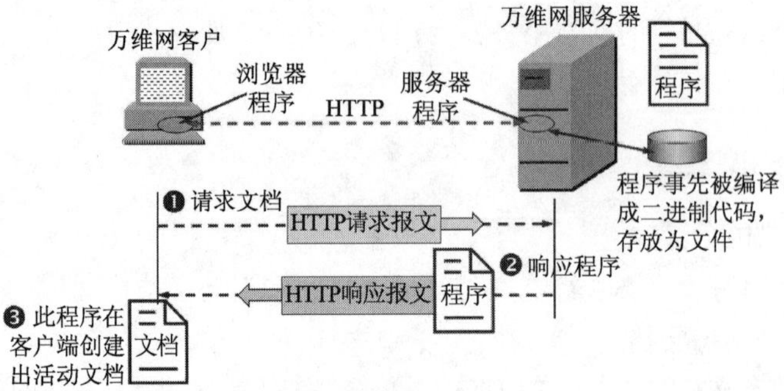

图 8-2-3　活动文档

每当浏览器请求一个活动文档时，服务器就返回一段程序副本在浏览器端运行。活动文档程序可与用户直接交互，并可连续地改变屏幕的显示。由于活动文档技术不需要服务器的连续更新传送，因而对网络带宽的要求不会太高。

2. 超文本置标语言

超文本置标语言（HyperText Markup Language，HTML）是在 WWW 上建立超文本文件的语言。HTML 通过标记和属性对一段文本的语言进行描述，提供超文本链接，可以指向网络中另一台计算机的文件。HTML 定义了许多用于排版的命令（即标签），把各种标签嵌入到万维网的页面中，这样就构成了 HTML 文档。HTML 文档是一种可以用任何文本编辑器创建的 ASCII 码文件。

当浏览器从服务器读取 HTML 文档后，就按照 HTML 文档中的各种标签，根据浏览器所使用的显示器的尺寸和分辨率大小，重新进行排版并恢复出所读取的页面。

8.2.5 自我测试

一、填空题

1. 在 TCP/IP 互联网中，WWW 服务器与 WWW 浏览器之间的信息传递使用________协议。

2. WWW 服务器上的信息通常以________方式进行组织。

3. URL 的一般格式包含五个部分，它们是________、________、________、________和________。

二、选择题

1. 在 WWW 服务系统中，编制的 Web 页面应符合________。

   A. HTML 规范　B. RFC822 规范　C. MIME 规范　D. HTTP 规范

2. 下列选项中，URL 的表达方式正确的是________。

   A. http://netlab.gench.edu.cn/project.html

   B. http://www.gench.edu.cn\network\project.html

   C. http:\\www.gench.edu.cn\network\project.html

   D. http:/www.gench.edu.cn/project.html

8.3 文本传输协议

文件传输协议（File Transfer Protocol，FTP）使得主机间可以共享文件，是在 TCP/IP 网络和 Internet 上最早使用的协议之一，它属于网络协议族的应用层。FTP 客户机可以向服务器发出命令来下载文件、上传文件、创建或改变服务器上的目录。

8.3.1 FTP 概述

网络环境的一项基本应用就是将文件从一台计算机复制到另一台可能相距很远的计算机，初看起来，这是一件很简单的事情，但由于各计算机厂商研制出的文件系统多达数百种，而且差别很大，所以传送文件这件事情并不简单。经常遇到的问题有：

（1）计算机存储数据的格式不同。

（2）文件的目录结构和文件的命名方法不同。

（3）相同文件的存取命令不同。

（4）访问控制的方法不同。

FTP 提供交互式访问，允许客户指明文件的类型和格式（如指明是否使用 ASCII 码），并允许文件具有存取权限。FTP 屏蔽了各计算机系统的细节，因此适合于在异构的网络中的任意计算机之间传送文件。FTP 是因特网上使用最广泛的文件传输协议。

8.3.2 FTP 工作原理

FTP 使用可靠的 TCP 传输服务来提供一些基本的文件传送服务。FTP 的主要任务是减少或者消除在不同操作系统下处理文件的不兼容性。FTP 使用客户/服务器的模式，一个 FTP 服务器进程可以服务多个客户进程。

在进行文件传输时，FTP 的客户和服务器之间要建立两个并行的 TCP 连接：控制连接和数据连接。控制连接在整个会话期间一直保持打开状态，FTP 客户所发出的传送请求通过控制连接发送给服务器端的控制进程，但控制连接并不用来传送文件，实际用来传输文件的是数据连接。服务器端在接收到 FTP 客户发送来的文件传输请求后就创建数据传送进程和数据连接，用来连接客户端和服务器端的数据传送进程。数据传送进程实际完成文件的传送，在传送完毕后关闭数据传送链接并结束运行。

使用两个独立的连接的主要好处是使协议更加简单和更容易实现。当客户进程向服务器进程发出建立连接请求时，要寻找连接服务器进程的端口 21，同时还要告诉服务器进程自己的另一个端口号码，用于建立数据传送连接。接着服务器进程用自己传送数据的端口 20 与客户进程所提供的端口号码建立数据传送连接。由于 FTP 使用了两个不同的端口号，所以数据连接与控制连接不会混乱。数据传送进程实际完成文件的传送，在传送完毕后关闭“数据传送连接”并结束运行，如图 8-3-1 所示。

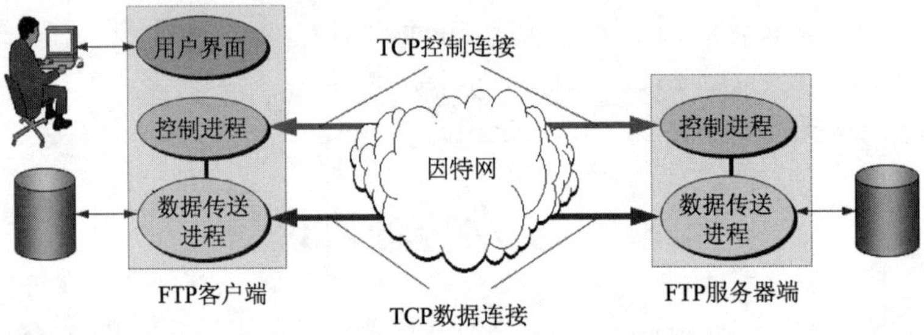

图 8-3-1　FTP 的基本工作原理

FTP 的服务器进程由两部分组成，一个是主进程，负责接收新的请求；另外还有若干个从属进程，负责处理单个请求。主进程的工作步骤如下：

（1）打开 21 端口，使客户进程能够连接上。

（2）等待客户进程发出连接请求。

（3）启动从属进程来处理客户进程发来的请求。从属进程对客户进程的请求处理完毕后即终止，但从属进程在运行期间根据需要还可能创建其他一些子进程。

8.3.3　简单文件传输协议

简单文件传输协议（Trivial File Transfer Protocol，TFTP）是一种简化的文件传输协议，基于 UDP 协议实现，只能从文件服务器上获得或写入文件，不能列出目录，不进行认证，它传输 8 位数据。传输中有两种模式：一种是 netascii，这是 8 位的 ASCII 码形；另一种是 octet，这是 8 位源数据类型。TFTP 提供不复杂、开销不大的文件传输服务，端口号为 69。

任何传输源自一个读取或写入文件的请求，这个请求也是连接请求。如果服务器批准此请求，则服务器打开连接，数据以定长 512 B 传输。每个数据包包括一块数据，服务器发出下一个数据包以前必须得到客户对上一个数据包的确认。如果一个数据包的大小小于 512 B，则表示传输结构。如果数据包在传输过程中丢失，发出方会在超时后重新传输最后一个未被确认的数据包。通信的双方都是数据的发出者与接收者，一方传输数据接收应答，另一方发出应答接收数据。

TFTP 只在一种情况下不中断连接，这种情况是源端口不正确，在这种情况下，指示错误的包会被发送到源主机。这个协议限制很多，这是都是为了实现起来比较方便而进行的初始连接时候需要发出 WRQ（请求写入远程系统）或 RRQ（请求读取远程系统），收到一个确定应答，一个确定可以写出的包或应该读取的第一块数据。创建连接时，通信双方随机选择一个 TID，因为是随机选择的，因此两次选择同一个 ID 的可能性就很小。每个包包括两个 TID，发送者 ID 和接收者 ID。这些 ID 用于在 UDP 通信时选择端口，在第一次请求时它会将请求发到 TID 69，也就是服务器的 69 端口上。应答时，服务器使用一个选择好的 TID 作为源 TID，并用上一个包中的 TID 作为目的 ID 进行发送。这两个被选择的 ID 在随后的通信中会被一直使用。

1. TFTP 的优点

（1）TFTP 能够用于那些有 UDP 而无 TCP 的环境。

（2）TFTP 代码所占的内存要比 FTP 小。

尽管这两个优点对于普通计算机来说并不重要，但是对于那些不具备磁盘来存储系统软件的硬件设备来说，TFTP 特别有用。

2. TFTP 与 FTP 的区别

（1）TFTP 协议不需要验证客户端的权限，FTP 需要进行客户端验证。

（2）TFTP 协议一般多用于局域网以及远程 UNIX 计算机中，而常见的 FTP 协议则多用于互联网中。

（3）FTP 客户与服务器间的通信使用 TCP，而 TFTP 客户与服务器间的通信使用的是 UDP。

（4）TFTP 只支持文件传输。也就是说，TFTP 不支持交互，而且没有一个庞大的命令集。最为重要的是，TFTP 不允许用户列出目录内容或者与服务器协商来决定哪些是可得到的文件。

8.3.4 自我测试

一、填空题

1. FTP 服务器会用到两个端口，分别是________和________。

2. 利用________协议，用户可以将远程计算机上的文件下载到本地计算机的磁盘中，也可以将自己的文件上传到远程计算机上。

3. FTP 服务器的 IP 地址为 192.168.1.200，只要在 IE 浏览器的地址栏中输入________即可打开该站点的主目录文件夹。

二、选择题

1. FTP 的默认端口是________。

A. 21　　B. 23　　C. 80　　D. 79

2. FTP 指的是________协议。

A. 文件传输　　B. 用户数据报

C. 域名服务　　D. 简单邮件传输

8.4　动态主机配置协议

因特网上一台主机需要配置的网络参数有：IP 地址、子网掩码、默认网关、域名服务器的 IP 地址，这些网络参数可以通过手工配置，也可以通过动态获取得到。手工配置方式是网络管理员为路由器、服务器以及物理位置与逻辑位置均不会发生变化的网络设备分配静态的 IP 地址。动态获取方式适用于当网络设备的物理位置和逻辑位置经常会发生变化，管理员无法及时地为其分配新的 IP 地址的情况。

DHCP（Dynamic Host Configuration Protocol，动态主机配置协议）提供了即插即用连网（plug-and-play networking）的机制，这种机制允许一台计算机加入新的网络和获取 IP 地址而不用手工配置。DHCP 是一个局域网的网络协议，服务器控制一段 IP 地址范围，客户机登录服务器时就可以自动获得服务器分配的 IP 地址和子网掩码等网络配置信息。

8.4.1　DHCP 概述

动态主机配置协议 DHCP 是允许 DHCP 服务器向客户端动态分配 IP 地址、子网掩码、网关和 DNS 服务器地址等网络配置信息。

1. DHCP 的几个概念

1）DHCP 客户端

DHCP 客户端通过 DHCP 协议请求 IP 地址的客户端。DHCP 客户端是接口级的概念，如果一个主机有多个以太接口，则该主机上的每个接口都可以配置成一个 DHCP 客户端。交换机上每个 VLAN 接口也可以配置成一个 DHCP 客户端。

DHCP 客户端可以带来如下好处：

（1）降低了配置和部署设备时间。

（2）降低了发生配置错误的可能性。

（3）可以集中化管理设备的 IP 地址分配。

2）DHCP 服务器

DHCP 服务器负责为 DHCP 客户端提供 IP 地址，并且负责管理分配的 IP 地址。

DHCP 采用 UDP 作为传输协议，客户端发送请求到 DHCP 服务器的 67 号端口，服务器返回信息给客户端的 68 号端口。

需要 IP 地址的主机在启动时就向 DHCP 服务器广播发送发现报文（DHCPDISCOVER），这时该主机就成为 DHCP 客户端。

本地网络上所有主机都能收到此广播报文，但只有 DHCP 服务器才回答此广播报文。

DHCP 服务器先在其数据库中查找该计算机的配置信息。若找到，则返回找到的信息。若找不到，则从服务器的 IP 地址池（Address Pool）中取一个地址分配给该计算机。DHCP 服务器的回答报文称为提供报文（DHCPOFFER）。

3）DHCP 中继代理

DHCP 中继代理就是在 DHCP 服务器和客户端之间转发 DHCP 报文，它配置了 DHCP 服务器的 IP 地址信息，如图 8-4-1 所示。当 DHCP 客户端与服务器不在同一个子网上，就必须有 DHCP 中继代理来转发 DHCP 请求和应答消息。

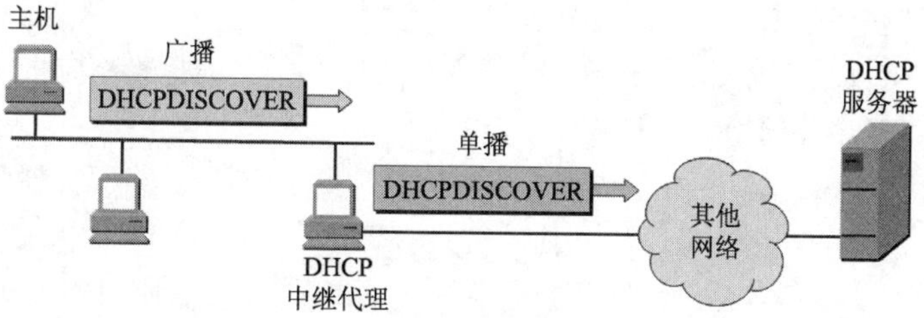

图 8-4-1 DHCP 中继代理转发 DHCP 报文

在 DHCP 客户端看来，DHCP 中继代理就像 DHCP 服务器；在 DHCP 服务器看来，DHCP 中继代理就像 DHCP 客户端。

2. DHCP 的功能

DHCP 机制允许一台计算机加入新的网络时，能动态获取网络参数而不用手工参与。

DHCP 具有以下功能：

（1）保证任何 IP 地址在同一时刻只能由一台 DHCP 客户机所使用。

（2）DHCP 应当可以给用户分配永久固定的 IP 地址。

（3）DHCP 应当可以同用其他方法获得 IP 地址的主机共存（如手工配置 IP 地址的主机）。

（4）DHCP 服务器应当向现有的 BOOTP 客户端提供服务。

3. DHCP 分配 IP 地址的机制

DHCP 有三种机制分配 IP 地址：

1）自动分配方式

DHCP 服务器给主机指定一个永久性的 IP 地址，一旦 DHCP 客户端第一次成功从 DHCP 服务器端租用到 IP 地址后，就可以永久性的使用该地址。

2）手工分配方式

客户端的 IP 地址是由网络管理员指定的，DHCP 服务器只是将指定的 IP 地址告诉客户端主机。

3）动态分配方式

DHCP 服务器给主机指定一个具有时间限制的 IP 地址，当客户端第一次从 DHCP 服务器获取到 IP 地址后，并非永久使用该地址，每次使用完后，DHCP 客户端就需要释放这个 IP，供其他客户端使用。

第三种是最常见的使用形式。

8.4.2 DHCP 工作原理

1. DHCP 的报文种类

（1）DHCPDISCOVER：客户端开始请求 IP 地址和其他配置参数的广播报文。

（2）DHCPOFFER：服务器对 DHCPDISCOVER 报文的响应，是包含有效 IP 地址及配置的单播（或广播）报文。

（3）DHCPREQUEST：客户端对 DHCPOFFER 报文的响应，表示接受相关配置。客户端续延 IP 地址租期时也会发出该报文。

（4）DHCPACK ：服务器对客户端的 DHCPREQUEST 报文的确认响应报文。客户端收到此报文后，才真正获得了 IP 地址和相关的配置信息。

（5）DHCPNAK：服务器对客户端的 DHCPREQUEST 报文的拒绝响应报文。客户端收到此报文后，会重新开始新的 DHCP 过程。

（6）DHCPRELEASE：客户端主动释放服务器分配的 IP 地址。当服务器收到此报文后，则回收该 IP 地址，并可以将其分配给其他的客户端。

（7）DHCPDECLINE：当客户端发现服务器分配的 IP 地址无法使用（如 IP 地址冲突时），将发出此报文，通知服务器禁止使用该 IP 地址。

（8）DHCPINFORM：客户端获得 IP 地址后，发送此报文请求获取服务器的其他一些网络配置信息，如 DNS 服务器地址等。

2. DHCP 租约的工作流程

DHCP 协议采用 UDP 作为传输协议，主机发送请求消息到 DHCP 服务器的 67 号端口，DHCP 服务器回应应答消息给主机的 68 号端口。DHCP 租约的工作流程描述如下：

1）客户端请求 IP 地址

DHCP 客户端在网络中广播一个 DHCPDISCOVER 报文，请求 IP 地址。因为 DHCP 服务器对于 DHCP 客户端来说是未知的，因此 DHCPDISCOVER 报文是广播包，其源地址为 0.0.0.0，目的地址为 255.255.255.255。网络上的所有支持 TCP/IP 的主机都会收到该 DHCPDISCOVER 报文，但是只有 DHCP 服务器会响应该报文。该报文包含客户端的 MAC 地址和计算机名，使服务器能够确定是哪个客户端发送的请求。

如果网络中存在多个 DHCP 服务器，则多个 DHCP 服务器均会回复该 DHCPDISCOVER 报文。

2）服务器响应请求

当 DHCP 服务器接收到客户端请求 IP 地址的信息时，就在自己的库中查找是否有合法的 IP 地址提供给客户端。如果有，将此 IP 标记，回复一个 DHCPOFFER 报文。该报文中包含客户端的 MAC 地址，提供的合法的 IP、子网掩码、租用期限、服务器的服务标识符、其他参数等。

3）客户端选择 IP 地址

DHCP 客户端收到若干个 DHCP 服务器响应的 DHCPOFFER 报文后，选择其中一个 DHCP 服务器作为目标 DHCP 服务器。选择策略通常为选择第一个响应的 DHCPOFFER 报文所属的 DHCP 服务器。

DHCP 客户端从接收到的第一个 DHCPOFFER 报文中选择 IP 地址，并广播一个 DHCPREQUEST 报文到所有服务器，该报文选项字段中包含为客户端提供 IP 配置的服务器的 IP 地址和需要的 IP 地址。

DHCPREQUEST 之所以是以广播方式发出的，是为了通知其他 DHCP 服务器自己将选择该 DHCP 服务器所提供的 IP 地址。

4）服务器确认租约

服务器收到 DHCPREQUEST 报文后，判断选项字段中的 IP 地址是否与自己的地址相同。如果不相同，DHCP 服务器不做任何处理只清除相应 IP 地址分配记录；如果相同，DHCP 服务器就会向 DHCP 客户端响应一个 DHCPACK 报文，并在选项字段中增加 IP 地址的使用租期信息。

DHCP 客户端接收到 DHCPACK 报文后，检查 DHCP 服务器分配的 IP 地址是否能够使用。如果可以使用，则 DHCP 客户端成功获得 IP 地址并根据 IP 地址使用租期自动启动续延过程；

如果 DHCP 客户端发现分配的 IP 地址已经被使用，则 DHCP 客户端向 DHCP 服务器发出 DHCPDECLINE 报文，通知 DHCP 服务器禁用这个 IP 地址，然后 DHCP 客户端开始新的地址申请过程。

5）DHCP 客户端在成功获取 IP 地址后，随时可以通过发送 DHCPRELEASE 报文释放自己的 IP 地址，DHCP 服务器收到 DHCPRELEASE 报文后，会回收相应的 IP 地址并重新分配。

DHCP 租约的释放命令是 ipconfig /release。

DHCP 租约的重新获取命令是 ipconfig /renew。

3. DHCP 续租的工作流程

DHCP 服务器向 DHCP 客户端出租的 IP 地址一般都有一个租借期限，期满后 DHCP 服务器便会收回出租的 IP 地址。为了能继续使用原先的 IP 地址，DHCP 客户端会向 DHCP 服务器发送续租的请求。DHCP 续租的工作流程描述如下：

（1）在使用租期过去 50%时刻处，客户端向服务器发送单播 DHCPREQUEST 报文续延租期。

（2）如果收到服务器的 DHCPACK 报文，则租期相应向前延长，续租成功。如果没有收到 DHCPACK 报文，则客户端继续使用这个 IP 地址。在使用租期 87.5%的时刻处，向服务器发送广播 DHCPREQUEST 报文续延租期。

（3）如果收到服务器的 DHCPACK 报文，则租期相应向前延长，续租成功。如果没有收到 DHCPACK 报文，则客户端继续使用这个 IP 地址。在使用租期到期时，客户端自动放弃使用这个 IP 地址，并开始新的 DHCP 过程。

4. DHCP 的完整工作过程

DHCP 的完整工作过程如图 8-4-2 所示。

（1）DHCP 服务器被动打开 UDP 端口 67，等待客户端发来的报文。

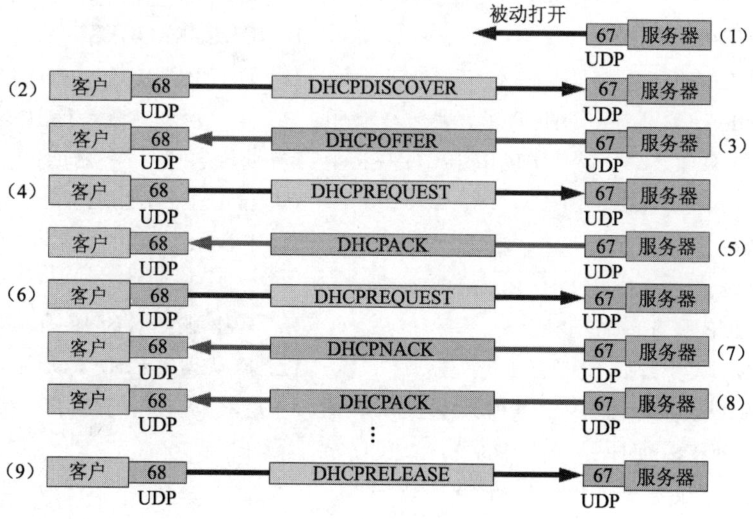

图 8-4-2　DHCP 工作过程

（2）DHCP 客户从 UDP 端口 68 发送 DHCP 发现报文。

（3）凡收到 DHCP 发现报文的 DHCP 服务器都发出 DHCP 提供报文，因此 DHCP 客户可能收到多个 DHCP 提供报文。

（4）DHCP 客户从几个 DHCP 服务器中选择其中的一个，并向所选择的 DHCP 服务器发送 DHCP 请求报文。

（5）被选择的 DHCP 服务器发送确认报文 DHCPACK，进入已绑定状态，并可开始使用得到的 IP 地址。

DHCP 客户此时要根据服务器提供的租用期 T 设置两个计时器 T1 和 T2，它们的超时时间分别是 0.5T 和 0.875T。当超时时间到就要请求更新租用期。

（6）租用期过了一半（T1 时间到），DHCP 发送请求报文 DHCPREQUEST 要求更新租用期。

（7）DHCP 服务器若不同意，则发回否认报文 DHCPNACK。这时 DHCP 客户必须立即停止使用原来的 IP 地址，而必须重新申请 IP 地址（回到步骤（2））。

（8）DHCP 服务器若同意，则发回确认报文 DHCPACK。DHCP 客户得到了新的租用期，重新设置计时器。

若 DHCP 服务器不响应步骤（6）的请求报文 DHCPREQUEST，则在租用期过了 87.5%时，DHCP 客户必须重新发送请求报文 DHCPREQUEST（重复步骤（6）），然后又继续后面的步骤。

（9）DHCP 客户可随时提前终止服务器所提供的租用期，这时只需向 DHCP 服务器发送释放报文 DHCPRELEASE 即可。

8.4.3 自我测试

一、填空题

1. DHCP 服务器的端口号是________，DHCP 客户端的端口号是________。

2. 在 Windows 环境下，DHCP 客户端可以使用________命令释放获得 IP 地址。

二、选择题

1. 当 DHCP 服务器收到 DHCPDISCOVER 报文时，要回复________报文。

A. DHCPRELEASE　　B. DHCPREQUEST

C. DHCPOFFER　　D. DHCPACK

2. 在 Windows 环境下，DHCP 客户端可以使用________命令重新获得 IP 地址，这时客户机向 DHCP 服务器发送一个 DHCPDISCOVER 数据包来请求租用 IP 地址。

A. ipconfig /release　　B. ipconfig /reload

C. ipconfig /renew　　D. ipconfig /all

3. DHCP 客户端不能从 DHCP 服务器获得________。

A. DHCP 服务器的 IP 地址　　B. Web 服务器的 IP 地址

C. DNS 服务器的 IP 地址　　D. 默认网关的 IP 地址

4. 某 DHCP 服务器的地址池范围为 192.36.96.101～192.36.96.150，该网段下某 Windows 工作站启动后，自动获得的 IP 地址是 169.254.220.167，这是因为________。

A. DHCP 服务器提供保留的 IP 地址

B. DHCP 服务器不工作

C. DHCP 服务器设置租约时间太长

D. 工作站接到了网段内其他 DHCP 服务器提供的地址

8.5　电子邮件服务

电子邮件（E-mail）是因特网上使用得最多和最受用户欢迎的一种应用。电子邮件把邮件发送到收件人使用的邮件服务器，并放在收件人邮箱中，收件人可随时登录到自己使用的邮件服务器进行读取。电子邮件不仅使用方便，而且还具有传递迅速和费用低廉的优点。现在电子邮件不仅可传送文字信息，而且还可附上声音和图像。

8.5.1　电子邮件概述

1. 电子邮件的工作原理

Internet 电子邮件系统是基于客户端/服务器方式，客户端也称用户代理（User Agent，UA），提供用户界面，负责邮件发送的准备工作，如邮件的起草、编辑以及向服务器发送邮件或从服务器取邮件等。服务器端也称传输代理（Message Transfer Agent，MTA），负责邮件的传输，它采用端到端传输的传输方式，源端主机参与邮件传输的全过程。电子邮件系统的工作原理如图 8-5-1 所示。

一个电子邮件系统应具有三个主要组成构件：用户代理、邮件服务器、邮件发送协议（SMTP）和邮件读取协议（POP3）。从图 8-5-1 可以看出，邮件的发送和接收过程主要分为六步：

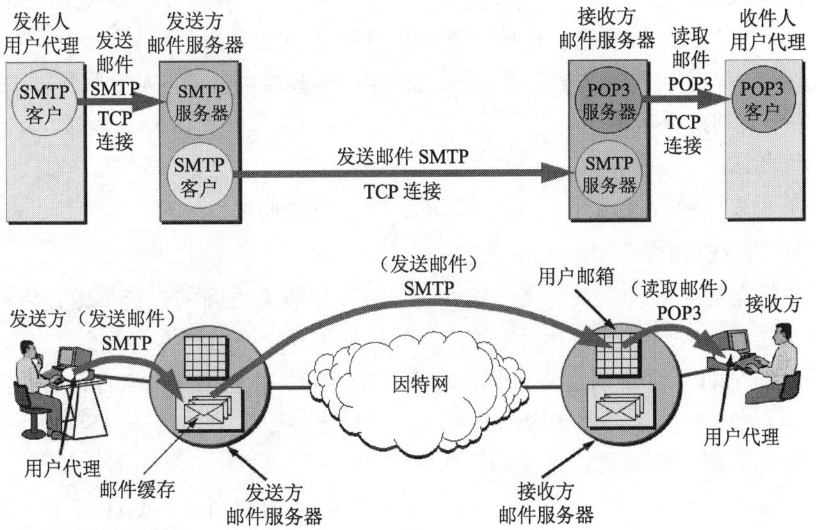

图 8-5-1　邮件工作过程

（1）发件人调用 PC 中的用户代理撰写和编辑要发送的邮件。

（2）发件人的用户代理把邮件用 SMTP 协议发给发送方邮件服务器。

（3）SMTP 服务器把邮件临时存放在邮件缓存队列中，等待发送。

（4）发送方邮件服务器的 SMTP 客户与接收方邮件服务器的 SMTP 服务器建立 TCP 连接，然后就把邮件缓存队列中的邮件依次发送出去。

（5）运行在接收方邮件服务器中的 SMTP 服务器进程收到邮件后，把邮件放入收件人的用户邮箱中，等待收件人进行读取。

（6）收件人在打算收信时，就运行 PC 中的用户代理，使用 POP3（或 IMAP）协议读取发送给自己的邮件。

2. 电子邮件地址的格式

发送电子邮件必须知道收件人的电子邮箱地址，就像邮寄普通信件时要在收信人一栏上填写收信人的地址一样。Internet 中每个用户的电子邮箱地址都具有唯一性，这样可使邮件的收发更加方便、准确。通常电子邮件地址的格式为 user@mail.server.name，其中 user 是收件人的用户名，这个用户名在该域名的范围内是唯一的；mail.server.name 是收件人的电子邮件服务器域名，该域名在全世界必须是唯一的。@是连接符（音为“at”）用于连接前后两部分。

8.5.2 简单邮件传输协议

简单邮件传输协议（Simple Mail Transfer Protocol，SMTP）是 Internet 上基于 TCP 的应用层协议，用于主机与主机之间的电子邮件交换，规定的是在两个相互通信的 SMTP 进程之间应如何交换信息。由于SMTP使用客户/服务器方式，因此负责发送邮件的SMTP进程就是SMTP客户端，而负责接收邮件的 SMTP 进程就是 SMTP 服务器。SMTP 是请求/响应协议，监听 25 端口，用于接收用户的邮件请求，并与远端邮件服务器建立 SMTP 连接。

1. SMTP 通信的阶段

SMTP 协议基于 TCP 协议进行传输，其通信过程分为三步：

（1）连接建立。连接是在发送主机的 SMTP 客户和接收主机的 SMTP 服务器之间建立的。SMTP 不使用中间的邮件服务器。

（2）邮件传送。

（3）连接释放。邮件发送完毕后，SMTP 应释放 TCP 连接。

2. SMTP 协议的特点

SMTP 的特点是简单，它只定义了邮件发送方和接收方之间的连接传输，将电子邮件由一台计算机传送到另一台计算机，而不规定其他任何操作，如用户界面的交互、邮件的接收、邮件存储等。Internet 上几乎所有主机都运行着遵循 SMTP 的电子邮件软件，因此使用非常普通。另一方面，SMTP 由于简单，因而有其一定的局限性，它只能传送 ASCII 文本文件，而对于一些二进制数据文件需要进行编码后才能传送。

SMTP 只能传送可打印的 7 位 ASCII 码，因此提出通用因特网邮件扩充（Multipurpose Internet Mail Extensions，MIME），可以传送包括多媒体在内的多种数据。

3. MIME

MIME 是一种编码标准，它解决了 SMTP 只能传送 ASCII 文本的限制。MIME 定义了各种类型数据，如声音、图像、表格、二进制数据等的编码格式，通过对这些类型的数据编码并将它们作为邮件中的附件进行处理，以保证这些部分内容完整、正确地传输。因此，MIME 增强了 SMTP 的传输功能，统一了编码规范。

MIME 与 SMTP 的关系如图 8-5-2 所示。

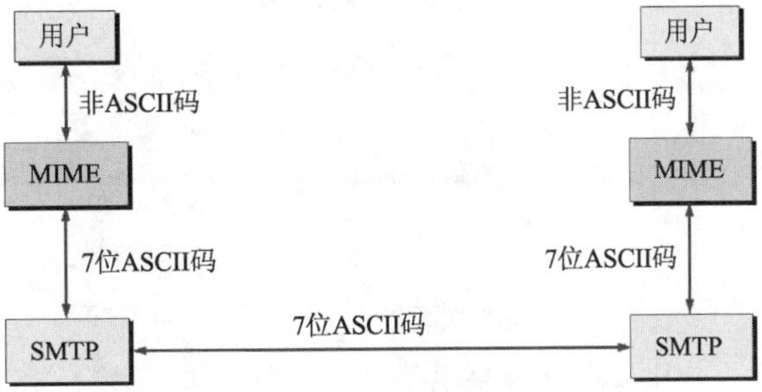

图 8-5-2 MIME 与 SMTP 关系

8.5.3 邮件读取协议

1. POP3

POP3（Post Office Protocol 3，第三代邮局协议）是一个非常简单、但功能有限的邮件读取协议，用于接收电子邮件，使用 TCP 的 110 端口。现在使用的是第三个版本 POP3。POP3 使用客户/服务器的工作方式，在接收邮件的用户 PC 中必须运行 POP 客户程序，而在用户所连接的 ISP 的邮件服务器中则运行 POP 服务器程序。POP3 协议有三种工作状态：

（1）认证过程。确认客户端提供的用户名和密码，在认证通过后便转入处理状态。

（2）处理状态。用户可收取自己的邮件或删除邮件，在完成响应的操作后客户端便发出退出命令。

（3）更新状态。将做删除标记的邮件从服务器端删除。

POP3 的缺点是：只要收件方 UA 读取了邮件，就把邮件删除。

2. IMAP

IMAP（Internet Message Access Protocol，因特网消息访问协议）是通过因特网获取信息的一种协议。IMAP 协议运行在 TCP 协议之上，使用的端口是 143。IMAP 是按客户/服务器方式工作，现在较新的是版本 4，即 IMAP4。

IMAP 像 POP3 一样提供了方便的邮件下载服务，让用户能进行离线阅读。但 IMAP 能完成的却远远不只这些，IMAP 提供的摘要浏览功能，可以让用户在阅读完所有的邮件到达时间、主题、发件人、大小等信息后才做出是否下载的决定。

IMAP 与 POP3 不同，邮件是保留在服务器上而不是下载到本地，可以离线阅读等。IMAP 不仅不主动删除，还提供各种管理功能。现在的邮箱都采用 IMAP 协议。用户在自己的 PC 上就可以操纵 ISP 的邮件服务器的邮箱，就像在本地操纵一样。

IMAP 是一个联机协议。当用户 PC 上的 IMAP 客户程序打开 IMAP 服务器的邮箱时，用户就可看到邮件的首部。若用户需要打开某个邮件，则该邮件才传到用户的计算机上。

IMAP 最大的好处就是用户可以在不同的地方使用不同的计算机随时上网阅读和处理自己的邮件。IMAP 还允许收件人只读取邮件中的某一个部分。例如，收到了一个带有视像附件（此文件可能很大）的邮件，为了节省时间，可以先下载邮件的正文部分，待以后有时间再读取或下载这个很长的附件。

IMAP 的缺点是如果用户没有将邮件复制到自己的 PC 上，则邮件便一直存放在 IMAP 服务器上，因此用户需要经常与 IMAP 服务器建立连接。

8.5.4 基于万维网的电子邮件

WebMail（基于万维网的电子邮件服务）是因特网上一种主要使用网页浏览器来阅读或发送电子邮件的服务，因特网上的许多公司，如 QQ、网易、新浪等，都提供有 WebMail 服务，用户可以直接使用它们的邮件服务，如图 8-5-3 所示。

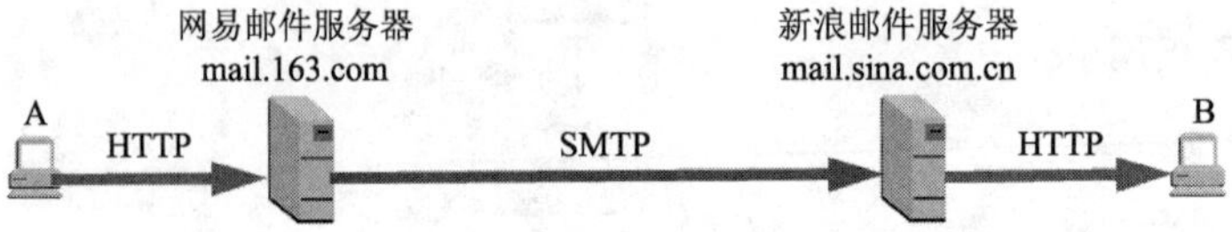

图 8-5-3 万维网的电子邮件

1. WebMail 的工作过程

其基本过程是电子邮件从客户端 A 发送到网易邮件服务器是使用 HTTP 协议。两个邮件服务器之间的传送使用 SMTP。邮件从新浪邮件服务器传送到客户端 B 也是使用 HTTP 协议。

WebMail 扮演邮件用户代理角色，提供邮件收发、用户在线服务和系统服务管理等功能。WebMail 的界面直观、友好，不需要借助客户端，免除了用户对 E-mail 客户软件（如 Foxmail、Outlook 等）进行配置时的麻烦，只要能上网就能使用 WebMail，方便用户对邮件进行接收和发送。WebMail 使得 E-mail 在因特网上的应用广泛。

2. WebMail 的特点

WebMail 与 Foxmail、Outlook 等客户端软件比较，有如下优点：

（1）只要计算机能连上网络，便可以处理邮件。

（2）在 WebMail 中可以修改密码，设置自动转发、自动回复等。

（3）在 WebMail 中可以了解邮箱已使用容量，及时清理不需要的邮件，防止邮箱爆满。

（4）邮件发送速度比通过 Foxmail、Outlook 等软件快捷。

8.5.5 自我测试

一、填空题

1. 在 TCP/IP 互联网中，电子邮件客户端程序向邮件服务器发送邮件使用________协议，电子邮件客户端程序查看邮件服务器中自己的邮箱使用________或________协议，邮件服务器之间相互传递邮件使用________协议。

2. SMTP 服务器通常在________的________端口守候，而 POP3 服务器通常在________的________端口守候。

二、选择题

1. 电子邮件系统的核心是________。

A. 电子邮箱　　B. 邮件服务器

C. 邮件地址　　D. 邮件客户机软件

2. 某用户在域名为 mail.gench.edu.cn 的邮件服务器上申请了一个电子邮箱，邮箱名为 wang，那么________为该用户的电子邮件地址。

A. mail.gench.edu.cn@wang　　B. wang%mail.gench.edu.cn

C. mail.gench.edu.cn%wang　　D. wang@mail.gench.edu.cn

8.6 本 章 实 践

实践 1　WWW 和 DNS 服务器的配置

【实践目标】

（1）DNS 服务的配置及测试。

（2）WWW 服务的配置及测试。

【实践环境】

装有 Cisco Packet Tracer 模拟软件的 PC 一台。

某校园网通过一台路由器连接 Internet，并申请了一个固定 IP 地址：202.112.211.1，网络结构如图 8-6-1 所示，该局域网内部部署有一台 DNS 服务器和一台 WWW 服务器，客户机和服务器在同一个网段上，通过一台交换机连接。在 WWW 服务器上建立了一个站点，客户机通过域名 www.jianqiao.com.cn 访问本校的 Web 站点。

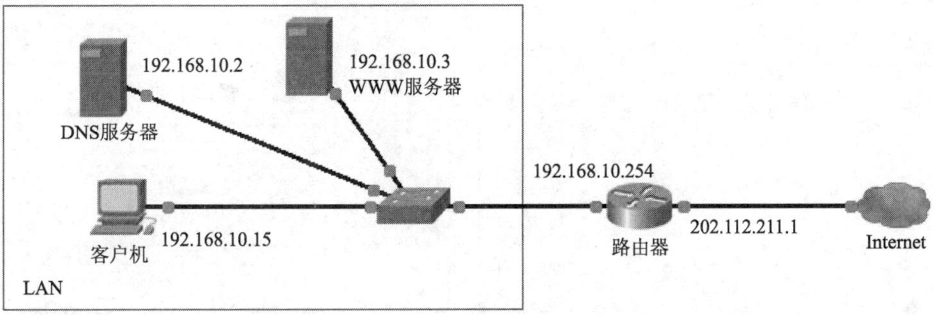

图 8-6-1　WWW 和 DNS 服务器的配置

【实践步骤】

1. 服务器 IP 地址的配置

（1）WWW 服务器 IP 地址的配置。单击“WWW 服务器”，在弹出的界面中选择“Desktop”选项卡，选择“IP Configuration”选项，设置 IP 地址，如图 8-6-2 所示。

（2）DNS 服务器 IP 地址的配置。单击“DNS 服务器”，在弹出的界面中选择“Desktop”选项卡，选择“IP Configuration”选项，设置 IP 地址，如图 8-6-3 所示。

2. DNS 服务器的配置

选择“Config”选项卡，单击“DNS Services”按钮，状态为 On（开），添加 1 个资源记录、Resource Records Name（资源记录名）和 Address（地址），每次添加后要单击“Add”（添加）按钮到文本区域中，添加完后单击“Save”（保存）按钮，如图 8-6-4 所示。

3. WWW 服务器的配置

选择 Config 选项卡，单击“HTTP Services”按钮，状态为 On（开），如图 8-6-5 所示。

4. 客户机的配置

单击客户机，在弹出的界面中选择“Desktop”选项卡，选择“IP Configuration”选项，配置 IP 地址为 192.168.10.15，DNS 服务器地址为 102.168.10.2，如图 8-6-6 所示。

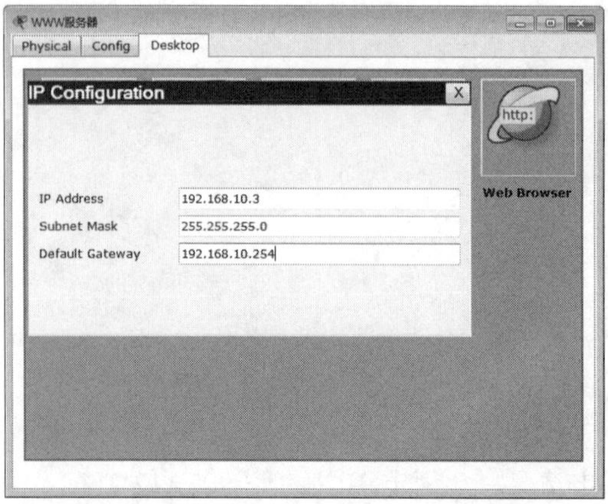

图 8-6-2　WWW 服务器的 IP 地址配置

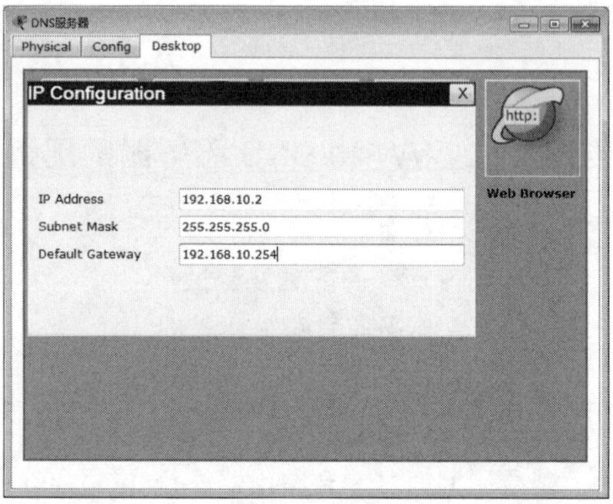

图 8-6-3　DNS 服务器 IP 地址的配置

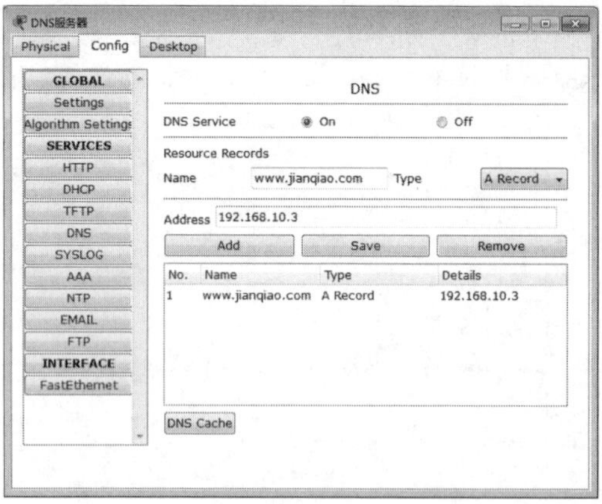

图 8-6-4　DNS 服务器的配置

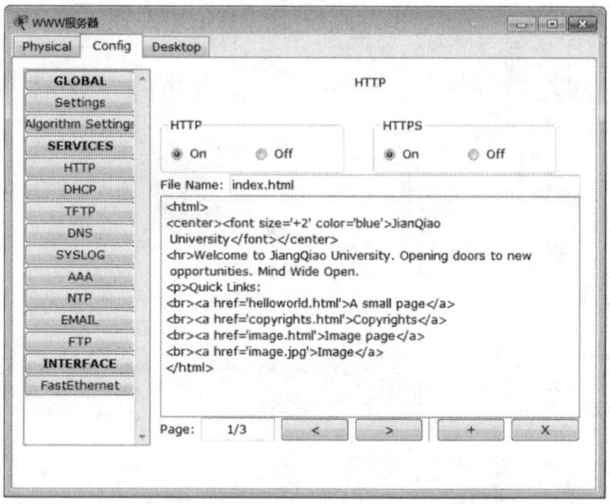

图 8-6-5　WWW 服务器的配置

5. 客户机与服务器的连通检测

单击客户机，选择 Desktop 选项卡，选择“Command Prompt”选项，输入 ping 192.168.10.0 测试连通性，如图 8-6-7 所示。结果显示客户机与服务器 IP 连通正常。

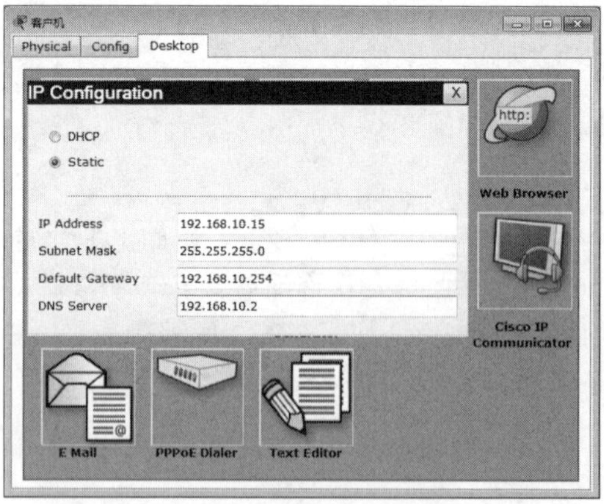

图 8-6-6　客户机的配置

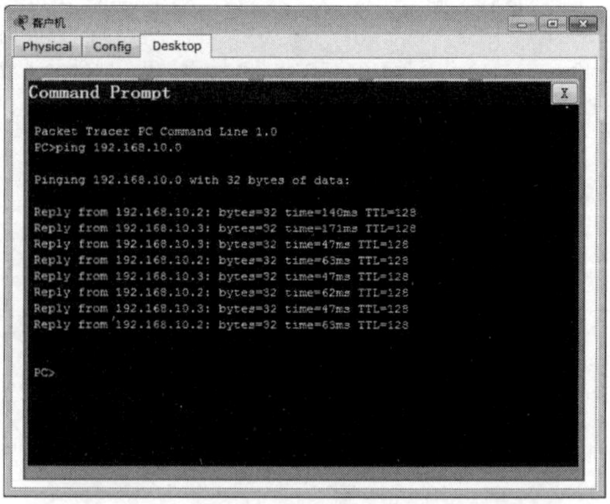

图 8-6-7　客户机与服务器的连通检测

6. 客户机访问 WWW 服务器

单击客户机，选择“Desktop”选项卡，选择“Web Browser”选项，输入“www.jianqiao.com”，

单击“go”按钮，如图 8-6-8 所示，访问成功。

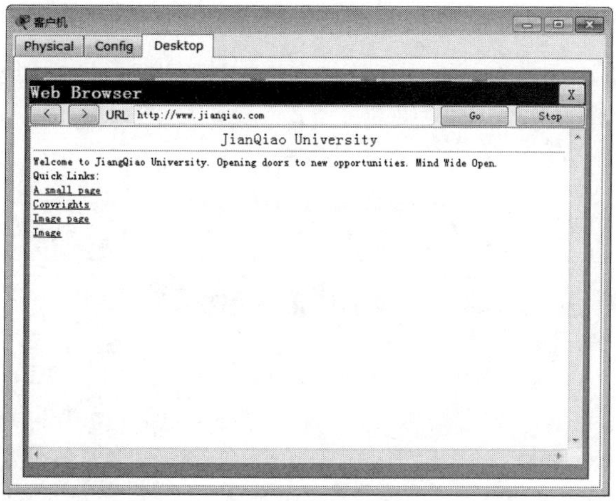

图 8-6-8　客户机访问 WWW 服务器

实践 2　DHCP 服务器的配置

【实践目标】

（1）DHCP 服务的配置及测试。

（2）DHCP 中继代理的配置。

【实践环境】

装有 Cisco Packet Tracer 模拟软件的 PC 一台。

某企业网络有专门的 DHCP 服务器，为企业内部两个不同子网配置网络参数。网段 1 地址为 192.168.10.2～192.168.10.254，子网掩码为 255.255.255.0，默认网关为 192.168.10.1；网段 2 地址为 192.168.20.2～192.168.20.2-192.168.20.254，子网掩码为 255.255.255.0，默认网关为 192.168.20.1；网段 1 和网段 2 上主机的 DNS 服务器地址都设置为 202.96.209.5。DHCP 服务器地址为 192.168.30.68，配置三层交换机为 DHCP 中继代理，如图 8-6-9 所示。

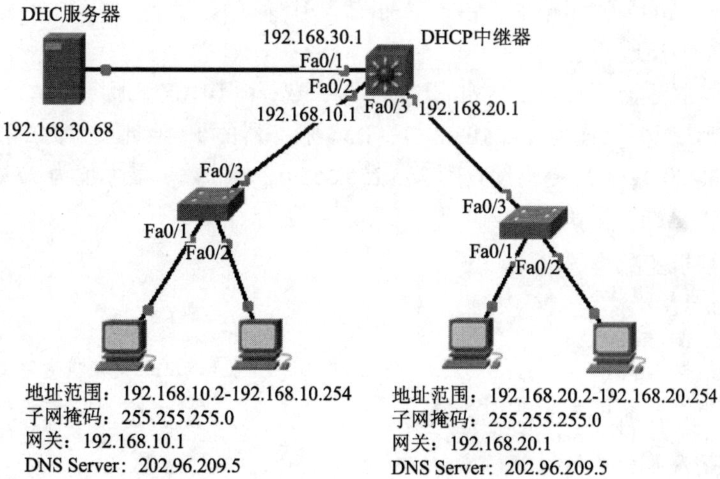

图 8-6-9　DHCP 服务器的配置

【实践步骤】

1. DHCP 服务器 IP 地址的配置

单击 DHCP 服务器，选项“Desktop”选项卡，选择“IP Configuration”选项，配置 DHCP 服务器的 IP 为 192.168.30.68，子网掩码为 255.255.255.0，网关为 192.168.30.1，如图 8-6-10 所示。

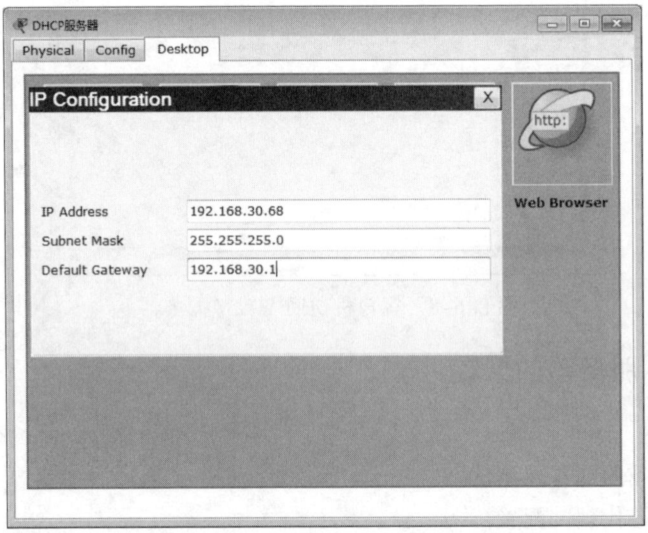

图 8-6-10 DHCP 服务器 IP 地址的配置

2. DHCP 服务器的配置

在 DHCP 服务器上创建两个地址池，注意每个地址池的名称要不一样。

1）为网段 1 创建地址池

单击 DHCP 服务器，选择“Config”选项卡，选择“DHCP”服务，地址池名称设置为 serverPool10，默认网关设置为 192.168.10.1，DNS 服务器的 IP 地址设置为 202.96.209.5，起始地址为 192.168.10.2，子网掩码设置为 255.255.255.0，成员数量最大值为 253，如图 8-6-11 所示。然后单击“Add”按钮添加，单击“Save”按钮保存。

2）为网段 2 创建地址池

单击 DHCP 服务器，选择“Config”选项卡，选择“DHCP”服务，地址池名称设置为 serverPool20，默认网关设置为 192.168.20.1，DNS 服务器的 IP 地址设置为 202.96.209.5，起始地址为 192.168.20.2，子网掩码设置为 255.255.255.0，成员数量最大值为 253，如图 8-6-12 所示。然后单击“Add”按钮添加，单击“Save”按钮保存。

3. 三层交换机的配置

```
Switch>enable
Switch#confg terminal
Switch(config)#ip routing                        !开启三层交换机的路由功能
Switch(config)#interface f0/1
Switch(config-if)#no switchport                  !开启三层交换机接口的路由功能
Switch(config-if)#ip address 192.168.100.1 255.255.255.0
Switch(config-if)#exit
```

```
Switch(config)#interface f0/2
Switch(config-if)#no switchport
Switch(config-if)#ip address 192.168.10.1 255.255.255.0
Switch(config-if)#ip helper-address 192.168.30.60  !配置 DHCP 中继
Switch(config-if)#exit
Switch(config)#interface f0/3
Switch(config-if)#no switchport
Switch(config-if)#ip address 192.168.20.1 255.255.255.0
Switch(config-if)#ip helper-address 192.168.30.68
Switch(config-if)#exit
```

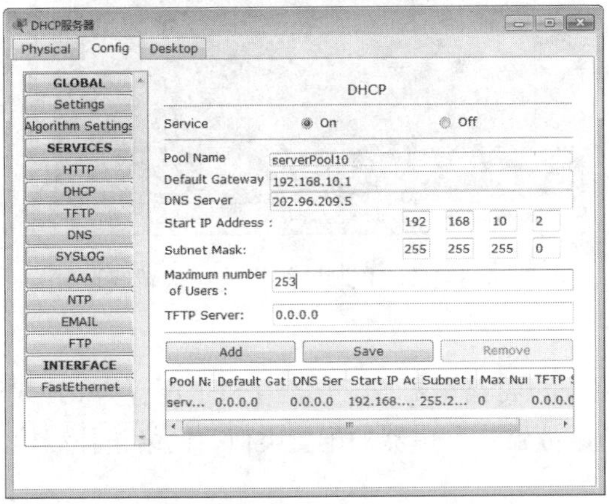

图 8-6-11　地址池 serverPool10 的设置

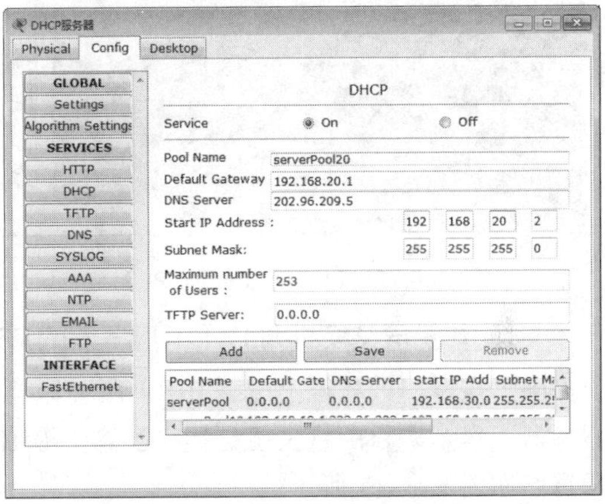

图 8-6-12　地址池 serverPool20 的设置

4. PC 的配置

将四台 PC 的 IP 设置为自动获得，PC0 获得的网络参数如图 8-6-13 所示。PC2 获得的网络参数如图 8-6-14 所示。

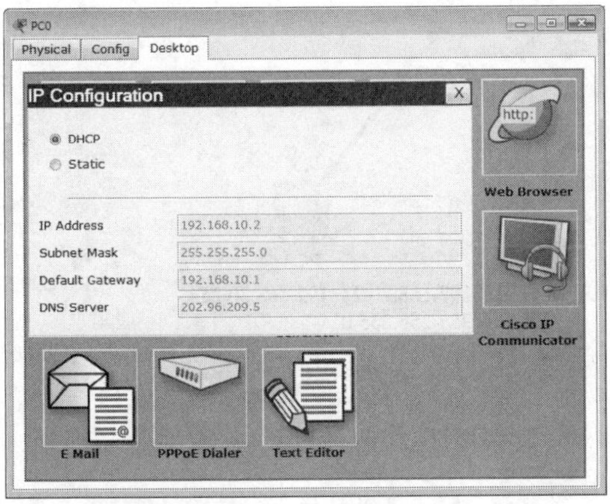

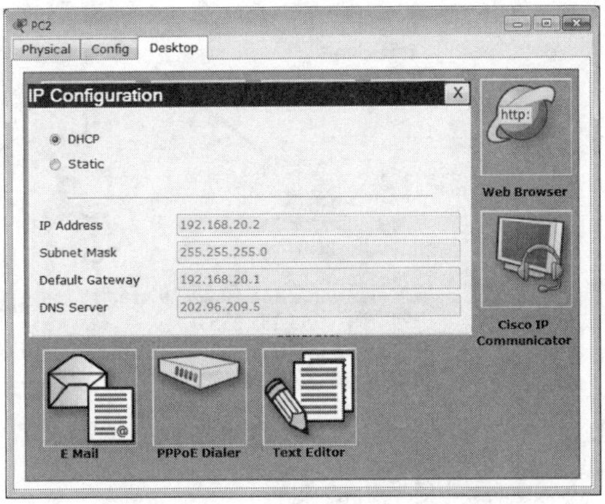

图 8-6-13　PC0 获得的网络参数　　　　图 8-6-14　PC2 获得的网络参数

5. 连通性测试

在 PC0 上 ping PC2，结果能 ping 通，如图 8-6-15 所示。

6. 地址的释放与重新获取

在 PC 上可以使用命令 ipconfig /release 释放地址，使用命令 ipconfig /renew 重新获取地址，如图 8-6-16 所示。

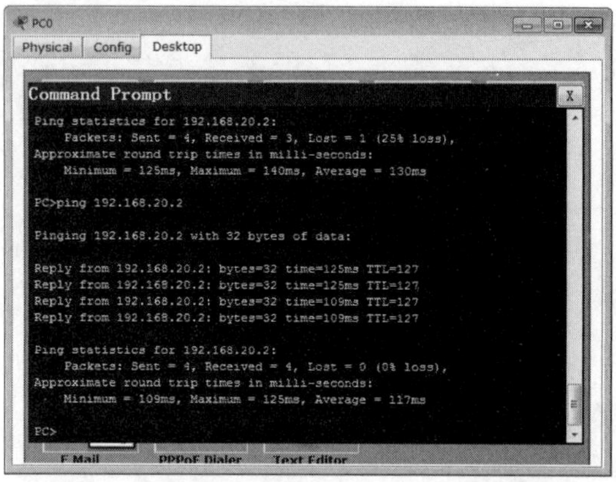

图 8-6-15　PC0 能 ping 通 PC2

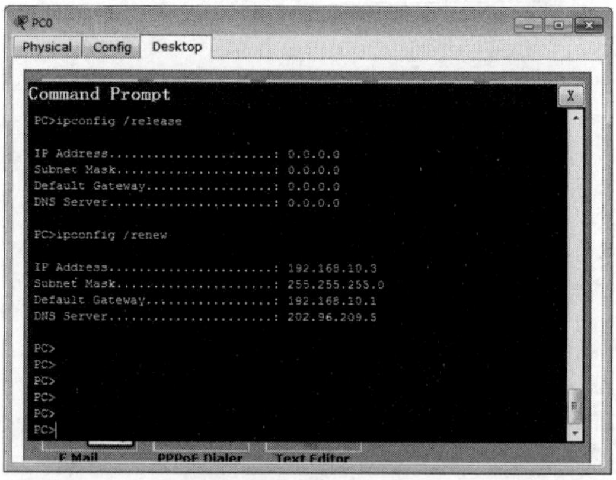

图 8-6-16　IP 地址的释放与重新获取

7. 配置三层交换机为 DHCP 服务器的方法

除了在专门计算机上配置 DHCP 服务器外，还可以将路由器或三层交换机上配置为 DHCP 服务器，本章实践中将三层交换机配置为 DHCP 服务器，路由器的配置类似，网络拓扑结构示意图如图 8-6-17 所示。

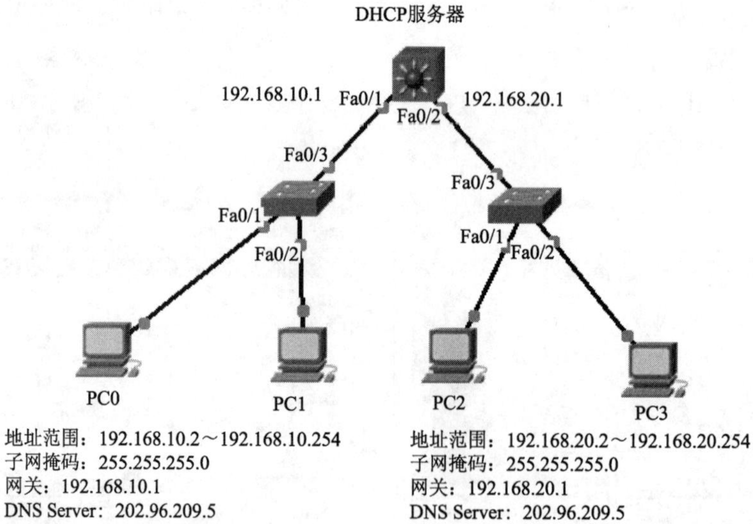

图 8-6-17　配置三层交换机为 DHCP 服务器

1）三层交换机的配置

```
Switch>enable
Switch#config terminal
Switch(config)#ip routing
Switch(config)#interface f0/1
Switch(config-if)#no switchport
Switch(config-if)#ip address 192.168.10.1 255.255.255.0
```

```
Switch(config-if)#no shutdown
Switch(config-if)#exit
Switch(config)#interface f 0/2
Switch(config-if)#no switchport
Switch(config-if)#ip address 192.168.20.1 255.255.255.0
Switch(config-if)#no shutdown
Switch(config-if)#exit
Switch(config)#ip dhcp pool pool10
Switch(dhcp-config)#network 192.168.10.0 255.255.255.0
Switch(dhcp-config)#default-router 192.168.10.1
Switch(dhcp-config)#dns-server 202.96.209.5
Switch(dhcp-config)#exit
Switch(config)#ip dhcp excluded-address 192.168.10.1
Switch(config)#ip dhcp pool pool20
Switch(dhcp-config)#network 192.168.20.0 255.255.255.0
Switch(dhcp-config)#default-router 192.168.20.1
Switch(dhcp-config)#dns-server 202.96.209.5
Switch(dhcp-config)#exit
Switch(config)#ip dhcp excluded-address 192.168.20.1
Switch(config)#
```

2）PC 的配置

单击 PC，选择“Desktop”选项卡，选择“IP Configuration”选项，单击“DHCP”按钮，选择自动获取网络参数。以 PC0 为例，PC0 自动获得网络参数，结果同图 8-6-13 所示。

第9章 网络安全与维护

【主要内容】

本章以实现计算机网络数据通信安全为目标，要求学生了解网络安全的基本概念、特点、威胁网络安全的因素，掌握数据加密技术、身份认证技术和防火墙技术，能够配置防火墙和应用数据加密技术完成文件加密保存。

【知识目标】

（1）认知用户对网络安全的需求、网络入侵使用的攻击手段和方法。

（2）理解加密技术和身份认证技术的基本原理。

（3）理解防火墙的基本原理、特点、分类和作用。

【能力目标】

（1）配置防火墙；

（2）应用数据加密技术。

9.1 网络安全

9.1.1 网络安全的定义

所谓网络安全，是指网络系统的硬件、软件及其系统中的数据受到保护，不因偶然的或者恶意的原因而遭到破坏、更改或泄漏，系统连续、可靠、正常地运行，网络服务不中断。网络安全的结构层次包括物理安全、安全控制和安全服务。

网络安全的基本定义从不同领域可以有多种解释，但其核心内容大体一致，具体包括三个方面：

1. 系统运行的安全

保证数据信息在传输、处理、存储中的安全，包括机房数据中心安全、法律法规政策的保护、结构设计上的安全、硬件运行中的可靠性、应用服务软件的安全、数据库的系统安全等。该内容主要侧重保证系统的正常运行，通过各类安全措施使系统合理正常地运行。

2. 系统数据的安全性

通过对用户口令，访问权限控制，审计策略制定，病毒防治等措施保证网络中系统数据的安全性、完整性。

3. 信息数据的安全性

通过对网络中的信息进行安全加密传输，保护信息的真实性和完整性，并且通过数据过滤技术，防止和控制非法，有害数据的传输，避免信息的失控，维护正常的网络秩序。

计算机网络安全是指通过各类计算机、网络、密码技术和信息安全技术、保护在公用通信网络中传输、交换和存储信息的机密性、完整性和真实性，并对信息的传输及内容具有控制能力。计算机网络安全主要是从保护网络用户的角度进行定义的。

9.1.2 网络安全的威胁

随着互联网的普及，网络安全问题也日益突出，非法窃听、篡改数据等行为也屡见不鲜，因此如何防范网络危险，首要任务就是需要了解导致网络安全问题的威胁包括哪些。总结相关因素，网络安全的威胁主要有以下三类：

1. **拒绝服务攻击**

拒绝服务攻击主要是指通过暴力攻击手段，使目标服务器无法为用户提供正常的访问服务，使服务主机停止响应正常的访问请求，导致系统崩溃。无论服务器硬件资源多大，网络运行速度多快，一旦系统被攻击，都很难避免此类攻击所带来的严重后果。面对此类攻击，只能通过对各类网络访问请求的实时监控，提前防范此类攻击的发生，保证服务运行的正常。

2. **非法用户访问**

非法用户访问主要是指网络系统资源受到了非授权用户的访问，并导致的数据的丢失、篡改，机密隐私信息的泄漏等后果。

3. **信息数据泄漏**

信息数据泄露是网络安全的最主要威胁，是指相关重要数据被非法泄漏，透露给了无权访问该信息的人的所有相关问题。

9.1.3 网络安全的关键技术及防范措施

网络安全关键技术主要包括单机系统安全技术、身份认证技术、访问控制技术、密码技术、防火墙技术、安全审计技术和安全管理技术等，通过上述关键技术的合理综合应用可以较好地解决网络安全问题，以下就详细介绍相关的网络安全防范措施。

1. **物理安全保障**

严格保障数据中心机房的物理安全问题，如防火、防盗、防雷击等内容，通过确保这些物理安全可以从最底层保护网络数据信息的安全。

2. **数据完整性保护**

数据的完整性是指通过各种技术手段保证数据的内容正确，不被恶意修改、删除和破坏，一般采用各类备份技术对数据进行备份，从而保证数据的完整性，备份技术包括自动备份和手动备份技术。

3. **防范病毒**

网络病毒一直是影响网络安全的重要因素，因此加强病毒的防范对于网络安全的防范至关重要，通过使用各类杀毒软件，及时更新病毒库，提高用户的网络防病毒意识都将是提高网络安全性的重要组成部分。

4. 架设防火墙

防火墙是一种重要的访问控制措施，可以阻挡对内、对外的非法访问和不安全数据的传递。防火墙系统可以决定内部哪些区域可以被外界访问，以及哪些外部服务可以被内部访问。可以过滤进出的数据，管理进出的行为，封堵某些禁止的业务，记录通过防火墙的相关内容和活动，并可以对网络的攻击及时提出报警。

5. 补丁安装及加密技术

及时了解和安装各类补丁程序，可减少系统漏洞的数量，提高网络安全性。此外通过对重要数据进行加密操作，也同样可以保障数据的安全，提高数据的完整性。

6. 网络日志的审查

各类系统日志可以全面记录系统被入侵的痕迹，因此详细地解读各类日志将很好地帮助用户了解网络被攻击的情况，例如发现某个 IP 地址不断的在连接远程桌面端口 3389，就说明该端口已经存在安全隐患，应该及时对该端口进行安全保护，从而维护网络安全。

9.1.4 系统平台安全加固技术

网络操作系统作为网络安全的最小单元，其安全性将直接影响到用户的使用体验和网络安全，因此如何提高系统平台的安全问题，通过分析和确定操作系统及服务程序的弱点，并引入适当的更改和策略，保护操作系统及其服务程序免受攻击的方法就被称为系统平台的加固。

系统平台的加固思路主要是首先需要减少无用软件、服务和进程的数目，其次在持续提供对资源的访问的同时，要使所有的软件、服务和进程配置处于最安全的状态，最后尽可能避免系统对其身份、服务以及功能等信息的泄漏。

系统平台加固的一般步骤包括以下四步：

1. 确定目标系统的用途

首先根据调研完成相关问题的解答，为什么需要建立这个系统平台；谁将对这个平台负责；该系统将满足怎样的业务需求；需要提供哪些服务；谁将访问该系统；这个平台系统需要提供哪些访问资源。

2. 评定系统是否符合最初要求

通过对系统用途的确定，首先评估系统相关硬件、软件是否可以满足相关的用途需求，包括硬件配置、软件版本、端口配置、用户信息配置等内容。

3. 根据目标系统的需求，制定安全策略

根据需求制定安全策略，包括物理安全策略、系统软件策略、网络配置策略、文件管理策略、用户权限管理策略等，具体操作步骤如表 9-1-1 所示。

4. 采用标准构件的方法实施系统平台的加固

采用标准构件的方法，分别针对不同的对象开发配置不同的配置文件，独立测试，标准化开发运行，通过该流程可以使系统加固流程标准化和简单化，从而更方便普通使用者进行简易加固操作。

表 9-1-1 系统平台加固具体操作步骤

序号	内　　容	操 作 内 容
1	安装系统补丁	及时了解和安装系统补丁，减少系统漏洞的数量，提高系统安全性
2	最小化系统服务	根据系统用途，减少系统服务的开启数量，关闭不需要的服务内容
3	文件系统安全	建议采用 NTFS 文件系统格式，提高文件系统安全
4	敏感数据保护	针对敏感数据提高安全保护，加强备份存储，删除时也需要彻底删除
5	账户策略设置	根据系统功能设置账户策略，停用来宾用户账户，对 administrator 账户进行更名，创建一个陷阱账户，账户密码多次输入错误时的锁定策略等
6	默认共享安全	取消默认共享设置，或可以使用 Net Share 命令进行关闭
7	屏幕保护安全	可以为屏幕保护程序添加保护密码
8	审核策略	可以对登陆事件，账户管理事件，特权使用事件，对象访问事件等内容设置权限
9	密码安全	尽量设置强密码，即密码应该包括大写字母，小写字母，数字和符号，并可以要求定期更换密码，多个系统不要采用相同的密码
10	用户信息安全	默认情况下，系统启动登陆时会显示上一次登陆的用户名信息，这将给非法登陆用户提高便利，因此建议可以通过修改注册表删除相关显示
11	远程访问安全	关闭远程访问端口，防止非法用户通过各种渠道远程访问本地服务器
12	端口安全设置	根据系统用户可将多余的端口关闭，只保留必须开启的端口，这样有利于系统的安全
13	安装防病毒软件	安装杀毒软件，实时监控系统运行情况，查杀病毒

9.1.5 网络安全管理法律法规

网络安全是人们安全高效地访问网络资源，获得信息的重要保障，只有安全的网络工作环境才能为人们更好地使用网络共享资源提供便利。而网络安全管理制度的建立，网络安全技术的应用正是实现这一安全保障的前提和条件。我国公安部于 1997 年 12 月 16 日公安部令（第 33 号）发布，于 1997 年 12 月 30 日实施，并在 2011 年 1 月 8 日修订的《计算机信息网络国际联网安全保护管理办法》正式针对网络安全问题发布一份管理办法，该管理办法共有五章 25 条，法规中规定了哪些行为是在网络中不可为的，一旦实施了错误行为将承担怎样的法律责任，构成犯罪的还需要承担刑事责任。该法规是我国对网络安全管理中提出的要求和普通网民上网时必须遵守的准则，以下简单列举几条关键的法律条目：

第五条　任何单位和个人不得利用国际联网制作、复制、查阅和传播下列信息：

（一）煽动抗拒、破坏宪法和法律、行政法规实施的；

（二）煽动颠覆国家政权，推翻社会主义制度的；

（三）煽动分裂国家、破坏国家统一的；

（四）煽动民族仇恨、民族歧视，破坏民族团结的；

（五）捏造或者歪曲事实，散布谣言，扰乱社会秩序的；

（六）宣扬封建迷信、淫秽、色情、赌博、暴力、凶杀、恐怖，教唆犯罪的；

（七）公然侮辱他人或者捏造事实诽谤他人的；

（八）损害国家机关信誉的；

（九）其他违反宪法和法律、行政法规的。

第六条　任何单位和个人不得从事下列危害计算机信息网络安全的活动：

（一）未经允许，进入计算机信息网络或者使用计算机信息网络资源的；

（二）未经允许，对计算机信息网络功能进行删除、修改或者增加的；

（三）未经允许，对计算机信息网络中存储、处理或者传输的数据和应用程序进行删除、修改或者增加的；

（四）故意制作、传播计算机病毒等破坏性程序的；

（五）其他危害计算机信息网络安全的。

第二十一条　有下列行为之一的，由公安机关责令限期改正，给予警告，有违法所得的，没收违法所得；在规定的限期内未改正的，对单位的主管负责人员和其他直接责任人员可以并处5000元以下的罚款，对单位可以并处1.5万元以下的罚款；情节严重的，并可以给予6个月以内的停止联网、停机整顿的处罚，必要时可以建议原发证、审批机构吊销经营许可证或者取消联网资格。

（一）未建立安全保护管理制度的；

（二）未采取安全技术保护措施的；

（三）未对网络用户进行安全教育和培训的；

（四）未提供安全保护管理所需信息、资料及数据文件，或者所提供内容不真实的；

（五）对委托其发布的信息内容未进行审核或者对委托单位和个人未进行登记的；

（六）未建立电子公告系统的用户登记和信息管理制度的；

（七）未按照国家有关规定，删除网络地址、目录或者关闭服务器的；

（八）未建立公用账号使用登记制度的；

（九）转借、转让用户账号的。

9.1.6　自我测试

一、填空题

1. 网络安全所要保护的资源包括________、________和________。
2. 网络安全存在的威胁主要包括有拒绝服务攻击、________和________。
3. 防火墙可以过滤进出的数据，管理进出的行为，________、________和________。

二、选择题

1. 以下________文件格式系统更安全。

   A. FAT　　B. NTFS　　C. BAT　　D. FAT32

2. 系统默认共享删除时，使用的命令是________。

   A. USER　　B. NET　　C. NET SHARE　　D. PING

3. 邮件服务器需要使用到的端口包括________。

   A. 25和110　　B. 21　　C. 80　　D. 53

9.2 加密和认证

9.2.1 数据加密技术

1. 加密技术基本概念

数据加密技术是网络安全的核心技术，系统平台安装杀毒软件，网络环境安装防火墙，此类防护都被称为是被动防御，而数据加密技术则可认定为是主动防御。通过对口令加密、文件加密等手段可以很好地防范网络非法用户对于系统的入侵和破坏。通过口令加密是为了防止文件中的密码被人偷看，而文件加密则主要是为了在因特网上进行文件的传输。

密码学是编码学和破译学的总称。所谓编码学，就是研究密码变化的客观规律，应用于编制密码，破译学则是指破译密码从而获得其中的通信情报。简单地说，密码学就是加密和解密的过程。

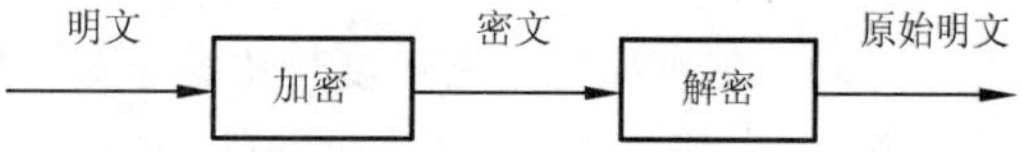

图 9-2-1 加密和解密

加密和解密过程中，其中文件的原文被称为是明文，明文经过加密变化后形成密文，由明文变化成密文的过程被称为是加密,由密文还原成明文的过程称为解密，具体操作如图 9-2-1 所示。一个密码系统一般是由算法和密钥两个部分组成的，其中密钥是一组二进制数，由专人保管，算法则一般是公开的，任何人都可以获得并使用。一个功能完善的密码系统一般需要达到以下要求：

（1）系统密文不可破译。

（2）密码保密性不依赖于算法而是密钥。

（3）加密和解密算法适用于所有密钥空间中的元素。

（4）系统便于实现和推广。

2. 对称加密技术

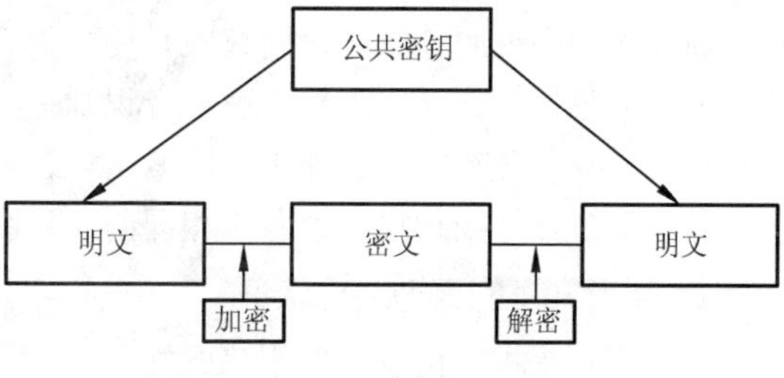

图 9-2-2 对称密钥体制

密码加密体制一般可分为对称密钥体制、非对称密钥体制和混合密钥体制。对称密钥体制，如图 9-2-2 所示，也被称为是单钥体制、私钥体制，其特点是在加密和解密过程中使用相同的密钥。加密密钥等于解密密钥。其优点是加密解密的速度快，安全强度高，算法简单高效，密钥简短，破译难度大。缺点是不适合网络中使用，信息完整性不能确认，缺乏检测密钥泄漏的能力。

3. 非对称加密技术

非对称密钥体制也被称为公开密钥加密体制、公钥体制或者双钥体制，密钥成对出现，一个是公开密钥，一个是私有密钥。两个密钥相关但不相同，不可能从公开密钥推算出对应的私人密钥。使用公开密钥加密的信息只能通过使用对应的解密密钥进行解密，如图 9-2-3 所示。非对称加密体制具有保密性强，可进行信息鉴别的功能。其特点是多用户加密的信息只能由一个用户解读，实现了在网络中传输时的保密通信；一个用户加密的信息可以由多个用户进行解读，可以实现对用户的认证。

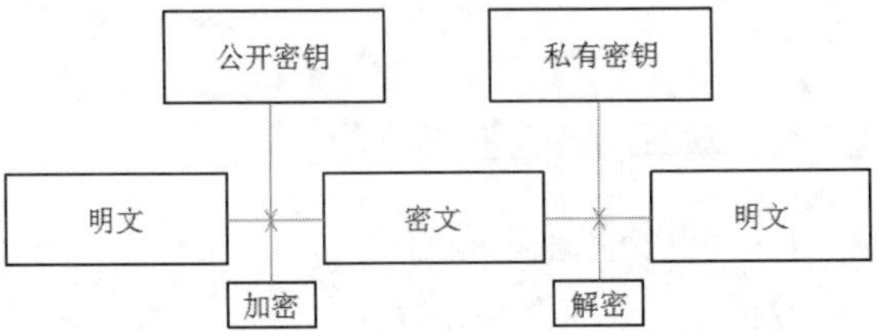

图 9-2-3　非对称密钥体制

对称加密体制和非对称加密体制之间的区别包括：

（1）密钥的数量不同。对称加密体制只有一个公共密钥，非对称加密体制则有两个密钥，一个公开密钥，一个私有密钥。

（2）对称加密体制密钥为保密性质，非对称加密密钥一个为公开密钥，另一个则是私有保密机制。

（3）密钥的管理方面，对称加密体制密钥的管理比较困难，非对称加密体制需要使用数字证书进行密钥管理。

（4）对称加密机制加密速度较快，非对称加密体制加密速度较慢。

（5）对称加密体制适用于大批量数据的加密工作，而非对称加密体制适用于小文件数据加密。

9.2.2　身份认证技术

身份认证是指按照授予许可权限的权威机构的要求，实现用户身份认证的全过程。当用户注册账号时，需要为新账号设置一个密码，该密码就充当了身份认证的过程，但由于密码口令的安全系数较低，因此除了设置密码外，目前在身份认证方面还具有以下多种模式，具体包括有生物识别技术进行认证、用所知道的事情进行认证、用用户独有的物品进行认证。

1. 生物识别技术进行身份认证

目前可以使用的生物识别技术包括有指纹识别、声音识别、图像识别、笔记识别、视网膜瞳孔识别等。指纹识别由于其唯一性，并且方便存储，已经在身份识别中得到了广泛使用，当用户需要某项授权时，可以使用指纹扫描并将扫描结果与数据库中的存储内容进行匹配比对，如果相同则说明其具有访问权限，反之则无。声音识别是指通过读取某些特点的关键字和短语，通过语音比对实现授权，声音识别一般采用特定的硬件模块，因此准确率较高，但如果用户出现声音突变，例如感冒咳嗽，声音嘶哑等状况时，也是无法识别的。视网膜瞳孔识别是指通过红外线扫描人眼各不相同的血管图像来进行身份认证。

2. 用所知道的事情进行认证

根据用户提供的信息，如用户的姓名、生日、家庭住址、手机号码等，计算机每次会根据一个种子值、一个迭代值和该短语信息计算出一个口令，其中的种子值和迭代值是发生变化的，所以每次计算出来的口令也是不同的，这种变化的口令可以很好地防范网络入侵。

3. 用用户独有的物品进行认证

目前银行系统普遍采用这类认证模式，银行在进行信用卡或借记卡办理时，都会要求用户附带办理一个智能卡，或者称为 U 盾，该物品内部存储了用户信息，当用户需要在网络上进行银行转账、支付等操作时，就需要首先将该设备连接到网络中进行身份认证，只有通过认证才能进行后续的操作，因此使用用户独有的物品进行身份认证具有较高的安全保障。

9.2.3 自我测试

一、填空题

1. 密码学是________和________的总称。
2. 明文经过加密变化后形成了________。
3. 非对称加密体制，密钥一共有两个，分别是________和________。

二、选择题

1. 以下不属于生物身份识别技术的是________。
   A. 指纹识别　　B. 声音识别　　C. 视网膜识别　　D. 密码识别
2. 对称加密体制适用于________场合。
   A. 大批量数据的加密工作　　B. 小文件数据加密
   C. 公司内部加密工作　　D. 个人加密工作

9.3 认知防火墙

9.3.1 防火墙概述

防火墙是一种将内部网络和外部网络分开的方法，是提供信息安全服务、实现网络和信息系统安全的重要基础设备，主要用于限制被保护的内部网络与外部网络直接进行的信息存取及信息传递等操作。防火墙可以认为是一种分离器、限制器和分析器，可以有效地监控内部网络和外部网络之间的所有行为活动，保证内部网络的安全。

1. 防火墙的功能

防火墙的基本功能包括有：

（1）过滤进出网络的数据。

（2）管理进出网络的访问行为。

（3）封堵禁止的业务。

（4）记录通过防火墙的信息内容和活动。

（5）对网络攻击检测和警告。

2. 防火墙的分类

防火墙的类型可以按照不同的分类方式划分：

（1）按照软件、硬件形式可分为软件防火墙、硬件防火墙和芯片级防火墙。

（2）按照防火墙技术可分为包过滤型防火墙和应用代理型防火墙。

（3）按照防火墙的结构可以分为单一主机防火墙、路由器集成式防火墙和分布式防火墙。

（4）按照防火墙应用部署位置可分为边界防火墙、个人防火墙和混合防火墙。

（5）按照防火墙的性能可分为百兆级防火墙和千兆级防火墙。

（6）按照防火墙使用方法可分为网络层防火墙、物理层防火墙和链路层防火墙。

3. 防火墙主要技术

防火墙采用的主要技术包括以下几种：

1）包过滤技术

数据包过滤技术是在网络层对数据包进行选择，选择依据是系统内设的过滤逻辑，该逻辑被称为是访问控制列表，其原理在于通过检查数据流中的每个数据包的源地址、目的地址、所用端口号和协议状态等因素，确定是否允许数据通过。但由于包过滤技术无法有效地区分相同 IP 地址的不同用户，安全性相对较差。

2）代理服务技术

代理服务器在外部网络向内部网络申请服务时发挥了中间转接和隔离内外部网络的作用，又称代理防火墙。其原理是在网关计算机上运行应用代理程序，运行时由两部分连接构成：一部分是应用网关同内部网用户计算机建立的连接，另一部分是代替原来的客户程序与服务器建立的连接。通过代理服务，内部网用户可以通过应用网关安全地使用 Internet 服务，而对于非法用户的请求将予拒绝。代理服务技术与包过滤技术不同之处，在于内部网和外部网之间不存在直接连接，同时提供审计和日志服务。

3）网络地址转换技术

在局域网内部使用内部地址，而当内部结点要与外部网络进行通信时，就在网关处将内部地址替换成公网的地址，从而在外部网上正常使用。其原理如同电话交换总机，当不同的内部网络用户向外连接时，使用相同的 IP 地址（总机号码）；内部网络用户互相通信时则使用内部 IP 地址（分机号码）。内部网络对外部网络来说是不可见的，防火墙能详尽记录每一个内部网计算机的通信，确保每个数据包的正确传送。

4）虚拟专用网 VPN 技术

虚拟专用网（VPN）是局域网在广域网上的扩展，是专用计算机网络在 Internet 上的延伸。VPN 通过专用隧道技术在公共网络上仿真一条点到点的专线，实现安全的信息传输。虽然 VPN 不是真正的专用网络，但却能够实现专用网络的功能。

5）审计技术

通过对网络上发生的各种访问过程进行记录和产生日志，并对日志进行统计处理，从而对网络资源的使用情况进行分析，对异常现象进行追踪监视。

6）信息加密技术

加密路由器对路由的信息进行加密处理，然后通过 Internet 传输到目的端进行解密。

9.3.2 Windows 自带防火墙

Windows 7 提供的防火墙称为 Internet 连接防火墙，允许安全的网络通信通过它进入网络，同时拒绝不安全的通信，使内部网络免受外来威胁。

Windows 7 操作系统安装完成后，可以通过单击“开始”→“控制面板”→“Windows 防火墙”命令，打开“Windows 防火墙”窗口，如图 9-3-1 所示。通过此窗口可以控制允许程序或功能通过 Windows 防火墙，更改通知设置，打开或关闭 Windows 防火墙，还原默认设置，高级设置等。

单击“打开或关闭 Windows 防火墙”超链接，打开如图 9-3-2 所示的窗口，选择其中的“启用 Windows 防火墙”或者“关闭 Windows 防火墙”选项，可以开启或者关闭防火墙，在此需要根据不同的网络位置进行分别设置，包括家庭或工作网络位置设置，公用网络位置设置两种。

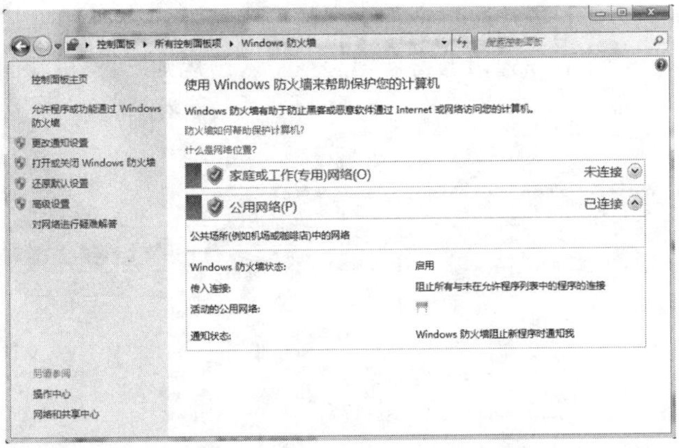

图 9-3-1 “Windows 防火墙”窗口

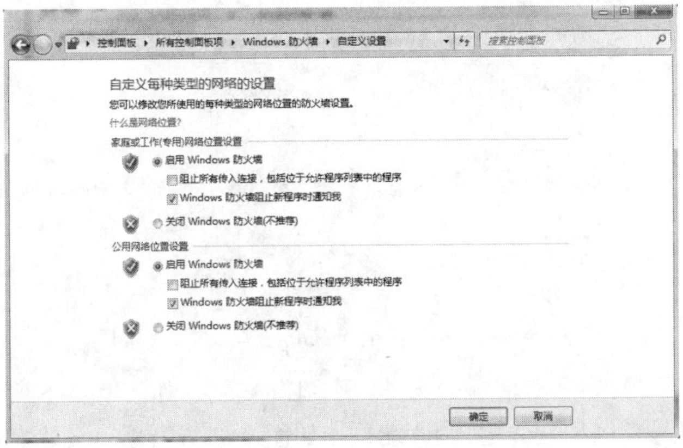

图 9-3-2 “自定义设置”窗口

Windows 防火墙最主要的功能有两项，其一是程序访问控制，其二是防火墙高级设置，如端口控制设置等。程序访问控制是指通过对防火墙进行设置可以允许某些程序通过防火墙或者阻止其通过，具体设置步骤是单击“允许程序或功能通过 Windows 防火墙”超链接，在弹出的窗口中可以设置相关允许或者阻止，如图 9-3-3 所示。

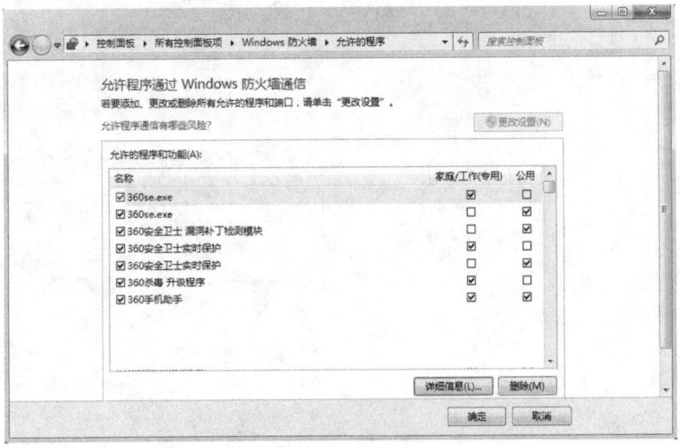

图 9-3-3 “允许的程序”窗口

Windows 防火墙的高级设置中可以进行更多的防火墙设置，现以端口设置为例进行说明，首先单击“高级设置”按钮，在弹出的窗口中选择“入站规则”，然后新建规则，如图 9-3-4 所示。

图 9-3-4 “高级安全 Windows 防火墙”窗口

在“新建入站规则向导”对话框中选择“端口”规则，如图 9-3-5 所示，并进一步选择 TCP，设置特定端口号，例如在此输入 80 端口，如图 9-3-6 所示。设置完成后就可以设置该端口是允许其连接还是阻止连接，如图 9-3-7 所示。指定了配置文件和规则名称后，针对端口配置的防火墙新规则就设置完成，返回防火墙设置窗口后，可以在入站规则中查看到刚才新建的规则，出站规则的建立类似。

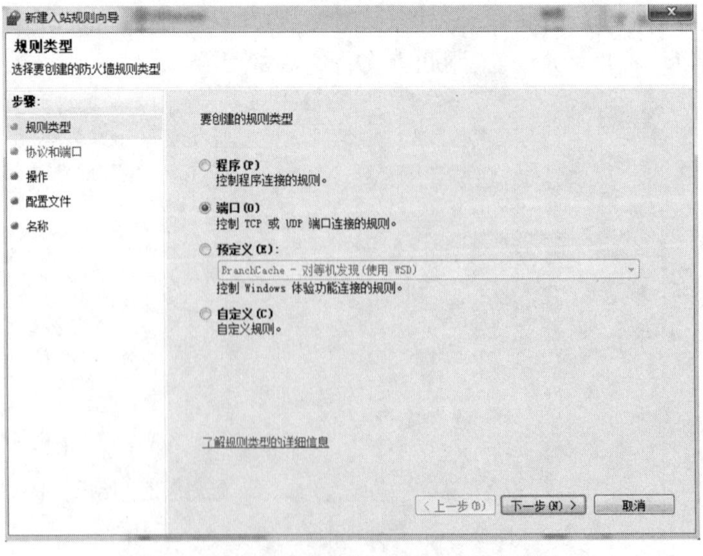

图 9-3-5 “新建入站规则向导”对话框

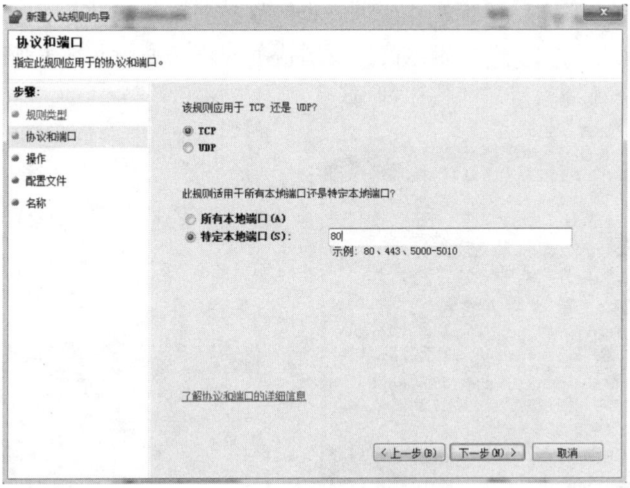

图 9-3-6　特定端口设置

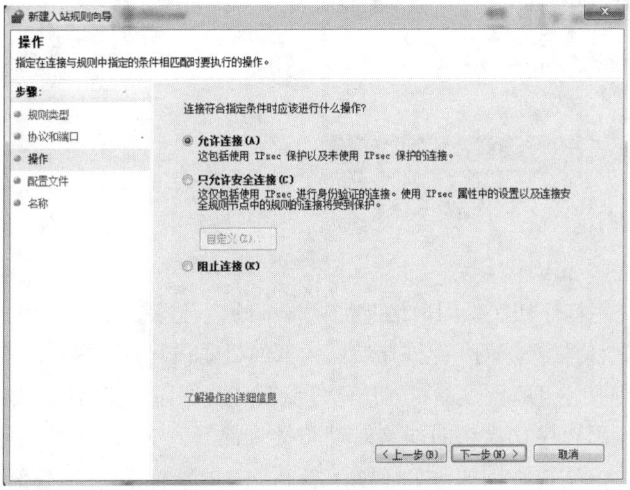

图 9-3-7　允许和阻止连接

9.3.3　个人防火墙

天网防火墙个人版（简称天网防火墙）是由天网安全实验室研发制作给个人计算机用户使用的网络安全工具。它根据系统管理者设定的安全规则（Security Rules）把守网络，提供强大的访问控制、应用选通、信息过滤等功能。它可以帮助用户抵挡网络入侵和攻击，防止信息泄露，保障用户机器的网络安全。天网防火墙将网络分为本地网和互联网，可以针对来自不同网络的信息，设置不同的安全方案，它适用于任何方式连接上网的个人用户。本书以天网防火墙 3.0 版为例，对天网防火墙进行系统介绍。

默认情况下，天网防火墙在安装完毕后便以最小化形式随 Windows 系统启动。此时，双击桌面右下角系统托盘区的图标即可打开“天网防火墙个人版”窗口，如图 9-3-8 所示。

1. 设置天网防火墙安全级别

从图 9-3-8 中可以得知，天网防火墙的安全级别共分五个等级，分为“低”“中”“高”

“扩展”和“自定义”。只需将鼠标在相应的安全级别按钮上停止数秒，如在按钮“高”上停止数秒，软件将自动显示“安全级别：高”所对应的规则，如图 9-3-9 所示。如需切换安全级别，只需单击安全级别相对应的按钮即可。

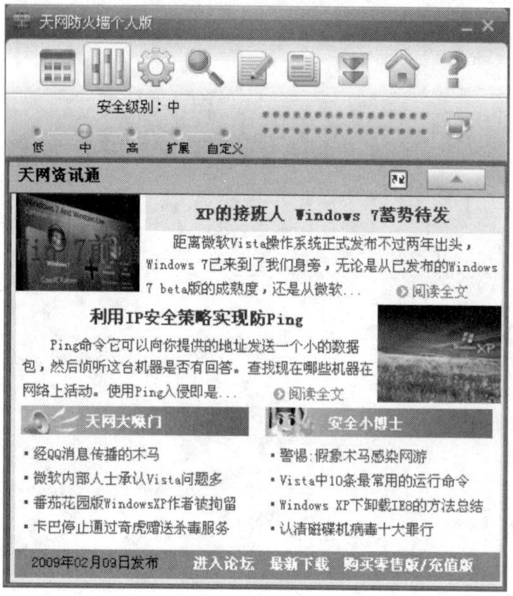

图 9-3-8 “天网防火墙个人版”窗口

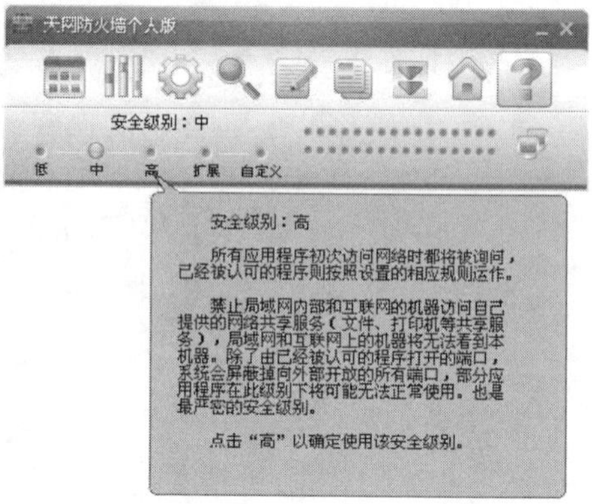

图 9-3-9 “安全级别：高”所对应的规则

安全级别对应规则如下：

（1）低：所有应用程序初次访问网络时都将被询问，已经被认可的程序则按照设置的相应规则运作。计算机完全信任局域网，允许局域网内部的机器访问自己提供的各种服务，（如文件、打印机共享服务），但禁止互联网上的机器访问这些服务。适用于在局域网中提供服务的用户。

（2）中：所有应用程序初次访问网络时都将被询问，已经被认可的程序则按照设置的相应规则运作。禁止访问系统级别的服务（如 HTTP、FTP 等）。局域网内部的机器只允许访问文件、打印机共享服务。使用动态规则管理，允许授权运行的程序开放的端口服务，比如网络游戏或者视频语音电话软件提供的服务。适用于普通个人上网用户。

（3）高：所有应用程序初次访问网络时都将被询问，已经被认可的程序则按照设置的相应规则运作。禁止局域网内部和互联网的机器访问自己提供的网络共享服务（文件、打印机等共享服务），局域网和互联网上的机器将无法看到本机器。除了由已经被认可的程序打开的端口，系统会屏蔽掉向外部开放的所有端口，部分应用程序在此级别下将可能无法正常使用。也是最严密的安全级别。

（4）扩展：基于“中”安全级别再配合一系列专门针对木马和间谍程序的扩展规则，可以防止木马和间谍程序打开 TCP 或 UDP 端口监听甚至开放未许可的服务。我们将根据最新的安全动态对规则库进行升级。适用于需要频繁试用各种新的网络软件和服务、又需要对木马程序进行足够限制的用户。

（5）自定义：所有应用程序初次访问网络时都将被询问，已经被认可的程序则按照设置的相应规则运作。

如果了解 TCP/IP 协议，就可以设置规则，注意，设置规则不正确会导致无法访问网络。适用于对网络有一定了解并需要自行设置规则的用户。

【例 9-3-1】设置天网防火墙安全级别，要求同时满足如下条件。并把安全级别窗口以文件名 aqjb.jpg 保存在桌面。

（1）禁止访问系统级别的服务（如 HTTP、FTP）。

（2）局域网内部只允许访问文件、打印机共享服务。

（3）使用动态规则管理，允许授权运行的程序开放的端口，适用于普通个人用户上网。

解题思路：依次将天网防火墙的五个安全等级所对应的规则同上述条件作对比。不难得出，应将安全等级设置为“中”。

2. 设置应用程序访问网络权限

【例 9-3-2】对应用程序 Svchost.exe 访问网络权限进行如下设置，并把对该应用程序规则设置以默认文件名导出到桌面上。要求：

（1）可通过 TCP 协议发送信息和提供协议服务，不可通过 UDP 协议发送信息和提供协议服务。

（2）TCP 协议可访问的端口限制在 80 端口。

（3）不符合上列条件时禁止操作。

操作步骤如下：

（1）双击系统托盘区的“天网防火墙”图标，打开“天网防火墙个人版”窗口。

（2）单击“天网防火墙个人版”窗口左上角的“应用程序规则”按钮，打开“应用程序规则”面板，如图 9-3-10 所示。

（3）在“应用程序规则”面板中，系统中的每一个应用程序都以一条应用程序规则来表示，找到并选中应用程序 Svchost.exe 所处的规则，如图 9-3-11 所示。

“应用程序规则”按钮

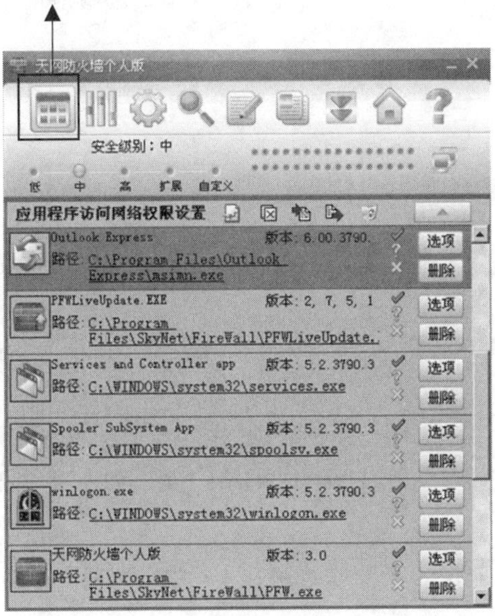

图 9-3-10 “应用程序规则”面板

应用程序 Svchost.exe 所处的规则

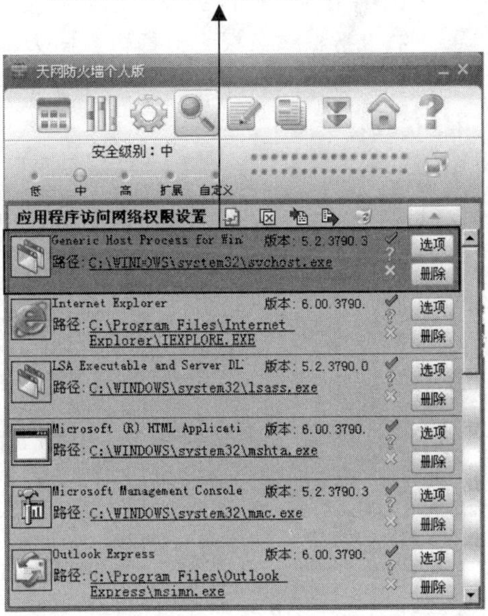

图 9-3-11 选中应用程序 Svchost 所处的规则

（4）单击应用程序 Svchost.exe 所处规则右侧的“选项”按钮，弹出“应用程序规则高级设置”对话框。

（5）在该对话框中，根据题意对应用程序 Svchost.exe 设置规则，设置如图 9-3-12 所示。单击“确定”按钮，返回“应用程序规则”面板。

（6）在“应用程序规则”面板中，单击图标即可打开“导出应用程序规则”对话框。由于只需导出对应用程序 Svchost.exe 所设置的规则，所以，在该对话框中选中应用程序 Svchost.exe 所处的行。单击“浏览”按钮，将路径定位到桌面后单击“确定”按钮，设置完成效果图如图 9-3-13 所示。单击“确定”按钮，将规则以默认文件名导出至桌面。

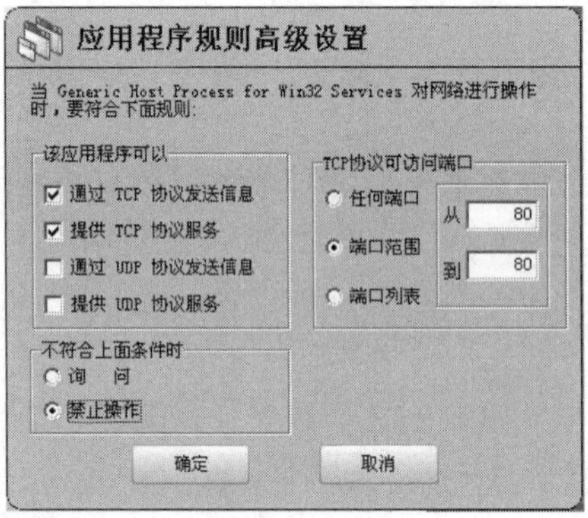

图 9-3-12 “应用程序规则高级设置”对话框

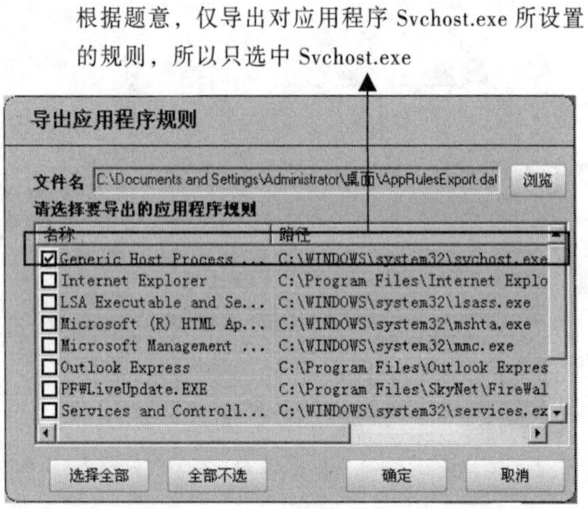

图 9-3-13 “导出应用程序规则”对话框

3. 设置 IP 规则

【例 9-3-3】自定义 IP 规则，要求如下：

（1）设置防御 ICMP 攻击：防御 IP 地址为 172.16.1.120 的主机对本机的 ICMP 攻击。

（2）UDP 数据包监视：数据包方向为接收或发送、对方 IP 地址为局域网的网络地址。

（3）TCP 数据包监视：数据包方向为发送。

把上述规则以默认文件名导出到桌面上，并对“导出 IP 规则”窗口进行截图，以文件名 ipgz.jpg 保存在桌面上。

操作步骤如下：

（1）双击系统托盘区“天网防火墙”图标，打开“天网防火墙个人版”窗口。

（2）单击“天网防火墙个人版”窗口左上角的“IP 规则管理”按钮，打开“IP 规则管理”面板。此时，安全级别会自动更换到“自定义”，如图 9-3-14 所示。

（3）首先设置防御 ICMP 攻击。在“IP 规则管理”面板中，双击“防御 ICMP 攻击”选项，弹出“修改 IP 规则”对话框。

（4）由于指定防御 IP 地址为 172.16.1.120 的主机对本机的 ICMP 攻击，所以，选择“对方 IP 地址”下拉列表中的“指定地址”，并在“地址”框中输入 172.16.1.120，如图 9-3-15 所示，单击“确定”按钮。

（5）然后设置 UDP 数据包监视。在“IP 规则管理”面板中，双击“UDP 数据包监视”选项，弹出“修改 IP 规则”对话框。

（6）由于数据包方向默认是“接收或发送”，因此并不需要修改。选择“对方 IP 地址”下拉列表中的“局域网的网络地址”选项，如图 9-3-16 所示，单击“确定”按钮。

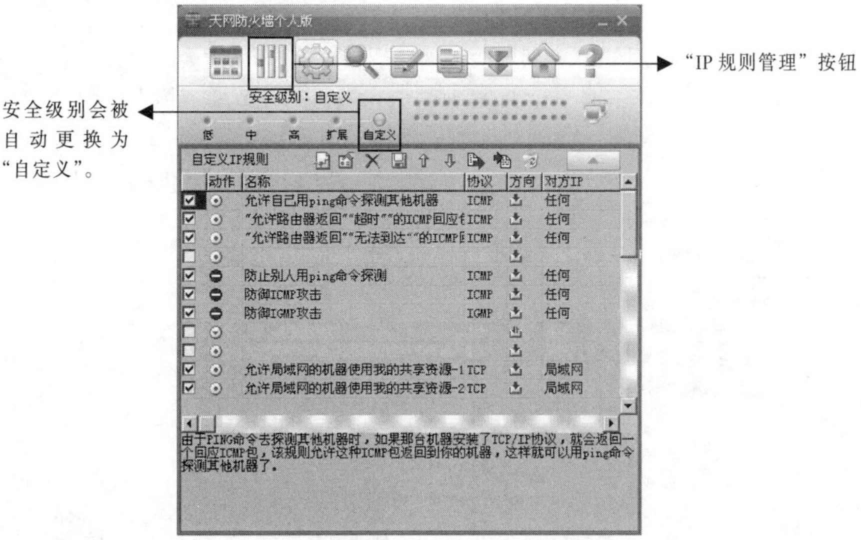

图 9-3-14 “IP 规则管理”面板

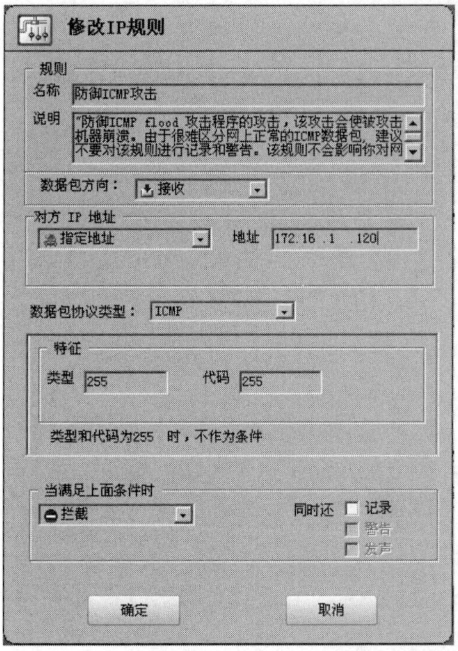

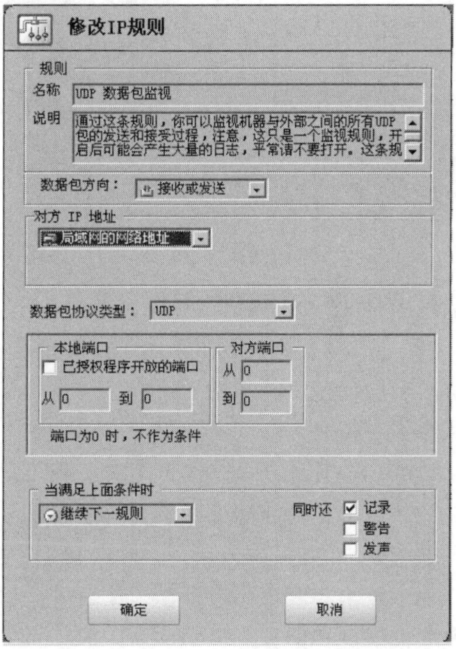

图 9-3-15 设置完成的“修改 IP 规则”对话框　　图 9-3-16 设置后的“修改 IP 规则”对话框

注意：在默认情况下，“UDP 数据包监视”“TCP 数据包监视”等规则并没有开启，所以，它们的名称以灰色来显示。只有选中该规则时，才能看清该规则的名称，如图 9-3-17 所示。

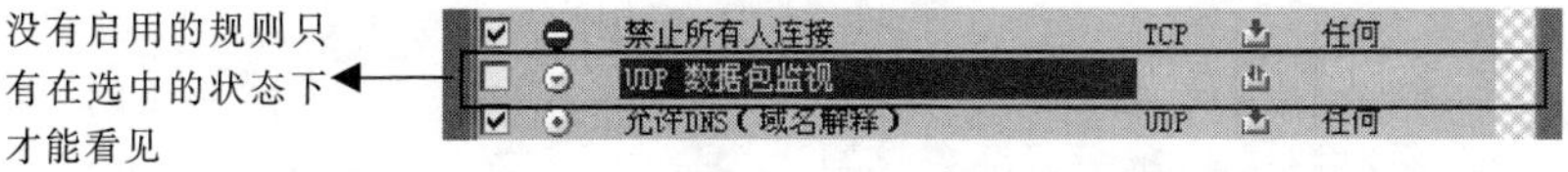

图 9-3-17 没有启用的规则

（7）设置 TCP 数据包监视的操作步骤同设置 UDP 数据包监视一致，此处不再累赘。设置如图 9-3-18 所示，单击“确定”按钮。

（8）在“IP 规则管理”面板中，单击图标即可打开“导出 IP 规则”对话框，如图 9-3-19 所示。由于只需导出刚才设置的 3 条 IP 规则，所以，在该对话框中选中 3 条规则所对应的选项。单击“浏览”按钮，将路径定位到桌面后单击“确定”按钮，将 IP 规则以默认文件名导出至桌面。

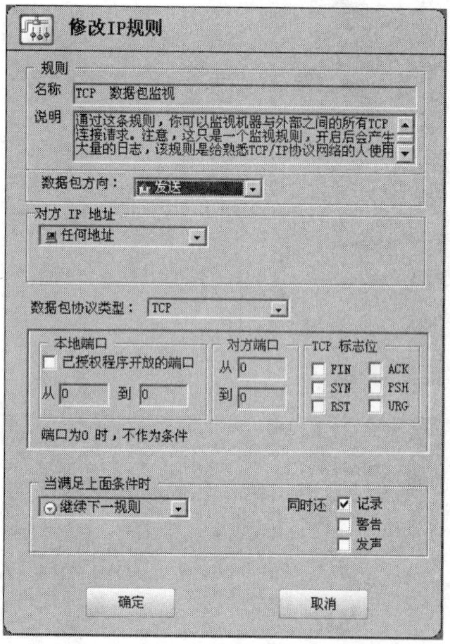

图 9-3-18 设置完成的“修改 IP 规则”对话框

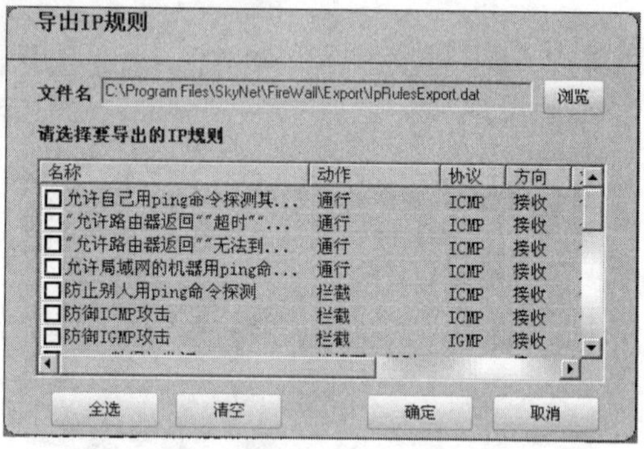

图 9-3-19 “导出 IP 规则”对话框

4. 对天网防火墙进行系统设置

【例 9-3-4】为天网防火墙设置管理员密码，密码为 P@ssw0rd，并设置应用程序对网络的访问需加审核。

操作步骤如下：

（1）双击系统托盘区“天网防火墙”图标，打开“天网防火墙个人版”窗口。

（2）单击“天网防火墙个人版”窗口左上角的“系统设置”按钮，打开“系统设置”面板，如图 9-3-20 所示。

（3）单击“管理权限设置”选项卡，如图 9-3-21 所示。在此，可以对管理员密码和应用程序权限进行设置。

注意： 在没有设置管理员密码之前，“在允许某应用程序访问网络时，不需要输入密码”选项为不可操作。

（4）单击“设置密码”按钮，弹出“天网防火墙个人版密码保护”对话框。分别在“输入新的密码：”和“再次输入密码：”输入框中 2 次输入“P@ssw0rd”，单击“确定”按钮。此时，“在允许某应用程序访问网络时，不需要输入密码”选项将变为可用，并自动启用。根据题意，将其置为非启用状态。设置完成效果图如图 9-3-22 所示，单击“确定”按钮。

图 9-3-20 “系统设置”面板

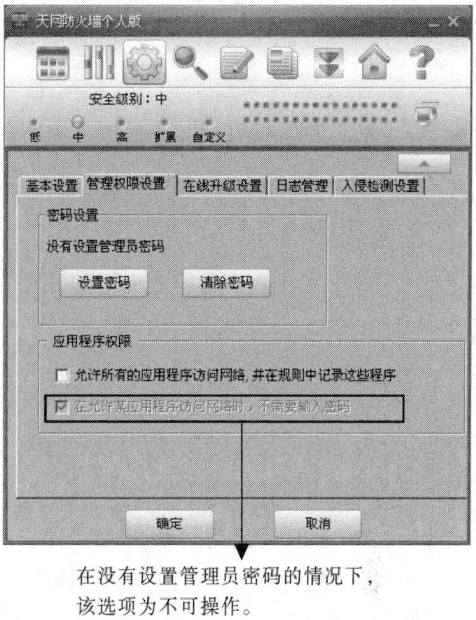

图 9-3-21 系统设置面板“管理权限设置”选项卡

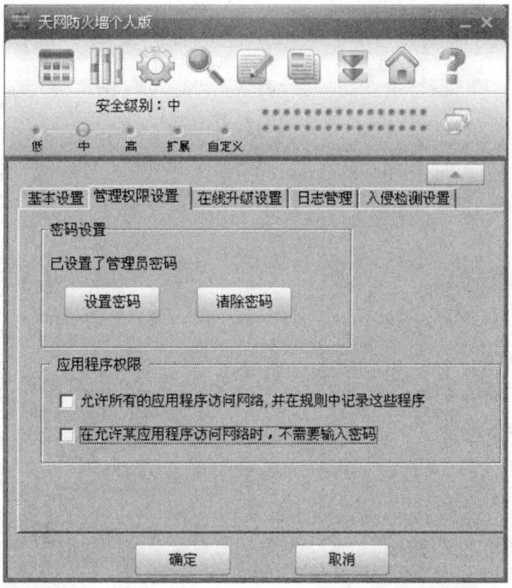

图 9-3-22 成功设置管理员密码并开启“应用程序对网络的访问需加审核”功能

注意：当应用程序首次访问网络时，系统会提示类似图 9-3-23 所示的对话框，询问用户是否允许该应用程序访问网络。

如果开启“应用程序对网络的访问需加审核”功能，则单击“允许”按钮后，将弹出如图 9-3-24 所示的“天网防火墙个人版密码保护”对话框，要求用户输入正确的密码后才能继续操作，提高了系统的安全性。

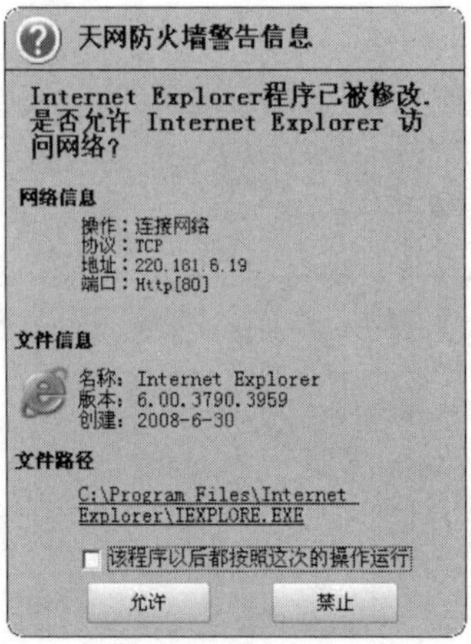

图 9-3-23 “天网防火墙警告信息”对话框

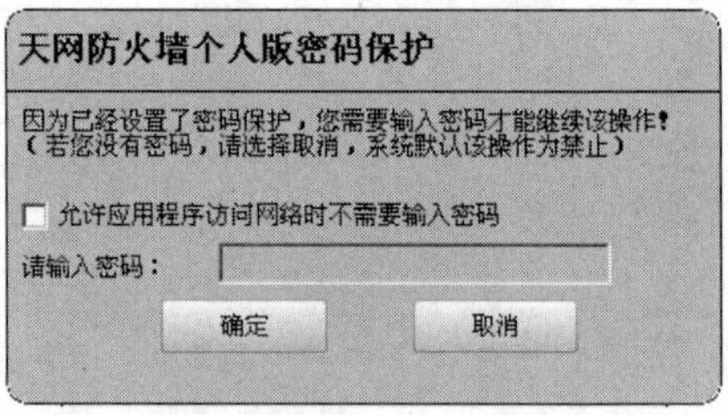

图 9-3-24 “天网防火墙个人版密码保护”对话框

5. 天网防火墙日志管理

【例 9-3-5】对天网防火墙日志功能进行设置，使其自动保存日志纪录，日志存放路径为桌面，并且设置日志最大容量为 20 MB。

操作步骤如下：

（1）双击系统托盘区中的“天网防火墙”图标，打开“天网防火墙个人版”窗口。

（2）单击“天网防火墙个人版”窗口左上角的“系统设置”按钮，打开“系统设置”面板。

（3）选择“日志管理”选项卡，如图 9-3-25 所示。由于日志的记录将耗费一定的系统资源，所以，在默认情况下，自动保存日志功能并没有开启。

（4）选中“自动保存日志”复选框，单击“浏览”按钮，将保存路径定位到桌面，单击“确定”按钮。向右拖动“日志大小”滑动块，将日志容量更改为 20 MB，如图 9-3-26 所示。

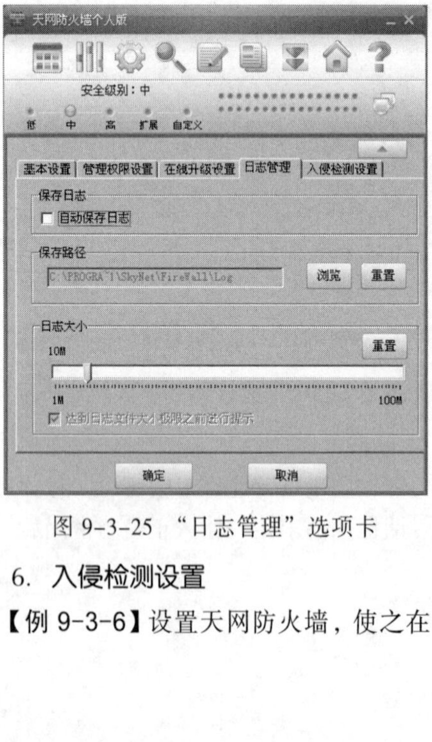

图 9-3-25 “日志管理”选项卡

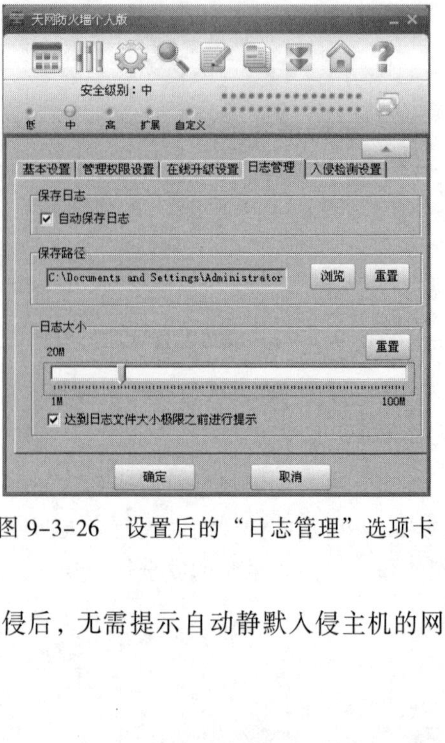

图 9-3-26 设置后的“日志管理”选项卡

6. 入侵检测设置

【例 9-3-6】设置天网防火墙，使之在检测到入侵后，无需提示自动静默入侵主机的网络包，并设置静默时间为 10 min。

操作步骤如下：

（1）双击系统托盘区中的“天网防火墙”图标，打开“天网防火墙个人版”窗口。

（2）单击“天网防火墙个人版”窗口左上角的“系统设置”按钮，打开“系统设置”面板。

（3）选择“入侵检测设置”选项卡，如图 9-3-27 所示。

（4）入侵检测功能默认情况下为开启状态。选中“检测到入侵后，无需提示自动静默入侵主机的网络包”复选框，并将默认静默时间设置为 10 min，设置后如图 9-3-28 所示，单击“确定”按钮。

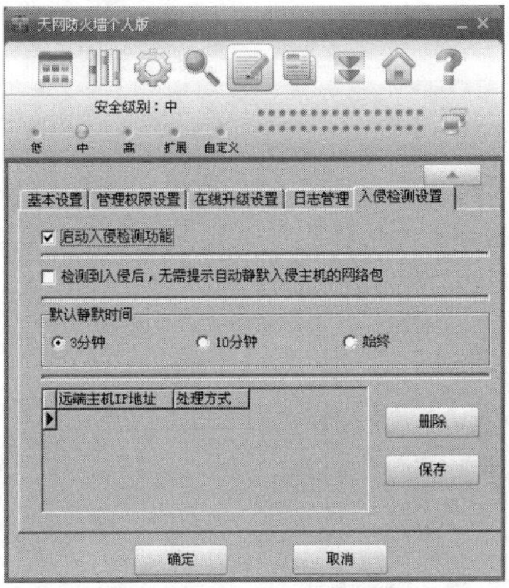

图 9-3-27 “入侵检测设置”选项卡

图 9-3-28 设置后的“入侵检测设置”选项卡

9.3.4 自我测试

一、填空题

1. 防火墙可以认为是一种________、________和________。

2. 按照防火墙技术可以分为包过滤型防火墙和________。

3. 按照防火墙应用部署位置可分为边界防火墙、________和________。

二、选择题

1. 网络地址转换技术很好地解决了________问题。

A. 网络入侵问题　　B. 存储空间不足问题

C. IP 地址紧缺问题　　D. 系统安装问题

2. 防火墙主要实现的是________之间的隔断。

A. 公司和家庭　　B. 内网和外网

C. 单机和互联网　　D. 资源子网和通信子网

3. 防火墙的基本功能包括有过滤进出网络的数据、管理进出网络的访问行为、记录通过防火墙的信息内容和活动、________、对网络攻击检测和警告。

A. 封堵禁止的业务　　B. 划分 VLAN

C. 阻止内部员工上网　　D. 运行服务器

9.4 本章实践

实践 EFS 数据加密解密

【实践目标】

（1）学会使用 EFS 技术进行文件夹加密操作。

（2）学会 EFS 证书导出、导入操作，并实现对数据的解密。

【实践环境】

安装 Windows 7 操作系统的 PC 一台。

【实践步骤】

1. 对文件夹进行 EFS 加密

首先使用管理员账号 Administrator 对 D 盘 KS 文件夹进行 EFS 加密操作，右击 KS 文件夹，选择“属性”命令，在弹出对话框的“常规”选项卡中选择高级，并在其中选择“加密内容以便保护数据”，如图 9-4-1 所示。加密完成后文件夹将显示为绿色。

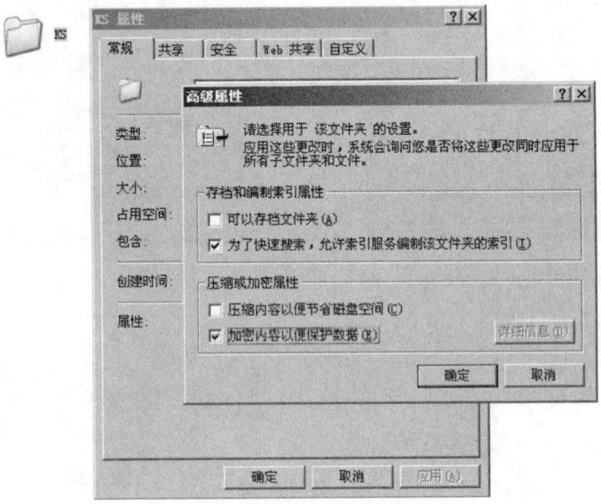

图 9-4-1　EFS 加密

2. 测试加密效果

EFS 加密完成后，为了能测试加密效果，需要首先在计算机管理中创建一个新用户用于测试，右击“计算机”，选择“管理”命令，打开“计算机管理”窗口，在其中的本地用户和组中创建用户 test1，密码为 123123，如图 9-4-2 所示。

创建 test1 用户后，使用该用户账号和密码进行系统注册，并访问 D 盘 KS 文件夹中的文本文件，由于其不具备访问权限，因此会被拒绝访问，说明 EFS 加密成功，如图 9-4-3 所示。

重新使用管理员账号注销系统，并单击“开始”→“运行”命令，在“运行”对话框中输入 MMC，打开管理控制台，在其中添加“证书”管理单元，如图 9-4-4 所示。

打开管理控制台，在个人证书栏选择颁发给管理员的证书栏目，选择所有任务导出，如图 9-4-5 所示。

将证书导出到 D 盘，命名为 EFS.pfx 后，确认导出，并在 D 盘中生成证书文件，如图 9-4-6 所示。

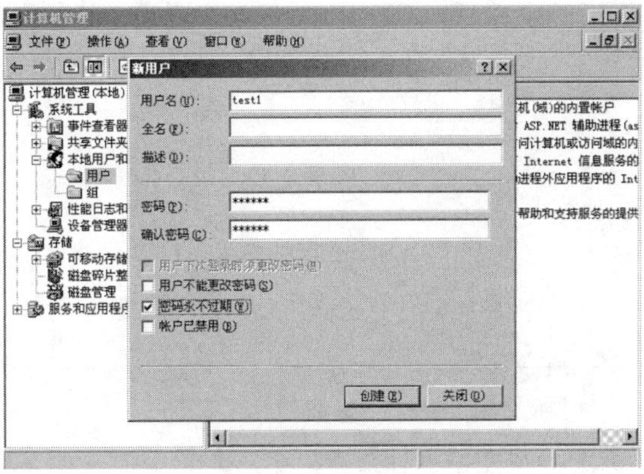

图 9-4-2　创建新用户

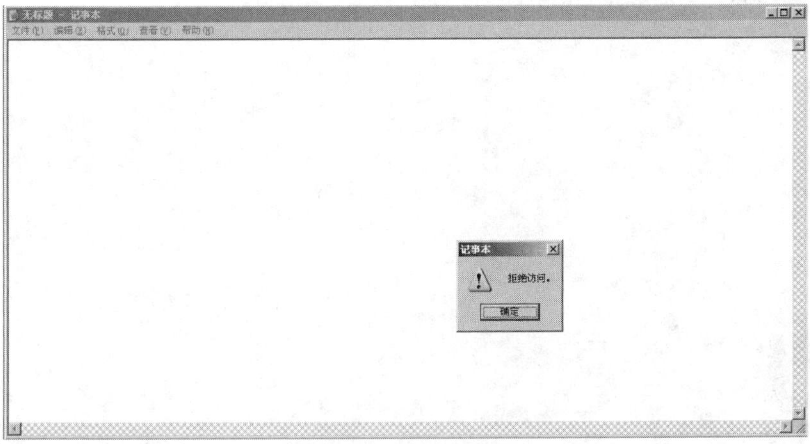

图 9-4-3　文件拒绝访问

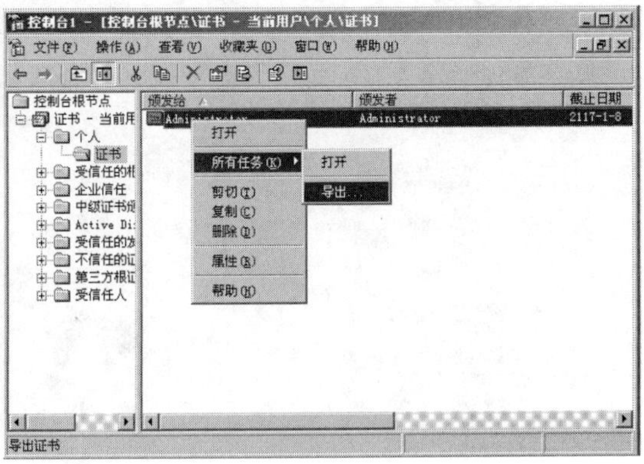

图 9-4-4　添加管理控制台　　　　图 9-4-5　导出任务

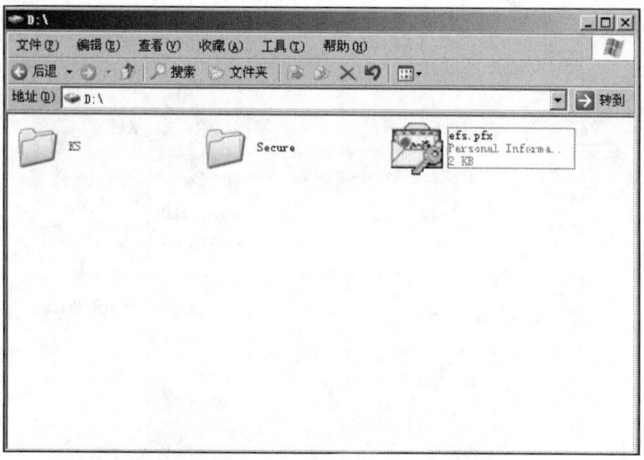

图 9-4-6　生成的证书文件

使用测试账号 test1 再次进行注销，访问 KS 文件内的文本文件，依然显示拒绝访问，双击证书文件 EFS.pfx，开始导入证书，当证书顺利导入后再次访问 KS 文件夹中的文本文件，显示可以正常访问，说明 test1 获得了访问权限，EFS 解密成功。

附录

参考答案

第 1 章　认识计算机网络

1.1.5　自我测试

一、填空题

1. 局域网、城域网、广域网
2. 星状、环状
3. 网络操作系统、网络管理软件、网络应用软件
4. 资源共享
5. 资源子网、通信子网
6. ①调制解调器 ②打印机 ③通信子网
7. 交换机、直通双绞线、网卡，计算机 1、计算机 2、打印机

二、选择题

1. B　2. C　3. A　4. D

1.2.5　自我测试

一、选择题

1. C　2. B、C　3. B　4. C　5. C

二、填空题

1. ①数据链路层 ②会话层 ③互联网层 ④TCP 和 UDP ⑤IP
2. 语义、语法、时序
3. 应用层、传输层
4. OSI 参考模型、TCP/IP 体系结构

第 2 章　构建小型局域网

2.1.6　自我测试

一、填空题

1. 载体、解释

2. 电磁波
3. 发送机、信道
4. 发送端、信宿
5. 单工通信、半双工通信、全双工通信
6. 频分多路复用、时分多路复用、码分多路复用
7. 报文交换、分组交换

二、选择题

1. A　2. D　3. C

2.2.4 自我测试

一、填空题

1. 双绞线、同轴电缆、光纤，红外线、微波
2. 非屏蔽双绞线、屏蔽双绞线
3. 单模光纤、多模光纤
4. 48

二、选择题

1. B　2. A　3. B　4. D

2.3.4 自我测试

一、填空题

1. 总线型、同轴电缆
2. 星型、双绞线
3. 先听后发、边听边发

二、选择题

1. D　2. D　3. D

2.4.3 自我测试

一、填空题

1. 网络号、主机号
2. 126、$2^{24}-2$、$2^{21}-1$、254
3. 32　48

二、选择题

1. A　2. C　3. C　4. B

第 3 章　构建中型网络

3.1.4　自我测试

一、填空题

1. 直接交换、存储转发交换、改进的直接交换
2. 交换机

二、选择题

1. B　2. A　3. D　4. D　5. A　6. C

3.2.5　自我测试

一、填空题

1. VLAN
2. 服务器模式、客户端模式、透明模式
3. VLAN 1

二、选择题

1. B　2. D　3. C　4. C

3.3.2　自我测试

一、填空题

1. 健全性、稳定性
2. 生成树
3. 学习、转发

二、选择题

1. A　2. B　3. D

第 4 章　构建大型网络

4.1.5　自我测试

一、填空题

1. 子网号、主机号
2. 255.0.0.0、255.255.0.0、255.255.255.0
3. 62
4. 202.116.18.11
5. ①255.255.255.224

② 3

③ 5

④⑤⑥ 211.195.43.32、211.195.43.63、211.195.43.33–211.195.43.62

⑦⑧⑨ 211.195.43.64、211.195.43.95、211.195.43.65–211.195.43.94

⑩⑪⑫ 211.195.43.96、211.195.43.127、211.195.43.97–211.195.43.126

⑬⑭⑮ 211.195.43.128、211.195.43.159、211.195.43.129–211.195.43.158

⑯⑰⑱ 211.195.43.160、211.195.43.191、211.195.43.161–211.195.43.190

⑲⑳㉑ 211.195.43.192、211.195.43.223、211.195.43.193–211.195.43.222

㉒㉓㉔ 211.195.43.224、211.195.43.255、211.195.43.225–211.195.43.254

二、选择题

1. B　2. D　3. C　4. A　5. A　6. A

4.2.3 自我测试

一、填空题

1. 局域网–广域网–局域网、广域网–广域网
2. 面向连接的解决方案
3. 无连接、不可靠、尽最大努力

二、选择题

1. C　2. A　3. B　4. D

4.3.8 自我测试

一、填空题

1. 直连、静态、动态
2. 目的网络地址、子网掩码、下一跳地址
3. 距离向量、链路状态
4. ①132.11.0.7

② 194.27.18.0

③ 3

④ 194.27.18.5

⑤ 1

二、选择题

1. D　2. D　3. A

4.4.5 自我测试

一、填空题

1. ARP
2. 删除、生成该数据报的源主机
3. 回送请求、回送应答

二、选择题

1. A　2. B　3. D

4.5.5　自我测试

一、填空题

1. NAT
2. 128
3. 2111::11FF:0:0:FF22:3388 或 2111:0:0:11FF::FF22:3388
4. 02d0:f3ff:fe11:22cd

二、选择题

1. A　2. D

第 5 章　Internet 接入

5.1.3　自我测试

一、填空题

1. PPP、HDLC、帧中继
2. PAP、CHAP

二、选择题

1. D　2. A　3. B

5.2.3　自我测试

一、填空题

1. 上行通道和下行通道的数据传输速率不一致
2. 网络地址转换或者 NAT

二、选择题

1. A　2. C　3. C　4. B　5. C

第 6 章　构建无线局域网

6.1.5　自我测试

一、填空题

1. 802.11i
2. IEEE802.15.4
3. IEEE802.11n
4. 5
5. WCDMA、CDMA2000、TD_SCDMA

二、选择题

1. A　2. B

6.2.3 自我测试

一、填空题

1. 接入点或无线 AP
2. 无线路由器
3. 自组织网络、基础结构网络

二、选择题

1. A　2. C　3. A

6.3.3 自我测试

一、填空题

1. 用户访问控制、数据加密
2. 身份认证、数据加密

二、选择题

1. C　2. D

第 7 章　Socket 通信

7.1.4 自我测试

一、选择题

1. C　2. D　3. B　4. A　5. B　6. B

二、填空题

1. 连接、高、无连接、较低
2. TCP、UDP
3. 套接字(Socket)、IP、Port、Socket

7.2.3 自我测试

一、选择题

1. A　2. B　3. B　4. C　5. D

二、填空题

1. 面向连接、面向连接的 TCP、无连接、无连接的 UDP
2. winsock、TCP/IP
3. IP、TCP、UDP、ICMP、统计数据、网络连接

第 8 章　构建网络中的服务器

8.1.4　自我测试

一、填空题

1. 域名、IP 地址
2. 递归查询、迭代查询
3. ①jianqiao.com.cn

② www

③ 172.16.10.3

④ 172.16.10.2

⑤ 172.16.10.1

二、选择题

1. D　　2. A

8.2.5　自我测试

一、填空题

1. HTTP
2. 超文本
3. 协议类型、主机、端口、路径、文件名

二、选择题

1. A　　2. A

8.3.4　自我测试

一、填空题

1. 21、20
2. FTP
3. ftp://192.168.1.200

二、选择题

1. A　　2. A

8.4.3　自我测试

一、填空题

1. 67、68
2. ipconfig /release

二、选择题

1. C　　2. C　　3. B　　4. B

8.5.5 自我测试

一、填空题

1. SMTP、POP3、IMAP、SMTP
2. TCP、25、TCP、110

二、选择题

1. B　2. D

第 9 章　网络安全与维护

9.1.6 自我测试

一、填空题

1. 硬件、软件、数据
2. 非法用户访问、信息数据泄漏
3. 封堵某些禁止的业务、记录通过防火墙的相关内容和活动、对网络的攻击及时提出报警

二、选择题

1. B　2. C　3. A

9.2.3 自我测试

一、填空题

1. 编码学、破译学
2. 密文
3. 公开密钥、私有密钥

二、选择题

1. D　2. A

9.3.4 自我测试

一、填空题

1. 分离器、限制器、分析器
2. 应用代理型防火墙
3. 个人防火墙、混合防火墙

二、选择题

1. C　2. B　3. A

参 考 文 献

[1] 汪燮华，苏庆刚，蒋中云等. 网络互联技术及应用[M]. 上海：华东师范大学出版社，2010.

[2] 谢希仁. 计算机网络[M]. 7 版. 北京：电子工业出版社，2017.

[3] 周海珍，熊登峰，郑治武. 基于任务驱动模式的计算机网络基础[M]. 西安：西安电子科技大学出版社，2015.

[4] 徐敬东，张建忠. 计算机网络[M]. 3 版. 北京：清华大学出版社，2013.

[5] 陈鸣，李兵. 网络工程设计教程系统集成方法[M]. 机械工业出版社. 2016.

[6] 伍孝金. IPv6 技术与应用[M]. 北京：清华大学出版社，2010.

[7] ALLAN REID. CCNA Discovery：企业中的路由交换简介[M]. 思科公司，译. 北京：人民邮电出版社，2009.

[8] 汪双顶，余明辉. 网络组建与维护技术[M]. 2 版. 北京：人民邮电出版社，2014.

[9] 韩红章，严莉. 计算机网络实验教程[M]. 北京：科学出版社，2017.

[10] 闵宇锋. 网络规划与设计实验教程：从原理到实践[M]. 南京：南京大学出版社，2013.

[11] 马利，姚永雷. 计算机网络安全[M]. 北京：清华大学出版社，2016.

[12] 张庆海. 宽带接入技术与应用[M]. 西安：西安电子科技大学出版社，2017.

[13] 胡云. 无线局域网项目教程[M]. 北京：清华大学出版社，2014.

[14] 程庆梅. 创建高级交换型互联网实训手册[M]. 北京：机械工业出版社，2010.

[15] 程庆梅. 创建高级路由型互联网实训手册[M]. 北京：机械工业出版社，2010.

[16] 贾铁军. 网络安全技术与应用实践教程[M]. 北京：机械工业出版社，2009.